石油和化工行业“十四五”规划教材

食用植物资源学

Edible Plant
Resources Science

包怡红　樊梓鸾　主编

化学工业出版社
·北京·

内容简介

《食用植物资源学》内容丰富，结构清晰，全书共分10章，包括绪论、食用植物资源开发利用与保护、色素植物资源、油脂植物资源、淀粉植物资源、香料植物资源、野菜植物资源、果树植物资源、甜味剂植物资源和药食同源植物资源。每一类资源都从其形态特征、化学成分以及综合利用等方面进行了深入探讨，旨在为读者提供全面、系统的知识体系和实用技术。

总体来说，《食用植物资源学》是一本集学术性、实用性和前瞻性于一体的教材，它不仅可作为高等学校食品科学与工程专业的教材，还能为推动食用植物资源的合理开发和利用提供有益的参考和借鉴。

图书在版编目（CIP）数据

食用植物资源学 / 包怡红，樊梓鸾主编. -- 北京 ：化学工业出版社，2025. 4. --（石油和化工行业“十四五”规划教材）. -- ISBN 978-7-122-47479-7

Ⅰ. Q949.9

中国国家版本馆CIP数据核字第2025Y1F255号

责任编辑：李建丽　赵玉清　　　　文字编辑：李　雪
责任校对：宋　玮　　　　装帧设计：张　辉

出版发行：化学工业出版社（北京市东城区青年湖南街13号　邮政编码100011）
印　　装：三河市君旺印务有限公司
787mm×1092mm　1/16　印张13½　字数252千字　　2026年1月北京第1版第1次印刷

购书咨询：010-64518888　　　　售后服务：010-64518899
网　　址：http://www.cip.com.cn
凡购买本书，如有缺损质量问题，本社销售中心负责调换。

定　　价：49.00元

《食用植物资源学》编者名单

主　　编　包怡红　樊梓鸾

副 主 编　焦　岩　符　群　张　华
马凤鸣　王振宇

参编人员　赵　鑫　张敏锐　周　迅
郭若妍　齐璐璐　吴思雨
田嘉慧　邓心蕊　成　圆
尹红力

参编单位　东北林业大学
哈尔滨工业大学
沈阳农业大学
齐齐哈尔大学
黑龙江中医药大学
东北农业大学
哈尔滨学院
黑龙江生态工程职业学院

前　言

自然资源是人类和其他动物赖以生存的基础，是人类食物、药物和各种工业原料的来源，可满足人类生活的各个方面，也是国家重要的战略资源。大食物观是指“向耕地草原森林海洋、向植物动物微生物要热量、要蛋白，全方位多途径开发食物资源”的新型发展理念。这一理念既是“绿水青山就是金山银山”“长江大保护”等新时代生态文明思想的延续，更将山水林田湖草视为一个紧密相连的生命共同体，其核心不是无度索取自然资源，而是在有序合理保障生态安全的前提下让它们更有效地为人类提供食物；大食物观对生态更友好。在这样的背景下，本书所涵盖的内容正好对接当代的主旋律，从植物中挖金掘宝，在保护的前提下合理开发利用植物资源，做到系统性、综合性、精深加工可食植物资源，不断提升产品的附加值。

本教材是在参考了现有的植物资源学、野生植物资源学、野生植物资源开发与利用学、中药资源学、药用植物资源开发利用学等教材以及各地方经济植物志、其他相关专著和最新学术论文的基础上编写而成。

本教材内容丰富，全书共分10章，包括绪论、总论和分论三大部分。其中绪论介绍食用植物资源的概念、国内外研究现状等；总论主要介绍食用植物资源开发利用与保护原则；分论包括色素植物资源、油脂植物资源、淀粉植物资源、香料植物资源、野菜植物资源、果树植物资源、甜味剂植物资源、药食同源植物资源等八类重要的食用植物资源，重点介绍食用植物的化学成分、功能和综合利用。

本教材受中国博士后科学基金（2016M600239）、黑龙江省联合引导项目（LH2020C035）、东北林业大学研究生教育教学改革项目（DGYYJ2024-31）、黑龙江省高等教育教学改革项目（SJGY20200018）资助，在此特表示感谢！

由于作者的科研水平及时间有限，书中的不妥之处在所难免，敬请读者批评指正，在此表示衷心感谢！

编者

2025年4月

目录

第1章 绪论 1

1.1 食用植物资源的概念和主要类群……1

1.1.1 食用植物资源定义……1

1.1.2 食用植物资源的主要类群……2

1.2 我国食用植物资源的研究和开发利用概况……5

1.2.1 古代研究基础……5

1.2.2 基础研究……6

1.2.3 应用开发研究……7

1.2.4 开发研究动态……7

1.2.5 我国食用植物开发利用存在的主要问题及应对措施……8

1.3 国外对食用植物资源研究的概况……9

1.3.1 俄罗斯……9

1.3.2 日本……10

1.3.3 美国……10

1.3.4 欧洲……11

1.4 食用植物资源学的任务、内容和要求……11

1.4.1 食用植物资源学的研究内容……11

1.4.2 食用植物资源学发展趋势……14

第2章 食用植物资源开发利用与保护 15

2.1 食用植物资源的分类……15

2.1.1 食用植物资源分类系统建立的目的……15

2.1.2 食用植物资源分类系统建立的原则……16

2.1.3 按照植物学中的植物分类系统进行分类……16

2.1.4 常用分类方法……17

2.1.5 食用植物资源饮食营养分类法……18

2.2 食用植物资源的分布及生态多样性……19

2.2.1 食用植物资源分布的影响因素……19

2.2.2 中国食用植物资源分区 …… 20
2.3 植物资源的特点 …… 25
2.3.1 可再生性 …… 25
2.3.2 易受威胁性 …… 26
2.3.3 近缘种化学成分的相似性 …… 27
2.3.4 采收利用的时间性 …… 27
2.3.5 用途的多样性 …… 28
2.3.6 可栽培性 …… 28
2.3.7 分布的区域性 …… 28
2.3.8 价值的潜在性 …… 29
2.3.9 资源的分散性 …… 29
2.3.10 资源的有限性和无限性 …… 29
2.3.11 可替代性和不可替代性 …… 30
2.4 食用植物资源的开发利用 …… 30
2.4.1 食用植物资源开发的意义 …… 30
2.4.2 食用植物资源开发的层次 …… 31
2.4.3 食用植物资源开发利用的一般原则 …… 31
2.4.4 食用植物资源开发利用的方法和途径 …… 32
2.5 食用植物资源调查和评价 …… 33
2.5.1 食用植物资源调查的特点 …… 33
2.5.2 食用植物资源调查步骤 …… 33
2.5.3 野外确定各类植物资源种类的具体方法 …… 33
2.5.4 野生植物资源调查的内容和方法 …… 34
2.5.5 野生植物资源综合分析和评价 …… 35
2.6 食用植物资源的保护与管理 …… 35
2.6.1 外来物种的防治 …… 35
2.6.2 物种受威胁与保护的等级划分 …… 37
2.6.3 植物资源保护管理规划 …… 37
2.6.4 自然保护区及其功能 …… 38

第3章 色素植物资源 40

3.1 植物色素的分类 …… 40

3.1.1 按色素的化学结构式分类······40
3.1.2 按色素颜色分类······42
3.1.3 按色素的溶解性分类······42
3.2 植物色素提取技术······42
3.2.1 溶剂提取法······42
3.2.2 熬煮法······42
3.2.3 酶反应法······42
3.2.4 超临界萃取法······43
3.2.5 压榨法······43
3.2.6 粉碎法······43
3.2.7 双水相萃取技术······43
3.3 植物色素纯化方法······44
3.3.1 萃取法······44
3.3.2 离子交换树脂法······44
3.3.3 酶法······44
3.3.4 超滤法······44
3.4 我国主要色素植物资源······44
3.4.1 飞燕草······44
3.4.2 栀子······45
3.4.3 矢车菊······47
3.4.4 天竺葵······48
3.4.5 锦葵······49
3.4.6 玫瑰茄······49
3.4.7 姜黄······51
3.4.8 鸡冠花······52
3.4.9 红花······53
3.4.10 红花羊蹄甲······55
第4章 油脂植物资源 56
4.1 油脂脂肪酸的组成······56
4.2 油脂的营养价值······57
4.2.1 提供热量······57

4.2.2 提供维生素 …… 57
4.2.3 功能性油脂 …… 57
4.2.4 食用油脂植物 …… 58
4.2.5 反式脂肪酸 …… 59
4.3 植物油脂脂肪酸分析方法 …… 59
4.3.1 植物油脂的提取 …… 59
4.3.2 植物油脂脂肪酸组成及含量的测定 …… 60
4.4 植物油提取工艺 …… 60
4.4.1 传统植物油提取工艺 …… 60
4.4.2 新研究开发的植物油脂提取工艺 …… 61
4.4.3 常用提取工艺 …… 61
4.5 食用油精炼工艺流程 …… 62
4.5.1 脱胶：水化和酸炼法除胶质 …… 62
4.5.2 脱酸：碱炼和水蒸气蒸馏法除游离脂肪酸 …… 62
4.5.3 脱色：吸附等法除色素 …… 62
4.5.4 脱臭：高真空水蒸气饱和法除各种异味 …… 62
4.5.5 脱蜡：溶剂法等除蜡质 …… 62
4.5.6 脱脂（冬化）：除去凝固点较高的甘油三酯 …… 62
4.5.7 油类按照精制程度分类 …… 62
4.5.8 玉米油成品理化指标 …… 63
4.6 我国主要油脂植物资源 …… 63
4.6.1 胡桃楸 …… 64
4.6.2 榛 …… 65
4.6.3 天仙子 …… 67
4.6.4 连翘 …… 68
4.6.5 红松 …… 69
4.6.6 油茶 …… 71
4.6.7 橄榄 …… 72
4.6.8 紫苏 …… 73
4.6.9 月见草 …… 75
4.6.10 接骨木 …… 76

第5章　淀粉植物资源　79

5.1　淀粉及其特性 …… 79
5.2　淀粉植物的采集与加工 …… 83
5.3　淀粉的分离提取方法 …… 83
5.4　淀粉的用途 …… 83
5.4.1　预糊化淀粉 …… 84
5.4.2　淀粉接枝丙烯腈合成高吸水性树脂 …… 84
5.4.3　低取代度阳离子淀粉用于造纸业 …… 85
5.5　主要淀粉植物资源 …… 85
5.5.1　栎树 …… 86
5.5.2　茅栗 …… 87
5.5.3　菱 …… 88
5.5.4　芡 …… 89
5.5.5　葛 …… 90
5.5.6　甘薯 …… 91
5.5.7　魔芋 …… 93
5.5.8　薏苡 …… 94
5.5.9　木薯 …… 95
5.5.10　何首乌 …… 96
5.5.11　百合 …… 97
5.5.12　薯蓣 …… 99
5.5.13　凉粉草 …… 100

第6章　香料植物资源　102

6.1　香精香料发展现状及发展趋势 …… 102
6.1.1　香精香料发展现状 …… 102
6.1.2　香精香料发展趋势 …… 103
6.2　芳香油的化学组成 …… 104
6.2.1　萜类化合物 …… 104
6.2.2　非萜类化合物 …… 106
6.2.3　脂肪族化合物 …… 107
6.2.4　含氮、含硫化合物 …… 107

6.3 植物天然香料的分类 …… 108
6.3.1 辛香料 …… 108
6.3.2 精油 …… 108
6.3.3 浸膏 …… 108
6.3.4 酊剂 …… 108
6.3.5 净油 …… 109
6.4 芳香油的制取方法 …… 109
6.4.1 水蒸气蒸馏法 …… 109
6.4.2 溶剂提取法 …… 113
6.4.3 浸提法生产浸膏、酊剂 …… 113
6.4.4 芳香油的制取方法——直接压榨法 …… 115
6.4.5 吸收法生产香脂 …… 116
6.4.6 超临界萃取方法 …… 117
6.4.7 微波辐照诱导萃取法 …… 118
6.4.8 超声波提取方法 …… 119
6.4.9 膜分离技术 …… 120
6.5 主要香料植物资源 …… 121
6.5.1 百里香 …… 121
6.5.2 缬草 …… 122
6.5.3 铃兰 …… 123
6.5.4 薄荷 …… 125
6.5.5 暴马丁香 …… 126
6.5.6 玫瑰 …… 128
6.5.7 杜香 …… 129
6.5.8 兴安杜鹃 …… 130
6.5.9 柠檬桉 …… 130
6.5.10 花椒 …… 131

第7章 野菜植物资源 134

7.1 野菜植物的特点 …… 135
7.2 野菜植物资源开发利用现状 …… 136
7.3 野菜资源的分类 …… 137

7.4 野菜的采集与贮藏……137
7.5 野菜植物的原料加工技术……138
7.6 主要野菜植物资源……139
7.6.1 香椿……139
7.6.2 桔梗……140
7.6.3 蒲公英……141
7.6.4 枸杞……142
7.6.5 黄花菜……143
7.6.6 蕨……144
7.6.7 藿香……145
7.6.8 菊芋……146
7.6.9 黄精……148
7.6.10 刺槐……148

第8章 果树植物资源 150

8.1 果树资源的分类……150
8.2 野果植物资源的特点……150
8.3 我国野生果树资源开发利用现状及前景……151
8.4 野果的采收及贮运……151
8.5 野果的加工利用……151
8.6 我国主要野果植物资源……152
8.6.1 山荆子……152
8.6.2 火棘……153
8.6.3 山楂……154
8.6.4 覆盆子……156
8.6.5 毛樱桃……157
8.6.6 山桃……159
8.6.7 枇杷……160
8.6.8 银杏……162
8.6.9 桑……163
8.6.10 无花果……165

第9章 甜味剂植物资源 167

9.1 植物甜味剂分类 …… 167
9.2 主要天然甜味剂种类 …… 167
9.2.1 非洲竹芋甜素（索马甜）…… 167
9.2.2 甘草甜素 …… 168
9.2.3 甜菊糖苷（甜叶菊苷）…… 168
9.2.4 甜茶素（甜茶悬钩子苷）…… 169
9.2.5 莫奈林 …… 169
9.2.6 马槟榔蛋白 …… 169
9.2.7 糖醇类 …… 170
9.2.8 罗汉果甜苷 …… 170
9.3 甜味剂植物开发利用 …… 170
9.3.1 甜味剂植物开发利用的方向 …… 170
9.3.2 植物体内非糖类甜味剂开发利用的途径 …… 171
9.4 甜味剂提取工艺 …… 171
9.5 主要甜味剂植物资源 …… 171
9.5.1 沙棘 …… 171
9.5.2 小粒咖啡 …… 175
9.5.3 花楸树 …… 177
9.5.4 柑橘 …… 177
9.5.5 樱桃 …… 179

第10章 药食同源植物资源 181

10.1 药食同源植物资源研究范围 …… 181
10.2 药食同源植物资源的分类 …… 182
10.3 国内外药食同源植物资源的研究和利用 …… 185
10.3.1 我国药食同源植物开发现状 …… 185
10.3.2 国外药食同源植物资源研究与利用情况 …… 185
10.3.3 国内外对药食同源植物资源需求重点方向 …… 186
10.4 我国主要药食同源植物资源 …… 186
10.4.1 党参 …… 186
10.4.2 肉苁蓉 …… 187

10.4.3 铁皮石斛 …… 189
10.4.4 西洋参 …… 190
10.4.5 黄芪 …… 192
10.4.6 山茱萸 …… 193
10.4.7 天麻 …… 195
10.4.8 杜仲叶 …… 197

参考文献 …… 199

第1章 绪论

植物资源是地球上或生物圈一切可利用植物的总和，是一种可再生的自然资源，是人类生活和生产中不可缺少的物质基础。随着现代工业和科学技术的发展，人们对植物资源的开发和合理利用对于解决人口、资源、环境等难题起到了很重要的作用，并且成为了促进经济发展的重要保障。我国著名植物学家吴征镒院士把植物资源分为食用植物资源和栽培植物资源两大类，并阐述了其功能性。我国幅员辽阔，气候复杂，地貌类型多样，并跨多个纬度，因此具有丰富的食用植物种类和食用植物资源储量，但还没有对食用植物资源进行充分的开发和利用。随着对植物资源开发利用的不断深入，人们逐渐认识到食用植物资源的特殊功能和开发价值，对食用植物资源开发和利用也成为当今研究的热点之一。研究食用植物资源的开发、利用和保护，掌握食用植物资源的加工利用手段，对促进人类健康、提供优质工业原料、解决能源危机和改善环境有着十分重要的经济和社会意义。

1.1 食用植物资源的概念和主要类群

1.1.1 食用植物资源定义

自然资源一般是指一切物质资源和自然过程，通常是指在一定技术经济环境条件下对人类有益的资源。植物资源（plant resources）是自然资源的一大类群，通常是指在目前的社会经济技术条件下人类可以利用与可能利用的植物，包括陆地、海洋、湖泊中的一般植物和一些珍稀濒危植物等生物资源。例如农作物、森林、草原和草场草地等高等植物以及苔藓等低等植物，是人类赖以生存的非常重要的可再生资源。我国著名植物学家吴征镒院士把植物资源定义为“一切可利用植物的总和”，即生物圈中各种植被的总和，包括陆生植物和水生植物两大类。前者分为天然植物资源（如森林资源、草场资源和食用植物资源等）和栽培植物资源（如粮食作物、经济作物及园艺作物资源）；后者为各类海藻及水草等。植物资源作为第一生产者，是维持生物圈物质循环和能量流动的基础。

食用植物资源（edible plant resources）为植物资源的一大类，是指可供人类开发利用的可食用的植物原料，是在一定的时间、空间、人文背景和经济技术条件下，对人类直接或间接有用可食的植物资源的总和。

1.1.2 食用植物资源的主要类群

地球上已知植物种类50万种，其中高等植物30万种左右。我国植物资源种类非常丰富，有3万余种高等植物，维管植物仅次于印度尼西亚和巴西居世界第3位，其中特有植物种类繁多，有17000余种，如银杉、珙桐、银杏、百山祖冷杉、香果树等均为我国特有的珍稀濒危食用植物。我国拥有大量的作物食用种群及其近缘种，是世界上栽培作物的重要起源中心之一。

植物在长期的演化过程中，出现了形态结构、生活习性等方面的差别，这种缓慢的差别形成了各种各样的植物类别。最原始的植物大约在太古代的34亿年前出现，在以后极漫长的时间里，这些最原始植物的一部分经遗传保留下来了；另一部分则逐渐演化成新的植物。随着地质的变迁和时间的推移，新的植物种类不断产生，但也有一部分原始植物类群由于各种因素逐渐消亡，经过不断遗传、变异和演化就形成了现在地球上丰富多样的植物。

根据植物构造的完善程度、形态结构、生活习性、亲缘关系将植物分为藻类植物、苔藓植物、蕨类植物及种子植物。

1.1.2.1 藻类植物（algae）

藻类植物是一类比较原始、古老的低等自养型生物，主要特征是：① 构造简单，没有根、茎、叶的分化。② 多为单细胞、群体或多细胞的叶状体，大小差别很大。③ 含光合色素，能进行光合作用。

藻类植物分布于江河湖海、池塘沟渠、潮湿土地、树皮、树叶、墙壁乃至冰雪、盐田等极端环境。藻类植物在生态系统中起着重要的作用，其为水体提供氧气，净化水质，同时也是一些水生生物的重要食物来源。还具有很强的环境适应能力，能适应各种环境条件，如淡水、盐水、高温、低温等。许多藻类植物具有经济价值，如海带、紫菜等可供人类食用；螺旋藻等因其丰富的营养成分而被广泛用作保健品和食品添加剂；此外，藻类还被用于生产生物燃料、化妆品等。

随着人类对自然环境的破坏和污染加剧，藻类的生存环境也受到了威胁。一些有害藻类的大量繁殖还会形成淡水水华和海洋赤潮等环境问题，从而对人类的生产和生活造成负面影响。因此，保护藻类资源及其生态环境对于维护生态平衡和人类健康具有重要意义。

1.1.2.2　苔藓植物（Bryophyta）

现有的苔藓植物约有4000种，我国约有2100种。苔藓植物是一类结构比较简单的高等植物，一般生于阴湿地方，是植物从水生到陆生过渡形式的代表。比较低级的种类其植物体为扁平的叶状体；比较高级的种类其植物体有茎、叶的分化，可是还都没有真正的根。吸收水分和无机盐以及植物体的功能，由一些表皮细胞突出物形成的假根来完成。苔藓植物没有维管束那样真正的输导组织，其配子体占优势，孢子体不能离开配子体生活。

代表性植物：地钱（*Marchantia polymorpha*）；葫芦藓（*Funaria hygrometrica*）；大叶藓（*Rhodobryum roseum*）。

苔藓植物在自然界中是拓荒者，能够分泌液体溶解岩石表面，加速岩石风化，促进土壤的形成。它们能够促使沼泽陆地化，有保持水土的作用。许多苔藓植物可以作为土壤酸碱度的指示植物。苔藓植物还可以积累周围环境中的水分和浮尘，分泌酸性代谢物腐蚀岩石，促进岩石分解，有助于形成土壤。某些苔藓植物如泥炭藓可以用作肥料，增加沙土的吸水性，或晒干作为燃料发电，也可做草药使用。

1.1.2.3　蕨类植物（Pteridophyta）

全世界现有的蕨类植物约12000种，我国约有2600种，一般为陆生。蕨类植物有根、茎、叶的分化，并有维管系统，既是高等的孢子植物，又是原始的维管植物。配子体和孢子体皆能独立生活，而且孢子体占优势。经常见到的蕨类植物都是孢子体，并有明显的世代交替。配子体产生颈卵器和精子器；孢子体产生孢子束。

代表性植物：贯众、问荆、卷柏、高山石松、松叶蕨植物体。

蕨类植物还存在4个小型叶蕨类，即石松纲（Lycopodiopsida）、水韭纲（Isoetopsida）、松叶蕨纲（Psilopsida）、木贼纲（Equisetopsida）。

有些蕨类植物的嫩叶可以作为蔬菜食用，如菜蕨。蕨类植物通常具有清热解毒、润肠通便等作用。蕨类植物的根状茎可以提取淀粉供食用，其纤维还可以制绳缆等。虽然蕨类植物具有丰富的经济价值和用途，但在使用时也需要注意其可能带来的风险。例如，部分蕨类植物可能含有有毒成分，需要在医生指导下使用。同时，在采集和食用野生蕨类植物时，也需要确保其来源的安全性。

1.1.2.4 种子植物（Spermatophyta）

（1）裸子植物（Gymnospermae）

代表性植物：苏铁、银杏、马尾松。

裸子植物的形态特征：① 种子裸露。种子的出现使胚受到保护以及营养物质的供给，可使植物度过不良环境。植物体大都为高大乔木，常绿。孢子体发达，配子体简化。维管组织比被子植物简单。木质部中只有管胞，而无导管。韧皮部中只有筛胞，而无筛管和伴胞。② 绝大多数裸子植物中尚有结构简化的颈卵器。少数种类如苏铁属（*Cycas*）植物和银杏（*Ginkgo biloba*）仍有多数鞭毛的游动精子。

裸子植物分为苏铁纲、银杏纲、松柏纲、买麻藤纲等五个纲。裸子植物是森林的重要组成部分，为许多动物提供了栖息地和食物来源。它们的根系发达，能够固定土壤，防止水土流失。同时，裸子植物还能够吸收二氧化碳，释放氧气，对维持地球的生态平衡起着重要的作用。许多裸子植物是重要的木材资源，如松树、柏树、杉树等。这些木材具有材质优良、纹理美观、耐腐蚀等特点，被广泛用于建筑、家具、造纸等行业。此外，裸子植物中的一些种类还具有药用价值，如红豆杉中的紫杉醇、银杏叶中的黄酮类化合物等。

（2）被子植物（Angiospermae）

被子植物是植物界中发展到最高级、最繁荣和分布最广的植物类群，其主要特征为以下几点。

① 被子植物最显著的特征是具有真正的花，由花被（花萼、花冠）、雄蕊群和雌蕊群等部分组成。雄蕊是由小孢叶转化而来，分化为花丝和花药两部分。雌蕊由大孢叶转化为子房、花柱和柱头，是花中最重要的部分。

② 被子植物的胚珠包藏在心皮构成的子房内，经受精作用后，子房形成果实，种子又包被在果皮之内。果实的形成使种子不仅受到特殊保护，免遭外界不良环境的伤害，而且有利于种子的散布。

③ 被子植物的孢子体（植物体）高度发达，在它们的生活史中占绝对优势，木质部是由导管分子所组成，并伴随有木纤维，使水分运输畅通无阻。

④ 被子植物的配子体进一步简化。被子植物的配子体达到了最简单的程度。小孢子即单核花粉粒发育成的雄配子体只有2个细胞或者3个细胞。大孢子发育为成熟的雌配子体称为胚囊，胚囊通常只有7个细胞：3个反足细胞、1个中央细胞（包括2个极核）、2个助细胞、1个卵细胞。颈卵器消失。可见，被子植物的雌、雄配子体均无独立生活能

力，终生寄生在孢子体上，结构上比裸子植物更加简化。

⑤ 出现双受精现象和新型胚乳。被子植物生殖时，一个精子与卵结合发育成胚（$2n$），另一个精子与两个极核结合形成三倍体的胚乳（$3n$）。所以不仅胚融合了双亲的遗传物质，胚乳也具有双亲的特性，这与裸子植物的胚乳直接由雌配子体（n）发育而来不同。

⑥ 被子植物的生长形式和营养方式具有明显的多样性。被子植物的生长形式有木本的乔木、灌木和藤本，又分常绿和落叶植物；而更多的是草本植物，又分多年生、二年生及一年生植物，还有一些短生植物。被子植物大部分可进行光合作用，是自养型，也有寄生和半寄生的、食虫的、腐生的以及与某些低等植物共生的营养类型。

另外，许多重要的生产资料来源于植物资源，随着科技的发展和科研水平的提高，医药、化妆品、农药、环保绿化等行业对植物资源需求日益增多，植物资源开发与人类衣、食、住、行关系越来越密切，对促进人类的发展发挥着越来越重要的作用。而在众多的植物种类中，人工栽培植物仅占较少的一部分，大部分植物资源为食用植物资源，人们对于食用植物资源的利用仅占可食用植物资源总量的1% ～ 2%。随着人类社会的发展，现有的栽培植物已不能满足人类生活的需要。因此，对食用植物资源的开发和利用显得极其重要。

1.2 我国食用植物资源的研究和开发利用概况

1.2.1 古代研究基础

中国是一个历史悠久的国家，也是最早系统记载有关人类认识和利用野生植物资源的国家之一。我们的祖先在7000多年前的新石器时代已开始栽培植物，当时采集野生植物属次要的事（黄河流域裴李岗、磁山遗址距今都为7000多年，半坡遗址距今6000多年；长江流域河姆渡遗址距今近7000年），浙江余姚河姆渡发现有大量的稻谷、稻壳和稻叶及葫芦科的小葫芦种子。春秋、战国时期，社会发生大变革，铁器的广泛应用，牛耕逐渐推广，农业生产的发展也进入了一个新的时期。当时出现的“数口之家”的小农经济，以生产谷物为主，种植桑麻为辅，兼营蔬果林木。以野生植物为主要来源的药用植物等也有人专门经营。

我国古代就有许多重要的有关植物或野生植物的典籍，提出如何对野生植物资源进行开发利用。如宋代周师厚的《洛阳花木记》（1082年）是较早的观赏植物专著，记载有观赏植物500多种，并记载了多种种植方法。“本草学”一类的书籍不仅记载了古代利用药用植物的经验，使之流传下来，也记载了很多其他资源植物利用的经验。在2000

多年前，《诗经》中就已经记载了200多种植物，包括纤维、染料、药材等不同用途的野生植物，并涉及大量植物名称、分布、分类、文化和植物生态等方面的知识，如汉代的《神农本草经》是我国最早的本草著作；公元6世纪北魏贾思勰编著的《齐民要术》，对当时农、林、果树和野生植物的利用等进行了概括；明代李时珍的《本草纲目》中记载描述的植物约1100种，分成草、谷、菜、果和木等五部，以及山草、芳草等三十类，而且绝大多数为野生植物；清代吴其濬编著的《植物名实图考》和《植物名实图考长编》（1848年），记载了野生植物和栽培植物共1714种，将其分为谷、蔬、山草、隰草、石草、水草、蔓草、芳草、毒草、群芳、果和木等十二类。除了这些著名的古代典籍外，还有其他许多有关野生植物资源利用的传统知识论著，如晋代戴凯之的《竹谱》，唐代陆羽的《茶经》，宋代刘蒙的《刘氏菊谱》、蔡襄的《荔枝谱》、陈景沂的《全芳备祖》，明代王象晋的《二如亭群芳谱》和清代陈淏子的《花镜》等。我国古代有关野生植物资源的研究记载都是以应用为目的，涉及人们日常生活中衣食住行、防病治病、自然环境、民俗等各个方面，这些记载反映了不同时代人们对野生植物资源的认知情况。

1.2.2 基础研究

19世纪中叶，近代植物学和近代化学自西方传入，中国开始用近代科学方法研究植物资源。从20世纪初至20世纪40年代，我国发展了植物分类学、植物生理学、植物生态学及植物群落学，为近代植物学研究奠定了基础。中华人民共和国成立以来，中国植物学有了很大发展，成立了很多研究机构。1958年4月，国务院发布《关于利用和收集我国野生植物原料的指示》，之后，各地以植物研究单位和商业部门为主，组织有关大专院校和轻工部门的人员进行大规模普查和成分分析，初步摸清我国野生植物资源状况。中国科学院于1959年开始进行植物资源调查，组织3万人，开展上万次的植物资源普查，采集了20多万号腊叶标本，完成3万余次的成分分析化验工作，初步摸清了植物资源的基本情况，并由50多个单位协作编写出版了《中国经济植物志》，按单项用途一种次计，共达2411种。许多省（自治区、直辖市）还编写了地方食用经济植物志或经济植物手册。有些植物资源还编写了专志，如《中国造纸植物原料志》《中国油脂植物手册》《东北资源植物手册》《中国蜜源植物》《中国有毒植物》《中国油脂植物》《中国资源植物利用手册》等。这些地方资源植物分布地区在吉林、黑龙江、河南、安徽、河北、青海、山东等地。相关的植物学期刊有《植物学报》《植物学通报》《植物研究》《广西植物》《西北植物学报》《武汉植物学报》《云南植物研究》《中国食用植物资源》等，同时确定了一批保护植物，建立了一批资源植物保护区。

在研究工作的带动下，各地开发利用工作取得很大的经济效益，作为合成可的松和避孕药物的原料薯蓣资源、作为提取降血压药物利血平原料的萝芙木资源都曾满足了国内需要，还可用于出口。

自20世纪60年代以来，植物资源的研究在广度和深度上有很大发展，如发现新的抗肿瘤药物喜树碱、三尖杉酯碱、美登木碱、紫杉醇等，抗菌新药青霉素，以及预防冠心病药物丹参酮和消炎药物穿心莲等。槐豆胶的生产为纺织印染工业提供了良好的助剂。

改革开放以来，中国的野生植物资源开发利用工作有了很大的进展。从露水草、野芝麻等植物中提取的蜕皮素用于养蚕业后，对蚕丝生产有显著的增产作用；野生芳香植物山鸡椒的开发利用，解决了国内对柠檬醛的需要，还用于出口创汇。

1.2.3 应用开发研究

建立各级植物保护区和药用植物园，开展引种驯化栽培管理工作，如水杉和银杏的开发利用，现在世界各地都有对它们进行引种栽培的情况。鹅掌楸（马褂木）为木兰科鹅掌楸属落叶大乔木。叶大，形似马褂，故有“马褂木”之称。树高可达60米以上，胸径3米左右，树干通直光滑。生长快，耐旱，对病虫害抗性极强。花大而美丽，秋季叶色金黄，似一个个黄马褂，是珍贵的行道树和庭院观赏树种，栽种后能很快成荫，也是建筑及制作家具的上好木材。相关科研机构从黄花蒿（*Artemisia annua*）中提取的青蒿素有抗疟作用。此外，还发现一些新的油脂植物，如棱油瓜（*Hodgsonia macrocarpa*）、蝴蝶果（*Cleidiocarpon cavaleriei*）；能源植物有麻风树（*Jatropha curcas*），从麻风树分离得到的物质主要有萜类、黄酮类、香豆素类、脂肪类、生物碱、蛋白质和蛋白酶等。相关研究团队在萜类和黄酮类物质的研究方面比较多且深入，填补了国内的一些空白。在芳香植物山鸡椒（*Litsea cubeba*）的开发利用方面，满足了国内对柠檬醛的需要，还用于出口创汇。药用植物资源的研究和开发利用在深度和广度上的发展较为突出，特别是抗肿瘤药物和神经药物的研究中都发现了一些新的药用植物资源。资源商品化方面的发展速度较为迅速。大力开展引种栽培工作，既维护了生态平衡，又使资源植物得到可持续利用。

1.2.4 开发研究动态

防癌抗癌植物资源筛选：在治疗疑难疾病中获得显著效果。保健品开发：苦丁茶、青草药制品。食用果用资源方面：探明其含有特殊营养成分和独特的食疗效果。植物农药方面：杀虫植物如苦参、毛茛等植物所含的生物碱盐、皂苷、黄酮及挥发性物质；杀菌植物如菊科、松科等植物中提取挥发性油，亦可直接用于病害防治。食用植物色素：越橘红、玫瑰茄红、栀子的多种制品，紫胶色素等也研制成功。

1.2.5 我国食用植物开发利用存在的主要问题及应对措施

未完善加工工艺技术：多为半成品或拉低品位的产品，在国内外商品市场缺乏应有的竞争力。

忽视综合开发与利用：忽视食用植物多功能综合利用，许多食用植物含有几种特殊的有效成分，只利用其中的1～2种，造成了资源浪费。

尽管我国在食用植物资源的开发利用方面取得了一些成果，但与发达国家相比差距较大，还存在不少问题。如食用植物开发利用率低，许多颇具开发利用价值的食用植物仍未开发；对已发现的种类，真正利用起来的还很少；精深加工及综合利用还不够；对食用植物的后续利用不够重视；从事食用植物资源研究、开发利用的科技人员缺乏，研究经费不足等。针对这种情况，我们应积极采取措施，加快食用植物开发利用的速度，推动国民经济建设。要充分合理地开发利用我国的食用植物资源，实现经济效益、生态效益和社会效益和谐统一的目标，今后应注重从以下几方面发展。

① 加快专业人才的培养。为了实现科教兴国的战略目标，应加大力度培养专门从事食用植物资源的研究、开发利用的高级人才，成立一些食用植物开发利用研究所或研究室。

② 增强植物化学成分研究。应对全国各地食用植物资源情况再做一次更加全面、深入的调查，真正摸清各类食用植物资源的种类、分布、生态环境和储藏量等。在此基础上再利用现代分析测试手段和方法，对资源的化学成分进行分析，开辟食用植物资源的新用途。

③ 搞好精深加工和综合利用。通过提取、深加工、精制等工业措施，使食用植物资源按市场需要形成名优产品，变当地资源优势为商品优势，增强产品的国际竞争力。在食用植物开发利用中，应遵循物尽其用、综合开发、产生最大经济效益的原则，实现一物多用。这样不仅避免了资源的浪费及其所造成的环境污染，还提高了资源的利用率和经济效益。

④ 加强引种驯化研究，建立商品原料基地。自然资源日趋减少是当今世界性的危机，开展引种驯化工作是当前生产上的迫切需要。食用植物资源的引种驯化是通过人工栽培、自然选择和人工选择，使野生或外来的食用植物适应本地自然环境和栽培条件，成为满足生产需要的本地植物。由于食用植物往往分布零散、产量低，要实现集约化的工业生产，必须进行引种驯化，建立商品原料基地。

⑤ 加强保护，永续利用。食用植物资源绝不是取之不尽、用之不竭的。如果合理开发利用并注意保护，则可永续利用，造福后代。反之，如果违背了自然规律，不加保护，乱采乱挖，进行掠夺式开发利用，则必然造成资源枯竭，生态平衡破坏，给人类带来危害，使人类遭受大自然的惩罚。因此，既要充分合理利用食用植物资源来满足社会生产的需要，又要注意保护植物的再生能力及其存在，以不破坏所形成的生态环境。保

护是为了更好地利用，而且是永续利用。

1.3　国外对食用植物资源研究的概况

国外对食用植物资源十分重视，他们将植物资源看作是“资源库”和提高栽培植物产量和质量的“种质库”。多数国家都设置了种质资源研究机构，并颁布了保护植物种质资源的法规或条例，出版了具有世界性食用植物研究刊物，如英国的大英博物馆、皇家植物园，收藏着全世界的植物腊叶标本，并出版了相关植物名录，是世界各国研究和考证植物时的重要参考资料。世界各国都出版了本国的《植物志》，并出版了植物相关的书刊，这些著作和刊物中均发表一些食用植物资源开发利用的情况。

1.3.1　俄罗斯

食用植物资源是俄罗斯自然资源的组成部分。生长在俄罗斯的高等植物包括显花植物以及木贼纲、石松纲、真蕨纲等类别的植物，有25000～30000种。此外，还有遍布在森林、沼泽和苔原中的苔藓植物。俄罗斯对植物资源研究非常重视，从20世纪20年代便开始了研究。近年来，俄罗斯更加重视本国食用植物资源开发、利用的研究，并取得很大进展。俄罗斯具有丰富的野果食用植物资源，多汁果（食用苹果、梨等）、浆果（欧洲越橘、悬钩子等）和坚果（榛子、胡桃、松子）等产品开发较多，例如沙棘、蓝莓、猕猴桃、树莓等果汁、果脯和果酱等产品开发。俄罗斯生长着种类众多的药用植物，其中食用种有100多种，每年可提供数吨含有制造药物制剂的各种化合物原料，例如五味子（一种神奇的小浆果），其具有抗辐射、抗应激、安神镇静、双向调节神经（少吃可以促进睡眠，大量食用可以提高兴奋度）、保肝护肝的作用，古时候，俄罗斯猎人每次远行狩猎之前必定服用它以强身补气，现用于军事食品。研究显示，五味子含有丰富的有机酸、维生素、类黄酮、植物固醇及有强效复原作用的木酚素（例如五味子醇甲、五味子乙素），它也是兼具人体精、气、神三大方面补益作用的少数药材之一，能益气强肝、提升细胞排除废物的效率、供应更多氧气、营造和运用能量、提高记忆力及持久力。此外，还有红景天、缬草、杜仲等。红景天是景天科多年生草木或灌木植物，是生长在海拔800～2500米高寒无污染地带的珍稀食用植物，具有刺激神经系统、提高工作效率、消除疲劳和预防高山病等作用。红景天中的活性成分是景天皂苷（白色粉末），其可以提高运动能力。缬草用于医疗上镇静剂，能增加神经系统的兴奋性，用于治疗多种神经功能失调及失眠症。杜仲皮制成的配剂可预防高血压，还可作为制造海底电缆和牙科的填充物。近年来，俄罗斯在药用植物资源的研究中主要集中在以下几个方面：对一些地区植物类药材蕴藏量的调查及采收制度的改进；寻找可生产预防多种疾病（肿瘤、糖尿病、新陈代谢疾病、传染病、心血管疾病、神经系统疾病）新制剂的药用植物；寻找为建立巩固的原料基地而需要引种栽培的药用植物资源。除此之外，还进行了新药用植物的寻找，特别注意寻找含有下列成分的药用植物，如黄酮类、萜烯类、香豆素类、多糖类、甾体化合物、生物碱、挥发油等。在开发利用药用植物中还应特别注意一种植物的多种利用。例如，从生产香豆素制剂的植物残渣中，用改变活性较小的化合物分子结构的方法得到了高活性的化合物，用新的提取工艺从一种植物中同时分离出多种生物活性物质。为了得到广谱性活性制剂，还经常使用天然化合物（甾体化合物、木质素等）进行半合成。

1.3.2 日本

日本食用植物资源种类较少，但是对食用植物资源的分子基因、内含的化学成分研究较多，对一些天然活性物质的分离纯化和抗癌药物的筛选和开发，取得了很多成果，救心丹就是其中一例。与同等发达国家相比，日本对植物叶类的性能功效及开发利用研究已遥遥领先，仅用杜仲叶开发的品种就达百余种，价值数百亿日元。为了开发生药资源，日本学者采用生物学和遗传学的手段进行了选拔优良品种、育种及栽培移植方面的研究工作，并积累了不少经验。例如为防止生药及汉方制剂中混入残留农药等不纯物或容易引起副作用的物质，除了采用严格的质检标准外，还从基原食用植物开始严格选材，改良栽培技术，进行不纯物实验等，以确保安全性。他们能将现代农业栽培技术迅速移植到药用植物栽培上，并不断改进，普遍注意在田间操作中使用小型机械精耕细作，注意有效成分的监测追踪，尽量不用化肥和农药，以确保生药质量。纳豆源于中国（即老百姓平时做的“酱豆”），是日本常见的传统发酵食品，由黄豆通过纳豆菌（枯草杆菌）发酵制成，具有黏性，不仅保有黄豆的营养价值，富含维生素K_2，能提高蛋白质的消化吸收率，更重要的是发酵过程产生了多种生物活性物质，具有溶解体内纤维蛋白及其他调节生理功能的保健作用。

1.3.3 美国

美国经济比较发达，利用食用植物资源开发食品、化妆品和植物添加剂成分较多。研究人员筛选出与地中海地区食用的长角豆中含有相同成分（半乳甘露聚糖胶）的瓜儿豆，保证了美国在第二次世界大战期间造纸工业的正常生产，促进了美国石油工业和制糖工业的发展。近几年来美国对抗癌药物和抗艾滋病天然药物的开发尤其重视，其对植物药的研究主要着重于从植物中提取出新化合物，期间分离出了很多化合物，也确定了很多化学结构式，且对有效成分的发现贡献不少，但其焦点是放在发现新化合物上，而不是对中草药本身以及对植物药处方进行研究。美国食品药品监督管理局（FAD）对药品研发有一套刻板而规范的工作程序或法规。每项法规中又有许多具体、细致和严格的要求。美国市场上最畅销的十几个植物药，是在欧洲流行并被证明疗效与安全性确切后，被引进到美国的，显著的例子就是银杏、贯叶连翘、大蒜、人参与卡瓦胡椒的应用。美国国立卫生研究院（NIH）投资2.2亿美元开展替代性医药的研究和培训工作，其中很大一部分将用于对亚洲食用中药植物的研究。据统计，目前美国中医药研究机构有146个，研究内容涉及针灸原理、艾滋病治疗、从食用植物和中草药中提取化学成分及有效成分、中医药信息等，开始重视中医药文献的整理出版工作。如美国国家癌症研究所（NCI）曾筛选过67500种提取物，经过筛选约有4%的提取物有效。NIH是全世界规模最大的医学研究机构，每年从全球25万种食用植物中，取4000种进行筛选，以开发各种新的天然药物。除医疗机构外，美国的一些大学和医药公司也开始研究中草药的药理、药效。美国著名的斯坦福大学设立了“美国中药科学研究中心”，召集了一批医药精英，选用最先进的仪器设备，专门从事中草药的研究开发。

1.3.4　欧洲

法国对芳香植物的研究较深入。当前医药工业的发展趋势是转向天然药物，以克服合成药物的副作用。特别是从芳香植物中筛选新药，如从玫瑰中找到的7-羟基玫瑰树碱和9-氨基玫瑰树碱具有抗肿瘤作用。

德国有学者从银杏中提取出预防冠心病的新药——银杏内酯，效果显著。

1.4　食用植物资源学的任务、内容和要求

食用植物资源学是一门以植物分类学、植物地理学、植物化学等课程理论为基础的应用性极强的学科，主要介绍我国食用植物资源的分类、特点以及加工利用方法，是农林学科及资源开发利用专业的必修课程之一，在学科交叉的过程中起着桥梁和纽带作用。植物资源学在培养适应经济建设需求的高素质应用型、开发型、创新型人才和对科研工作者理论指导方面发挥着重要作用。

1.4.1　食用植物资源学的研究内容

食用植物资源学研究内容比较广泛，是研究食用植物资源的分类系统、食用植物资源的保护与利用、食用植物资源的综合开发利用的一门学科，主要采用多学科方法和技术手段研究食用植物资源分类、分布及其特点、开发与利用、有效成分及其性质和用

途、调查与评价、保护与管理及食用植物资源驯化和栽培等不同研究层次，介绍了植物资源学的基本原理和基本方法；重点介绍了食用植物资源、食用药用植物资源、食用工业用途植物资源、食用农用植物资源中17类食用植物资源重要种类的开发利用与保护管理等方面的内容。食用植物资源开发与利用重点介绍食用植物资源的种类及特性、食用植物资源的开发利用途径、食用植物的化学成分与功能、食用植物的加工方法及我国主要的食用植物资源。食用植物资源学的研究重点和主要研究内容包括以下几个方面。

（1）食用植物资源分类系统的研究

食用植物资源的分类是根据食用植物资源利用方式、服务对象等完善或建立合理的植物资源分类系统。食用植物资源分类系统的研究主要是研究食用植物资源的分类原则、构建研究对象的合理分类系统，这有助于明确研究范畴，深入对研究对象的认识，也是研究食用植物资源学最基本的理论和方法基础。

（2）食用植物资源种类和用途的研究

我国食用植物资源丰富，种类繁多，对人类生产和生活有重要作用，而其重要性与人类科技发展和人们对食用植物资源的认识有密切关系。研究其种类、形态、结构和功能特点，研究其用途、采收加工技术和利用方法等对于食用植物资源的开发有重要意义。

（3）食用植物资源内含化学成分的研究

食用植物中含有多种有用的、很多栽培作物所没有的化学成分，蕴藏着迄今为止人们仍未得知的许多有用成分。学习和认识这些化学成分对开发利用新植物资源具有理论和指导作用。野菜、果树植物资源需研究其营养成分的含量；色素植物资源需研究其呈色物质的结构；甜味剂植物资源需分离出该植物中的甜味物质；药用植物资源需研究其有效成分；油脂、树脂、树胶和鞣质的利用可作为工业原料；农药植物药学需研究其化学成分对害虫的杀灭、干扰和控制作用。因此，对食用植物化学成分的研究和筛选以及对它们的生产、转化、性质、功能和分离纯化技术方法等方面的研究是食用植物资源学研究的重要学习内容。

（4）食用植物资源引种驯化和栽培繁育研究

食用植物资源的引种驯化对人类意义重大：

① 增加新的资源种类。某些植物在当地没有分布但十分需要，而且有可能驯化成功，如能成功地开展引种驯化工作，就可以增加该地的资源种类。

② 良种代替劣种。某些植物生长缓慢，有效成分低，或因病虫害危害严重及其他缺点，经济效益和生态效益差，通过引进优良种类即可克服上述不利因素。

③ 扩大栽培范围，发展商品生产及保护珍稀濒危植物。

④ 发挥食用植物的优良特性。通过引种可以使某些种或品种在新的地区得到比原产地更好的发展，表现更为突出。例如，原产于中国的猕猴桃，引种到新西兰后，现在其产量居世界第一位；西洋参（*Panax quinquefolius*）1948年从北美首次引种，1975年开始计划大规模引种工作；“植物青霉素”的穿心莲是从斯里兰卡引进的；价格昂贵的番红花（*Crocus sativus*）是于1965年和1980年二度引种后在我国推广栽培的。因此，通过食用植物资源的引种驯化的研究工作，可以提高植物资源的利用率，创造出更多的经济价值。

（5）食用植物资源综合开发利用研究

食用植物资源是自然资源的重要组成部分，与人类生活密切相关。如何更好地利用我们身边宝贵的植物资源，是当前植物资源学工作者的首要任务之一。研究和开发利用丰富的食用植物资源对不断增加新的工业原料、食品和药品，充实人民生活、保障健康、增加财富和发展农业都具有极其重要的意义。基于食用植物资源具有多种用途的特点，为了增强资源的高效利用性，应该对食用植物资源进行综合开发利用。综合利用包括全面利用和多用途利用。每种植物向人类提供的产品都不是单一的，尤其是随着科学的发展，对食用植物资源的开发应向综合、深入方向发展。食用植物在生长发育过程中往往积累多种代谢产物，在开发利用时不应只利用其中一部分，将其他部分舍弃，而应该综合开发利用，形成多种产品优势，这样既减轻了资源压力，又提高了经济效益，变废为宝，提高了食用植物资源的利用率。

（6）食用植物资源的保护管理和可持续利用的研究

食用植物资源是可再生资源，通过不断地新陈代谢产生新的个体。但是由于过度追求经济利益和效益，食用植物资源过度开发，使得食用植物资源的种群更新受到严重影响，个体数量不断减少，种群产生衰退，大量的食用植物资源受到不同程度的威胁。面对越来越严重的状况，世界各国政府、学术组织、社会团体和科学家开始了保护生态平衡、保护稀有濒危植物、合理开发利用食用植物资源和保护植物物种多样性的研究，并积极开展本国植物区系的调查，掌握本国植物区系和受威胁状况，列出稀有和濒危植物的清单，采取有效措施加以保护，保证食用植物资源的可持续更新和循环利用。因此，必须加强食用植物资源的保护管理和可持续开发利用的科学研究，才能保证食用植物资源的可持续性。

综上所述，食用植物资源学是以植物资源为对象，研究其用途、功能、种类、生物学特性、内含有用物质的性质和数量、形成分布、转化规律、合理开发利用途径及有效保护措施的一门科学。植物与人类的生产、生活密切相关，因此食用植物资源学又具有显著的社会经济特征。随着科技的进步和人类对食用植物资源认识的深入，越来越多的食用植物将会成为有重要价值的资源，为人类解决更多的实际问题。未来，食用植物资源学研究的内容将更加广泛，现代的研究方法和手段用于食用植物资源研究，将会取得更多的研究成果。

1.4.2 食用植物资源学发展趋势

食用植物资源学是在人类利用食用植物资源的过程中逐渐形成的，是一门研究食用植物资源综合开发利用的科学。食用植物资源学与植物分类学、植物系统学、植物化学、植物生态学、植物生理学、植物遗传学、植物引种驯化学及植物保护生物学、植物资源开发利用等均有密切关系。将多学科知识运用到食用植物资源的开发利用上来，可使得食用植物资源学知识更系统，研究内容更全面。近几十年来，因人类对植物资源数量、品种的需求不断增加，加之环境污染，要求生产更多的无公害绿色产品，世界各国均开展了食用植物资源的研究，希望从中发现新的有用的物质，从而促进食用植物资源学特别是食用植物资源利用中的生物技术如遗传工程、细胞工程的蓬勃发展。

因此，如何通过现代化的科学技术手段，合理开发利用和保护食用植物资源，开发新资源产品，并使食用植物资源能持续利用，是食用植物资源学今后的发展方向和研究的核心内容。

本章小结

本章介绍了食用植物资源的概念，食用植物资源与人类的关系和对人类社会的重要作用及开发意义，食用植物资源开发利用国内外研究现状和未来发展趋势，食用植物资源学的主要任务，食用植物资源学的研究重点和主要研究内容以及食用植物资源学发展趋势。旨在让大家充分了解食用植物资源对国民经济发展和人们生活的重要作用，为今后充分合理地开发利用食用植物资源提供依据。

思考题

① 什么是食用植物资源？

② 食用植物资源的作用及其开发利用的重要意义有哪些？

③ 食用植物资源用途及可开发产品有哪些？

④ 食用植物资源学的研究内容有哪些？

第2章

食用植物资源开发利用与保护

食用植物中含有许多人工栽培作物所没有的化学成分，蕴藏着迄今为止人们仍未得知的许多功用成分。我国幅员辽阔，横跨寒温热三带，自然条件复杂，因此植物种类繁多，仅高等植物就有30000余种，食用植物资源极其丰富。经过长期的研究和开发利用实践，人们发现利用价值较高的食用植物就有2400余种，众多的食用植物尚待开发利用和研究。充分利用我国丰富的食用植物资源，不断增加新的工业原料、食品和药品，对增加财富、发展农业、提高人们生活水平等有着重要作用。

2.1 食用植物资源的分类

2.1.1 食用植物资源分类系统建立的目的

食用植物资源是经济建设和人民生活的物质基础，随着经济的发展和社会进步，人们对食用植物的需求越来越迫切，因此需要不断探索和开发新的食用植物资源，促进食用植物资源研究不断进步。但是，目前对食用植物资源的开发利用还存在一些问题，如开发利用对象单一、利用程度不深，因而造成对植物资源的盲目开发、过度利用，使食用植物资源迅速减少，生态环境遭到破坏。因此，就要求对植物资源进行科学分类，建立食用植物资源分类系统，加以深入研究，使之得到合理开发利用和保护。

建立食用植物资源分类系统并对其进行正确的分类，使之系统化、条理化，对食用植物资源科学研究和开发利用具有极其重要的科学价值。同时，给合理利用和保护及制定食用植物资源利用和保护的法规都提供了科学依据，也对食用植物资源的生产具有重要的指导作用。

2.1.2 食用植物资源分类系统建立的原则

建立食用植物资源分类系统和其他分类系统一样，通常用等级的方法表示每一种植物资源的系统地位和归属，一般按照如下原则确定食用植物资源分类系统的等级。

① 以植物资源被利用植物的特点为第一（高级）分类原则建立分类系统；② 以植物资源的利用大方向作为中级分类原则建立分类系统；③ 以植物资源的具体用途作为植物资源分类的基本单位建立分类系统。

2.1.3 按照植物学中的植物分类系统进行分类

植物分类系统是植物资源分类的基础，进行植物资源分类必须具备基础的植物分类知识，一般将植物分为界、门、纲、目、科、属、种，还有辅助单位。

① 科　有些科的特征较易掌握，所包括的属是很自然的，有些则是多元的。野外工作中最重要的是先分科。掌握科和属的特征是分类学的基本内容。

② 属　属是很自然的类群等级。

③ 种　形态结构特征相似，来源于共同祖先，可以互相交配并产生可育后代的，具有一定分布区的群体。

双名命名法是由瑞典植物学家林奈（Carl Linnaeus）发明的，命名公式为：属名（斜体，首字母大写）+种加词（斜体，全部字母小写）＋种命名人名字（正体，首字母大写）。

双名命名法举例：

① 银杉（*Cathaya argyrophylla* Chun et Kuang）；

② 银杏（*Ginkgo biloba* L.）；

③ 马尾松（*Pinus massoniana* Lamb.）。

杂交种命名如北京杨（*Populus*×*beijingensis* W. Y. Hsu）。

植物分类系统是植物资源分类的基础，进行植物资源分类必须具备基础的植物分类知识，当前常见的植物系统有：德国植物学家恩格勒系统发表于《植物自然分科志》（1897年），恩格勒系统植物界分13门，第13门为种子植物门，再分为裸子植物和被子植物两个亚门；英国哈钦松系统，哈钦松（J. Hutchinson）在《有花植物科志》（1926年）中发表了一个与恩格勒（H. G. A. Engler）相对立的被子植物分类系统。

（1）恩格勒分类系统

假花学说认为，无花瓣、单性、风媒花等为原始的特征，柔荑花序类为被子植物中的原始类型。1892年最早提出，1964年修订系统把被子植物分为2纲62目344科。《中国植物志》《中国高等植物图鉴》及多数植物标本馆采用该系统排列。

（2）哈钦松分类系统

真花学说认为，两性花比单性花原始、花各部分离比联合原始、花各部分螺旋排列比轮生排列原始、木本比草本原始。双子叶植物以兰目和毛茛目为起点，单子叶植物起源于毛茛目，柔荑花序类各科起源于金缕梅目。该系统将木本和草本作为重要区分标准，适合于树木学教学和研究，但分类方法受到质疑。按1959年和1973年修订的哈钦松系统，分为111目，411科。中国科学院华南植物所、中国科学院昆明植物研究所等单位采用该系统排列。

（3）克朗奎斯特分类系统

真花学说单元起源认为，木兰目是被子植物的原始类型，柔荑花序类各科起源于金缕梅目，单子叶植物起源于类似现代睡莲目的祖先。将被子植物分为木兰纲和百合纲，前者包括6个亚纲64目318科，后者包括5个亚纲19目65科，取消超目，减少了科的数目。2000年以后出版的《中国高等植物》采用该系统排列。

2.1.4 常用分类方法

现将常用的一些植物资源类别做介绍，大致分为以下植物资源类型。

① 淀粉植物资源：包括食用和工业用淀粉。我国食用植物中蕴藏着大量的淀粉。如橡子、榛、葛根、蕨根等是淀粉植物的主要种类。我国可产食用植物淀粉300万吨以上。

② 油脂植物资源：根据多年的调查资料，我国含油率在10%以上的食用油脂植物有1000多种，其中完全可食用的有50多种。有些含有特种脂肪酸，如γ-亚麻酸等，对人体极具保健价值。蝴蝶果、油朴、文冠果等也是很好的食用油源。豆腐果、蒜头果、油桐、粗糠柴、风吹楠等都是很有工业价值的油脂植物资源。

③ 芳香植物资源：芳香植物有食用香料植物和工业用香料植物。食用香料植物的一些芳香油是重要的香料工业原料。我国已发现的芳香植物有400余种，其中松节油、柏油、山鸡椒油等的产量已居世界前列。全世界已发现的芳香植物有1000多种，在国际市场上有名录的天然香料约500种。实际上作为天然香料应用而具有商品价值的约200种。

④ 树胶植物资源：树胶是重要的工业原料，其能从树木中被提取出来，也能从草本植物的种子中获得，现在都称“植物胶”。植物胶属于多糖类化合物，水溶性好。我国产的植物胶主要有桃胶类、田菁胶、葫芦巴胶等，在食品化工、石油、冶金等行业均大量使用。

⑤ 饮料及野果植物资源：包括以叶类为原料加工制成的产品。其发展趋势是从植物资源中寻找新的天然保健饮料。我国现已发现有开发潜力的食用饮料植物80多种，其中有刺李、沙棘、野山楂、酸枣、山葡萄、君迁子、越橘等。食用果树除少部分果实可直

接食用外，一般均需加工后制作饮料或食品使用。

⑥ 食用色素植物资源：食用色素植物资源在我国民间应用历史悠久，用量也较大。如姜黄、密蒙花等都是直接被利用的。在合成食用色素被发现对人体有害而被摒弃后，天然食用色素越来越受人们欢迎。胡萝卜素是人们熟知的一类黄色素，现已发现有400多种胡萝卜素化合物。除胡萝卜根中含有大量胡萝卜素外，许多植物的果实中也含有。胡萝卜素对人体有益，β-胡萝卜素在人体可转化为维生素A。其他食用色素目前已开发出许多产品。

⑦ 甜味剂植物资源：人们通常使用蔗糖作为甜味剂，但过多食用蔗糖可造成龋齿、肥胖、心脏病和糖尿病等疾病，而合成的糖精对人体有害，已被许多国家禁用或限制使用，这就促使人们从植物中寻找安全、低能量、优质而廉价的新天然甜味品。我国已从罗汉果、马槟榔、甜茶、毛地黄鼠尾草、甘草等植物中找到了甜味物质，有的已在食品中加以应用。

⑧ 维生素植物资源：植物的果实含有大量的维生素，其中许多植物富含维生素C，如余甘子、刺梨、黄蔷薇、沙棘等。有些植物的叶、花中含有大量的B族维生素，如许多野菜中均含有较高的B族维生素成分。各种植物油脂中均含有维生素E。人体自身不能合成维生素C，必须从食品中获得，因此，维生素C的补充显得更为重要。

⑨ 蛋白质植物资源：植物蛋白，长期以来多从植物的种子，特别是豆科植物的种子中获得。自20世纪下半叶以来，叶蛋白引起了人们的极大兴趣。许多食用植物的叶子中含有大量的蛋白质，并已筛选出一些含量高、氨基酸全面的叶蛋白植物种类，目前尚未充分利用起来，主要是提取方法和精制成本没有突破，多停留在研究阶段。但叶蛋白质资源量大，开发利用潜力非常大。

⑩ 野菜植物资源：由于某些野菜有特殊的营养价值和特殊的风味，再加上没有化学污染或很少污染，越来越受人们的欢迎。目前，我国有关野菜的著作很多，收集的种类达400多种，其中有蕨类、木本类、草本类等。有些已经开始小面积栽培，可以常年上市，丰富人们的菜肴。

2.1.5 食用植物资源饮食营养分类法

（1）食品添加剂

① 色素植物：蓝靛果、红花、万寿菊；② 芳香植物：暴马丁香、桂花；③ 甜味植物：甜菜、甜叶菊；④ 调味植物：肉桂、花椒。

（2）常规食品

① 淀粉植物：禾本科的玉米、百合科的百合鳞茎等；② 蛋白质植物：大豆、鹰嘴

豆；③ 油脂植物：红松、胡桃楸；④ 糖料植物：蔷薇科（如苹果、梨）、葡萄科（如葡萄）等；⑤ 饮品植物：茶（山茶科）、金银花；⑥ 维生素植物：沙棘等野果，胡萝卜等蔬菜；⑦ 山野菜植物：蒲公英。

（3）功能性食品

① 提高免疫力植物：人参；② 延缓衰老植物：红松、茜草；③ 抗疲劳植物：高山红景天、沙参；④ 降血压功效植物：玉竹、杜仲；⑤ 降血脂植物：月见草、丹参；⑥ 降糖功效植物：打碗花、牛蒡；⑦ 减肥功效植物：决明子；⑧ 美容功效植物：椰子、芦荟；⑨ 益智植物：五味子、茜草；⑩ 改善视力植物：枸杞、菊花；⑪ 润喉功效植物：薄荷、罗汉果；⑫ 改善睡眠植物：黄芪、五味子；⑬ 改善肠胃功能植物：藿香、龙胆；⑭ 抗辐射植物：刺五加。

2.2　食用植物资源的分布及生态多样性

我国地域辽阔、地形复杂、气候多样，这种得天独厚的地理条件和气候条件，为各种植物的生长提供了适宜的繁衍环境。我国食用植物资源丰富，种类多且蕴藏量大。据统计，我国现有种子植物25700余种，蕨类植物2400余种，苔藓植物2100余种，合计有高等植物30000余种，为全世界近30万种高等植物的十分之一。其中种子植物与人类关系最为密切，有用植物绝大多数也为种子植物。乔木树种达2000余种，材质优良、经济价值较高的树种近1000种，药用植物6000种，香料植物、油脂植物、酿酒植物等种类繁多。

2.2.1　食用植物资源分布的影响因素

影响食用植物分布的环境因素：温度、水分、海拔、地形、土壤等。

（1）温度

温度是影响植物分布的关键因素之一。不同的植物种类对温度的适应性不同，有些植物适应温暖的气候，如热带雨林中的植物，而有些则适应寒冷的环境，如北极地区的苔藓。温度还影响植物的生长周期，包括发芽、开花和结果的时间。例如，春季温度的升高通常预示着植物生长季节的开始。极端温度如高温或低温，可能会导致植物生长受阻甚至死亡。

（2）水分

水分是植物生存的必需品，它影响植物的光合作用、蒸腾作用和营养吸收。不同的植物对水分的需求不同，有些植物如仙人掌能在干旱环境中生存，而有些如水稻则需要充足的水分。

水分的可用性也与地区的降雨量、湿度和地下水位有关，这些因素共同决定了植物分布的湿润或干旱区域。

（3）海拔

海拔高度影响植物分布，随着海拔的升高，温度通常会降低，氧气浓度也会减少，这会影响植物的代谢和生长。不同的植物种类适应不同的海拔高度，例如，高山植物通常具有较小的叶片和能够抵御低温的特性。海拔变化还会导致植物种类的垂直分布，形成不同的植被带。

（4）地形

地形包括地貌特征如平原、山地、谷地等，它们会影响植物的分布和生长。地形影响阳光的照射、风的方向和强度以及水分的流向，这些因素都会对植物产生影响。例如，南坡通常比北坡更温暖、阳光更充足，因此可能支持不同的植物群落。

（5）土壤

土壤是植物生长的基质，它提供了植物所需的营养和水分。不同的土壤类型（如砂质土、壤土、黏土）具有不同的结构、pH值和营养含量，这些特性决定了哪些植物能在特定土壤中生长。土壤的排水性、透气性和肥力也是影响植物分布的重要因素。

2.2.2 中国食用植物资源分区

我国食用植物资源不仅种类多，而且分布也极为广泛。按自然地理分区可分为八个区即东北区、华北区、华中区、华南区、西南区、西北区、内蒙古区和青藏区等。

（1）东北区

本区包括黑龙江、吉林、辽宁东部和内蒙古大兴安岭地区。本区南、东两面邻近太平洋，西、北两面则与蒙古高原和西伯利亚接壤。大、小兴安岭以“人”字形崛起在本区北部，东南侧有绵延的长白山，中央为富饶的东北平原，地形上形成一个巨大的向西南方向开口的簸箕形。本区是我国最冷的地区，大部分地区属于寒温带和温带的湿润和半湿润地区。冬季严寒而漫长，夏季从太平洋和亚洲边缘海洋上吹来比较湿热的季风，年平均温度为–4℃，1月平均温度常低于–20℃。7月平均温度一般不高于24℃，绝对最低温度为–40.0～–30.0℃，有的地方可达–50℃；雨量集中在6～8月，年降水量在350～700毫米之间，长白山东南可达1000毫米，相对湿度70%～80%。海拔高度从东北平原的120米到长白山白云峰的2691米。本区又进一步划分为大兴安岭寒温带针叶林、东北东部山地针阔叶混交林和东北平原森林草原3个副区。

本区气候冷湿，冻土、沼泽广布，其植被类型丰富，以森林为主，草甸、草原也有分布。土壤在平原上为黑土和黑钙土，山地为暗棕色森林土；在低洼的中西部地区有大面积盐碱土发育。本地区土地肥沃，农业发达，植物资源比较丰富，是我国道地植物药材“北药”的基地。主要特色食用植物资源种类有：

① 药食同源植物资源主要有五味子（*Schisandra chinensis*）、黄芪（*Astragalus membranaceus*）、天麻（*Gastrodia elata*）、党参（*Codonopsis pilosula*）、刺五加（*Eleutherococcus senticosus*）等。

② 果树植物资源主要有越橘（*Vaccinium vitis–idaea*）、笃斯越橘（*Vaccinium uliginosum*）、山荆子（*Malus baccata*）、秋子梨（*Pyrus ussuriensis*）、毛榛（*Corylus mandshurica*）、山葡萄（*Vitis amurensis*）、软枣猕猴桃（*Actinidia arguta*）、狗枣猕猴桃（*Actinidia kolomikta*）、蓝果忍冬（*Lonicera caerulea*）、桑（*Morus alba*）、东方草莓（*Fragaria orientalis*）、东北杏（*Armeniaca mandshurica*）、西伯利亚杏（*Prunus sibirica* var. *pubescens*）、欧李（*Cerasus humilis*）等。

③ 食用芳香油植物资源主要有藿香（*Agastache rugosa*）、薄荷（*Mentha canadensis*）、百里香（*Thymus mongolicus*）、香薷（*Elsholtzia ciliata*）等。

④ 食用色素植物资源主要有茜草（*Rubia cordifolia*）、紫草（*Lithospermum erythrorhizon*）、越橘（*Vaccinium vitis-idaea*）、笃斯越橘（*Vaccinium uliginosum*）、蓝果忍冬（*Lonicera caerulea*）、桑（*Morus alba*）、东方草莓（*Fragaria orientalis*）等。

（2）华北区

本区包括辽宁西部、河北、山西、陕西、宁夏南部、甘肃东南部、山东、河南和安徽淮河以北、江苏北部、北京、天津。本区有中国第一大平原华北平原，山地通常海拔在600～1000米之间。华北地区具有暖温带气候特征，夏热多雨，冬季晴朗干燥，春季多风沙。年平均温度超过9～16℃；1月平均温度为–13～–2℃，7月平均温度为22～28℃，绝对最低温度为–30～–20℃；降水量一般在400～700毫米之间，沿海个别地区可达1000毫米。土壤为棕壤，沿海地区为冲积性褐土和盐碱土、山地丘陵棕色森林土。本区为半湿润向半干旱过渡植被，农业发达，是暖温带水果的主产区，也是我国道地药材“北药”的主产区。主要特色植物资源有：

① 药食同源植物资源主要有黄芪（*Astragalus membranaceus*）、淫羊藿（*Epimedium brevicornu*）等。

② 果树植物资源主要有毛榛（*Corylus mandshurica*）、山葡萄（*Vitis amurensis*）、桑（*Morus alba*）、东方草莓（*Fragaria orientalis*）、东北杏（*Armeniaca mandshurica*）、山里红（*Crataegus pinnatifida*）、山荆子（*Malus baccata*）、西伯利亚杏（*Prunus sibirica*）、悬钩子（*Rubus loropetalus*）等。

③ 食用芳香油植物资源主要有藿香（*Agastache rugosa*）、薄荷（*Mentha canadensis*）、

百里香（*Thymus mongolicus*）、香薷（*Elsholtzia ciliata*）等。

④ 食用色素植物资源主要有茜草（*Rubia cordifolia*）、紫草（*Lithospermum erythrorhizon*）、山葡萄（*Vitis amurensis*）、菘蓝（*Isatis tinctoria*）、栀子（*Gardenia jasminoides*）。

（3）华中区

本区包括安徽的淮南、江苏旧黄河南、河南东南、浙江、上海、江西、湖南、湖北东部、广西和广东北部、福建北部。华中区属于亚热带季风气候，冬温夏热，四季分明，冬季气温较低，但不严寒。年平均温度超过15～22℃；1月平均温度在0℃以上，7月平均温度在20～28℃之间，自北向南，自东向西递增，绝对最低温度为-15～-5℃；年平均降水量在800～1600毫米之间，由东南沿海向西北递减。土壤主要是黄棕壤、黄壤和红壤，黄棕壤分布于本区北部北亚热带地区，红壤和山地红壤分布于长江以南海拔500～900米之间的低山丘陵地区，黄壤则散见于较高山地。本区是我国道地药材“浙药”和部分“南药”的产区。主要特色植物资源有：

① 药食同源植物资源主要有丹参（*Salvia miltiorrhiza*）、杜仲（*Eucommia ulmoides*）、浙贝母（*Fritillaria thunbergii*）等。

② 果树植物资源主要有金樱子（*Rosa laevigata*）、缫丝花（*Rosa roxburghii*）、滇刺枣（*Ziziphus mauritiana*）、中华猕猴桃（*Actinidia chinensis*）、华桑（*Morus cathayana*）、鸡桑（*Morus australis*）、紫楠（*Phoebe sheareri*）、锈毛莓（*Rubus reflexus*）、掌叶悬钩子（*Rubus pentagonus*）、茅莓（*Rubus parvifolius*）、豆梨（*Pyrus calleryana*）、锥栗（*Castanea henryi*）、木瓜（*Pseudocydonia sinensis*）等。

③ 食用芳香油植物资源主要有黄兰（*Cephalantheropsis obcordata*）、香桂（*Cinnamomum subavenium*）、山胡椒（*Lindera glauca*）、柠檬草（*Cymbopogon citratus*）等。

④ 食用色素植物资源主要有茜草（*Rubia cordifolia*）、紫草（*Lithospermum erythrorhizon*）、栀子（*Gardenia jasminoides*）、苏木（*Biancaea sappan*）、密蒙花（*Buddleja officinalis*）、姜黄（*Curcuma longa*）等。

（4）华南区

本区位于我国的最南部，包括北回归线以南的云南、广东和广西、福建南部、台湾、海南和南海诸岛。本区属热带季风气候，湿热多雨。年均温度21～26℃，1月平均气温在12℃以上，7月平均温度29℃，年温差较小，绝对低温一般都在0℃以上，极少数地区冬季有寒流侵袭时可能降到0℃以下；年降水量1600～1800毫米，部分地区可达2000毫米以上。地表切割破碎，典型植被为常绿的热带雨林、热带季雨林和南亚热带季风常绿阔叶林。土壤为砖红壤和砖红化红壤。本区面积虽小，但植物资源极为丰富，仅西双版纳就有高等植物3000～4000种，海南岛也有高等植物约4000种。本区是道地药用植物“广药”的主产区。主要特色植物资源有：

① 药食同源植物资源主要有砂仁（*Amomum villosum*）、肉桂（*Cinnamomum cassia*）、胡椒（*Piper nigrum*）、广藿香（*Pogostemon cablin*）等。

② 果树植物资源主要有椰子（*Cocos nucifera*）、橄榄（*Canarium album*）、番木瓜（*Carica papaya*）、桃金娘（*Rhodomyrtus tomentosa*）、腰果（*Anacardium occidentale*）、五月茶（*Antidesma bunius*）、木奶果（*Baccaurea ramiflora*）等。

③ 食用芳香油植物资源主要有榧（*Torreya grandis*）、黄兰（*Cephalantheropsis obcordata*）、山胡椒（*Lindera glauca*）等。

④ 食用色素植物资源主要有玫瑰茄（*Hibiscus sabdariffa*）、菘蓝（*Isatis tinctoria*）、栀子（*Gardenia jasminoides*）、苏木（*Biancaea sappan*）、密蒙花（*Buddleja officinalis*）、姜黄（*Curcuma longa*）等。

（5）西南区

本区属于我国的第二级阶梯，地势起伏较大，岩溶地貌十分发育，多数地面海拔在1500～2000米之间，最高可超过5000米。气候具有亚热带高原盆地的特点，且受印度洋气流影响，多数地区春温高于秋温，春旱而夏秋多雨。年平均温度为14～16℃，有些地方可高达20～22℃，1月平均温度5～12℃，7月平均温度28～32℃，各月平均温度多在6℃，除极少地区外，月平均温度都未超过22℃。年平均降水量900～1500米，绝大部分在湿季。高原常绿林植被，在四川西部山地有硬叶常绿林分布，垂直变化明显。土壤为红壤、黄壤和黄棕壤。本区植物资源极为丰富，是我国道地植物药材“川药”“云药”“贵药”的主产区。主要特色植物资源有：

① 药食同源植物资源主要有川贝母（*Fritillaria cirrhosa*）、白及（*Bletilla striata*）、丹参（*Salvia miltiorrhiza*）等。

② 果树植物资源主要有杨梅（*Morella rubra*）、中华猕猴桃（*Actinidia chinensis*）、茅莓（*Rubus parvifolius*）、五叶草莓（*Fragaria pentaphylla*）、云南越橘（*Vaccinium duclouxii*）、滇龙眼（*Dimocarpus yunnanensis*）、大叶藤黄（*Garcinia xanthochymus*）等。

③ 食用芳香油植物资源主要有肉桂（*Cinnamomum cassia*）、甘松（*Nardo-stachys jatamansi*）等。

④ 食用色素植物资源主要有栀子（*Gardenia jasminoides*）、苏木（*Biancaea sappan*）、密蒙花（*Buddleja officinalis*）等。

（6）西北区

本区包括内蒙古西部、甘肃祁连山以北、昆仑山北部地区。本区属内陆干旱气候，日照丰富，内陆流域面积广大，以山地冰川补给为主，典型的荒漠景观，是我国降水量最少、相对湿度最低、蒸发量最大的干旱地区。年降水量一般不足200毫米，有的地区少于25毫米。本区是我国的第二级阶梯，境内有天山、阿尔泰山、祁连山等高大山体，在4000米以上为终年积雪带。本区气候干旱，我国两大沙漠塔克拉玛干沙漠和巴丹吉林沙漠位于本区。区内种植垂直分布明显，除荒漠外，还有山地森林、灌丛、草原和高山植物。主要种植种类以藜科、禾本科和菊科为主，伴有豆科、蔷薇科、毛茛科等植物。本区植物资源比较匮乏，主要特色植物资源有：

① 药食同源植物资源主要有肉苁蓉（*Cistanche deserticola*）、阿克苏黄芪（*Astragalus aksuensis*）、新疆党参（*Codonopsis clematidea*）等。

② 果树植物资源主要有沙棘（*Hippophae rhamnoides*）、沙枣（*Elaeagnus angustifolia*）、越橘（*Vaccinium vitis-idaea*）、笃斯越橘（*Vaccinium uliginosum*）、密刺蔷薇（*Rosa spinosissima*）、宽刺蔷薇（*Rosa platyacantha*）、腺齿蔷薇（*Rosa alberti*）、阿尔泰山楂（*Crataegus altaica*）、新疆野苹果（*Malus sieversii*）、樱桃李（*Prunus cerasifera*）等。

③ 食用芳香油植物资源主要有乳白香青（*Anaphalis lactea*）、珠光香青（*Anaphalis margaritacea*）等。

④ 食用色素植物资源主要有茜草（*Rubia cordifolia*）、紫草（*Lithospermum erythrorhizon*）、越橘（*Vaccinium vitis–idaea*）、笃斯越橘（*Vaccinium uliginosum*）、蓝果忍冬（*Lonicera caerulea*）等。

（7）内蒙古区

本区包括内蒙古中部、宁夏北部、山西北部（长城以北）、河北北部（张家口地区）。本区属温带内陆干旱、半干旱季风气候，年均降水量150 ～ 350毫米，自东向西递减，东部边缘可达400毫米左右，北部地区干旱而严寒。整个区域位于内蒙古高原，海拔高度1000 ～ 1500米，地势高平，变化单调，是我国的第二级阶梯。草原植被为主，经向地带性明显。土壤为栗钙土和棕钙土。

本区草原牧业发达，是我国重要的畜牧业基地之一，也是我国道地药材“北药”中适应于干旱环境种类的集中产区之一。主要特色植物资源有：

① 药食同源植物资源主要有肉苁蓉（*Cistanche deserticola*）、宁夏枸杞（*Lycium barbarum*）等。

② 果树植物资源主要有沙棘（*Hippophae rhamnoides*）、山里红（*Crataegus pinnatifida*）、东北杏（*Armeniaca mandshurica*）、欧李（*Cerasus humilis*）、刺蔷薇（*Rosa acicularis*）、全缘栒子（*Cotoneaster integerrimus*）、黑果栒子（*Cotoneaster melanocarpus*）等。

③ 食用芳香油植物资源主要有杜香（*Ledum palustre*）等。

④ 食用色素植物资源主要有茜草（*Rubia cordifolia*）、紫草（*Lithospermum erythrorhizon*）、沙棘（*Hippophae rhamnoides*）等。

（8）青藏区

本区包括西藏和青海全境、四川的甘孜和阿坝、云南北部的迪庆、甘肃甘南及祁连山以南和新疆昆仑山以南。这里有世界最高的高原，被誉为“世界屋脊”和地球的“第三极”，是我国地势的第三级阶梯。平均海拔4000～5000米，并有许多耸立于雪线之上的山峰。土壤为高山草甸土及高山寒漠土。东南部地势较低，气候温暖湿润，植被类型为针阔叶混交林和寒温性针叶林，西北部地势升高，气候寒冷，植被为高寒灌丛、高寒草甸、高寒草原、高寒荒漠草原以及高寒荒漠等。高原空气稀薄，光照充足，辐射量大，气温低，干湿季分明，干旱及多大风。本区气候、地形、植被复杂，垂直变化明显，食用植物资源丰富，仅西藏就有维管植物达6144种，是中华民族“藏药”的发源地。主要特色植物资源有：

① 药食同源植物资源主要有天麻（*Gastrodia elata*）等。

② 果树植物资源主要有西藏沙棘（*Hippophae tibetana*）、缫丝花（*Rosa roxburghii*）、腺齿蔷薇（*Rosa albertii*）、黄果悬钩子（*Rubus xanthocarpus*）、库页悬钩子（*Rubus sachalinensis*）等。

③ 食用色素植物资源主要有茜草（*Rubia cordifolia*）、紫草（*Lithospermum erythrorhizon*）、沙棘（*Hippophae rhamnoides*）等。

2.3　植物资源的特点

野生植物资源是生物资源中的一个重要组成成分，它具有生命现象，即具有生长发育、遗传变异和自我繁衍后代的能力。同时植物资源有别于其他生物资源的地方在于其具有把无机物和太阳能转化为有机物质和生物能的特性。野生植物资源是指可供人类开发利用的野生原料植物，是在一定的时间、空间、人文背景和经济技术条件下，对人类直接或间接有用野生植物的总和，野生植物资源除了具有一般植物的生物学特征、生态学特征、生理学和遗传学特征外，还具有资源学特征。只有掌握野生植物资源的这些特征，才能深入认识和合理开发利用野生植物资源。从开发利用方面来看，野生植物资源具有以下特性。

2.3.1　可再生性

植物资源的可再生性指在自然和人为的条件下，植物具有不断自然更新和人为繁殖的能力，这是植物资源的基本属性。植物为了繁衍后代，在生长发育过程中，形成了有性繁殖和无性繁殖的能力，同时也具有遗传和变异的特性。因此野生植物资源可以为人类提供无穷无尽的植物性产品，由此说明植物是一种可以长期利用的资源。如果利用合理，就可以使有限的资源永续利用，为人类提供无限的原料。

可再生性主要包括以下两个方面：

① 产生新个体的可再生性：植物能够通过种子繁殖（有性繁殖）或通过根茎、块茎等营养器官繁殖（无性繁殖）来产生新的个体。

② 组织和器官的可再生能力：植物的组织或器官在受损或受胁迫后能够自我修复或替换，即再生。例如，某些植物在枝条被修剪后能够在切口处长出新芽，形成新的枝条。

2.3.2 易受威胁性

野生植物受自然灾害和人为的破坏而导致某些植物种类减少，以致绝灭的特性，也可称为它的易受威胁性。这是因为每一种植物资源都具有自己独特的遗传基因，存在于该种植物的种群之中，任何植物个体都不能代表其种的基因库。当该种资源受到自然灾害、人为破坏（包括不合理开发利用、过度采挖砍伐等）时，则会引起物种世代顺序的断裂，从而威胁到物种的解体，物种的解体也就是植物资源的解体。野生植物资源受到破坏后，很难自然恢复。由此可见，野生植物资源也是有限的，要想使有限的资源长期无限地开发利用，就要坚持保护与合理利用相结合的原则。

联合国粮农组织森林产品和统计小组负责人斯文·沃尔特（Sven Walter）表示：“野生植物可持续利用对粮食安全和全球亿万人生计有着决定性影响。”近年来，人们对野生植物成分的需求在全球持续攀升，尤其是在发达国家。南非罗德斯大学的一份研究表明，全球范围内有多达58亿人食用野生或半野生植物。初步证据表明，含有野生物种成分的传统和现代药物因新冠疫情重新获得关注。为保护和恢复它们的生存环境、促进农业粮食体系可持续发展，并建设包容、强韧和可持续的经济体，特别是实现后疫情时代复苏，应该对野生植物加以重视。下面介绍几种重要的植物资源和面临的濒危等级。

乳香：分布于非洲东北部，以及阿曼、索马里和也门，其树脂用于熏香、芳香疗法、化妆品、香水和传统药物。濒危等级：近危。

臀果木：可用于生产药品，也被称作刺李、非洲桂樱、红臭木或非洲扁桃，生长在非洲热带森林。濒危等级：易危。

乳木果：生长地从塞内加尔到乌干达，遍布非洲。食品行业中作为类可可脂广泛使用，化妆品中也十分常见，在当地用作健康食用油。濒危等级：易危。

蜘蛛香：多年生芳香植物，生长在喜马拉雅山脉，根部可入药。濒危等级：极危。

阿拉伯树胶：生长于非洲，主要作为添加剂、乳化剂或稳定剂用于食品和制药行业。濒危等级：未予评估。

金印草：又名加拿大白毛茛或北美黄连，原产于北美东部，主要用于药品。濒危等级：易危。

蜡大戟（小烛树）：分布于墨西哥和美国部分地区。小烛树蜡是口香糖常见成分，常用作食品添加剂，也可用于化妆品和药品，或作工业用蜡和上光剂。濒危等级：未予评估。

阿尔甘：又名摩洛哥油，因其延缓衰老功效风靡于欧洲和北美化妆品消费者，阿尔甘油也用于治疗痤疮和关节炎等疾病。生长在阿尔及利亚、毛里塔尼亚、摩洛哥和西撒哈拉。濒危等级：易危。

猴面包树：猴面包树原生于非洲大陆。猴面包粉用作食品和饮料成分，猴面包籽油则用作化妆品成分。濒危等级：未予评估。

巴西栗：纯野生，主要价值在其坚果。坚果可食用、营养丰富，富含镁、锌、蛋白质和硒等营养成分和抗氧化物。巴西栗的采收为保护数百万公顷的亚马孙森林做出了重大贡献，正因如此常被称为亚马孙森林保护的基石。濒危等级：易危。

甘草：多年生草本植物，原产于欧亚大陆、北非和西亚，在中国北方亦有广泛分布；主要用作药品中的甜味剂和用于烟草工业，在中国传统医学中用于止咳化痰。濒危等级：无危。

刺柏：欧洲刺柏为北半球温带和亚寒带物种，其浆果是杜松子酒生产的关键原料。刺柏果还用作食品调味剂、精油和化妆品成分，传统医药和宗教场合历来有使用刺柏果的传统。濒危等级：无危。

2.3.3 近缘种化学成分的相似性

受遗传因素影响，在植物化学分类学和植物系统分类学中，植物近缘属成分一般比较相似。在系统分类中位置相近的类群（科，属）常具有相类似的化学成分。在植物资源开发利用过程中，可利用近缘种化学成分相似性原理，在相近种中寻找新的野生资源植物。如，植物化学分类学中，毛茛科、芍药科；利血平（印度蛇根木）、降压灵（萝芙木）。

2.3.4 采收利用的时间性

① 植物品种、特性不同，其时效性也不同，任何一种植物都有其生命周期，植物体营养物质的合成与代谢都受到季节、时间的制约和影响。

② 植物资源质量必然影响产品的核心竞争力，产品的竞争实质就是植物原料的竞争、质量的竞争、技术的竞争、科技含量的竞争，竞争过程中时间就是决定因素。

③ 产品和技术具有生命周期，不同的植物资源也有不同的开发利用生命周期，处于不同生命周期的资源其效益大小是不同的。植物的有效成分及营养物质的含量在采收季节相对较高，非适宜时期采收就会影响产品的质量。植物生长发育过程中，不仅形态结构发生变化或者体积增大、重量增加，其植物体内的化学成分也在不断变化。植物种类、植物器官及生长阶段的差异，直接影响代谢产物的种类和积累量，这就决定了植物采收利用的时间性。采收时期服从于经济目的，常以获得优质高产的植物原料或产品为目的。

植物资源的采收，主要依据其个体产量和化学成分的变化，这两个因素决定了特定资源植物采收的时间。有效成分的含量受一年中年周期变化及年龄变化的影响，正如谚语中说的“三月茵陈四月蒿，五月六月当柴烧”。对于地下器官，一般在秋季、早春时收取，对于地上器官，一般选在生长旺盛期利用。

2.3.5 用途的多样性

植物种类的多样性和植物功能的多样性，决定了野生植物资源用途的多样性。它是对植物资源进行综合开发、多种经营的重要依据。野生植物资源是丰富多彩的，从整体上看，大部分野生植物资源是可供直接利用的各种原料植物，还有一部分是非原料性质的野生植物资源，如用其防风固沙、保持水土、消除污染、保护环境等。从每个植物种来看，由于植物体内各器官的结构和功能不同，往往积累代谢产物也不尽相同，使得不同器官具有不同用途。如松树生产的木材、树脂、松子等，分别具有不同的商品价值，在开发利用时要进行综合利用。

2.3.6 可栽培性

野生植物资源可以通过人们引种驯化，使野生植物变成栽培植物。人们根据植物对环境的生态适应原理，创造与原产地相似的生境，很多野生植物都是可以栽培的。现在的栽培植物大多是由野生植物驯化而来的。引种驯化工作可以解决野生植物资源分布零星、不易采收的困难，还可以拯救濒危植物，扩大分布区和提高产量。

理论上讲，所有的野生植物资源都可以栽培，掌握植物生活环境和生长的特性有利于植物的引种驯化。可通过人为的引种驯化，扩大其分布区，提高产量，拯救濒危植物，为其创造与原生环境相似的生境，培育优良品种。

2.3.7 分布的区域性

食用植物资源是互相联系、互相制约的统一整体。每种植物都有自己的最佳生态位、生态域，一种植物的生长为其他植物的生长创造了一定的生存条件，同时也依赖于其他植物所创造的生态环境而生存。植物之间的关联度越大，说明一种植物对另一种植物的依赖性就越大。

野生植物与环境之间存在着相互矛盾又相互统一的辩证关系。一方面，环境可以塑造植物，对植物的形态特征和生物学特征的产生、类型的形成及分布都有深刻的影响，称为环境对植物的生态作用。另一方面，植物在同化环境过程中，形成了植物生长发育的内在规律，并以其自身的变异来适应外界条件的变化，称为生态适应。所以说不同生态环境中分布着不同的植物，形成了植物资源的地域性分布。

食用植物资源的地域性，是由不同的地理环境，即不同的地理经纬度、气候、温度、湿度、降雨量、土质等的差异，从而导致植物的类型不同，分布规律不同。进一步而言，不同植物种的生理适应能力与地质历史时期和现存地理环境的差异，导致了不同植物物种和植物群落的垂直分布和水平分布规律。地球从南往北热带、亚热带、温带、寒温带、寒带的分布，依次出现有雨林、季雨林、常绿阔叶林、针叶阔叶混交林、针叶林、草原以及灌丛、草地等。因为影响植物资源形成的基本因素是恒定的、有规律的，所以植物资源的形成和分布也具有一定规律性。我国植物资源的分布体现了规律性和不均衡性。我国南北之间纬度相差49°以上，不同地区在光能、热量上存在很大差异，东半部自北到南可分为寒温带、温带、亚热带和热带，植物资源分布呈规律性变化。因此植物资源的自然分布具有显著的地域性。有些资源植物在进化过程中形成了对当地气候和地理条件的依赖性和自身的特有品质。例如，“道地药材”就是在一定的地理环境内形成的质量好、疗效高的药用种类，如川黄连、秦归、云木香、广藿香，以及江西乐安和宁冈的绞股蓝药效高于其他地区，还有山东的苹果清脆可口，江西南丰柑橘橘汁甜如蜜等。总之，植物分布的地域性对其加工利用具有直接影响，因此对食用植物资源开发利用时必须考虑到其地域性特征。

2.3.8　价值的潜在性

随着科学技术的不断进步，越来越多的食用植物资源被开发出来，但这只占食用植物资源的一小部分，还有很多具有开发利用价值的食用植物资源没有被开发，或者其潜在的利用价值没有被开发出来，例如，药用植物有5000种以上，但是用在医药上的仅占很少一部分。从生态效益和社会效益角度看，所有的植物种类都有一定的作用；从科学的角度看，人们不断地在食用植物中发现新的有用成分和多种功能。特别是每一种植物都有自己遗传潜力的基因，任何种都具有特定的基因库。所以要充分认识食用植物资源的潜在特性，才能充分有效地开发其功能价值。

2.3.9　资源的分散性

野生植物资源在自然界中的分布，具有分散于其他种群的特性，每类植物资源的各个种，虽然有自己的生长发育规律，要求一定的外界环境条件，但多数的种类多形成单一的优势群落，所以很少见到各种资源植物集中成片生长于一处，多是零星分布于不同的植物群落中。植物资源的这一特性，使植物资源不利于采收和管理，给植物资源开发利用带来一定的困难。

2.3.10　资源的有限性和无限性

现实植物资源的质量、数量是有限的，虽然是可再生资源，但在特定的时间、地点条件下同样受限。从发展的观点看，植物资源开发利用潜力是无限的。

2.3.11 可替代性和不可替代性

现实生活中，很多食用植物资源是可以相互替代的，但任何植物之间的替代都是相对的、有一定限度的。根据可替代程度不同，可划分为固定替代、变动替代、完全替代和不可替代四种类型。

① 固定替代是指单位甲种植物可以代替一定比例的乙种植物，以满足某种需要，两种植物比例保持不变，所开发的产品也保持不变。如在果酒酿造工业中，可用越橘替代葡萄。

② 变动替代是指两种植物的替代没有固定比例关系。甲种植物用于替代乙种植物时，随着甲种植物投入量的增加，能替代的乙种植物量随之逐步减少。但当甲种植物增加到一定限度之后，无论再增加多少，也不能使乙种植物的投入量减少到零，即无论如何增加甲种植物的投入量，也不能将乙种植物完全替代。如在人体必需的三大营养源（蛋白质、油脂、碳水化合物）中，无论如何增加淀粉植物食用量，也不能替代油脂植物中的成分在人体中的生理功效。

③ 完全替代是指一种植物可以完全替代另一种植物资源的功能。

④ 不可替代是指某些植物由于具有特殊功能，其他植物不能替代。

每一种植物受特定遗传因素的影响，其细胞内代谢途径及产物都不同于其他植物。某一特定植物可产生特定的化学物质，是其他植物所不具备的。如薄荷中的薄荷脑，亦称薄荷醇（$C_{10}H_{20}O$），其化学名称为1-甲基-4-异丙基环己醇，具有特有的强烈薄荷香气和凉爽味道，其特殊气味是任何植物所不能替代的，可应用于食品及制药工业。

2.4 食用植物资源的开发利用

食用植物资源的合理开发利用是指在保护植物资源再生能力的前提下，优化生产过程，以最少的资源消耗，获取最大经济效益。开发利用植物资源是不断满足人类生产、生活需要的必由之路。

2.4.1 食用植物资源开发的意义

① 植物资源是人类的食物来源。栽培的主要粮食、蔬菜、水果、油料作物都来自野生植物的驯化。近缘野生属种的优良基因是培育高产、抗逆、抗病虫害新品种的重要资源。野菜、野果可作为高营养、无污染和具保健性特点的美味食品。如山葡萄、沙棘、

越橘、无花果、余甘子等野果类植物；蕨菜、紫萁、蒲公英等野菜类植物。

② 植物资源是治疗人类各种疾病的药物来源。植物资源不仅是传统中药、民族药和民间草药的主要来源，还是现代医药工业的重要原料，同时是寻找抗癌、抗艾滋病新药的重要途径。近年来新筛选的抗癌药用植物有红豆杉（*Taxus wallichiana* var. *chinensis*）、雷公藤（*Tripterygium wilfordii*）、美登木（*Gymnosporia acuminata*）、喜树（*Camptotheca acuminata*）等。

③ 从人工合成的化合物中筛选新药的难度增大。命中率明显降低：从九百分之一降到万分之一；创制成本越来越高：每个新药耗费3亿～5亿美元；研制周期越来越长：每个新药约需10年。

总之，研究植物资源对提高人类生活质量、促进社会经济发展、保护生态环境和物种多样性等均具有重要意义。

2.4.2 食用植物资源开发的层次

（1）针对发展原料的一级开发

主要是原材料的生产、引种、驯化和栽培。侧重农学、生物学方向的研究，主要是扩大资源产量、提高质量。即野生种—引种驯化—栽培种。如猕猴桃、西洋参等。

（2）针对发展产品的二级开发

产品的深加工，侧重于工业生产、化学提取、食品加工技术的应用。

侧重工业生产方式，如药物化学提取、果品保鲜、香料成分提取等，如沙棘可用来制作保健饮料、沙棘粉、沙棘果油等。

（3）针对发展新资源的三级开发

涉及综合性科学研究，包括区域调查、植物分类、地理方面、生理方面等；发掘新资源、开发新原料、发现新成分、开发新产品。

2.4.3 食用植物资源开发利用的一般原则

① 正确处理开发利用与保护的关系。在保护野生植物资源的基础上，遵循维持最高产量的原则。标准：植物资源的开发利用速度与其增长速度相一致。

② 经济效益、生态效益和社会效益相统一。

③ 局部利用与整体利益统一的原则。开发利用某种植物资源时，不应损害其他植物资源，不要顾此失彼。

④ 综合开发利用，提高经济效益的原则。一方面指一物多用，以最小的资源消耗，获取最大的经济效益，最好成为无废物生产；另一方面指多种植物资源的立体开发利用。

⑤ 永续利用。

a. 根据资源蕴藏量和生长量有计划地开采利用。

b. 轮采轮伐，给植物休养生息的机会。

c. 挖大留小，维持一定的种群数量，森林采伐避免皆伐，采伐量不能超过生长量。

d. 把分散、面临枯竭的资源集中起来，进行人工驯化和培育，不但能保护稀少的资源，而且又能建成原料种植基地，为市场提供数量稳定的优质产品，实现资源的永续利用。

⑥ 根据市场需求，不断开发新资源的原则。

2.4.4 食用植物资源开发利用的方法和途径

合理开发利用目的：保护生态系统中各个物种的平衡，符合经济开发中物尽其用、综合开发、产生最大经济效益的原则，达到最充分、最科学、最合理、最有效地开发利用我国丰富植物资源的目的。

（1）食用植物资源开发利用的方法

① 古今文献研究：古文献和现代科技文献。

② 系统研究法：理论依据是植物体内有用成分在植物界中分布与植物系统发育的相关性，即利用近缘属植物成分的相似性发掘新资源的方法，一般选取同属植物。

③ 民族植物学法：以传统利用植物资源的调查、编目和定性描述为特征，以植物多样性和文化多样性的协同演化关系为主线，研究人类利用植物的文化行为与实践过程及其对植物物种和生态系统的影响，经历了描述研究阶段、解释研究阶段和应用研究阶段。

（2）食用植物资源开发利用的途径

① 充分发挥野生植物资源优势，进行有计划而合理的采收、挖掘、砍伐和剥取，使野生植物永远保持其资源优势，以利于永续利用。

② 利用引种、驯化、组织培养等农业和生物技术手段，使植物资源迅速增加数量和提高质量，为植物资源的开发利用建立或扩大原料基地。

③ 通过提取、加工、精制等工业途径，使植物资源按市场需要形成名优新产品，变当地资源优势为商品优势。

④ 采取一物多用综合开发途径，以提高经济效益。如山楂果在加工食品的同时，还可生产活性炭。

（3）扩大野生植物资源产量的方法与途径

① 野生植物资源的引种、驯化与栽培，提高栽培技术。

② 生物技术在扩大野生植物资源生产中的应用。

③ 组织培养技术：快繁、脱毒，得到优良种苗。

④ 细胞工程：生产次级代谢产物。

⑤ 合成、半合成成分在扩大原料生产中的意义。严格来讲，化学合成的方法不是资源植物学研究范畴，但通过资源植物学的研究，找到目标产物后，可通过化学合成方法取代野生资源，以达到保护环境的目的。半合成方法是对植物资源的成分进行化学改造，如异构化改造。青蒿素、紫杉醇的应用就是成功的例子。

2.5　食用植物资源调查和评价

2.5.1　食用植物资源调查的特点

区域性：国家、省（自治区、直辖市）、县（市）和局部区域等不同级别。

时间性：动态性，野生植物资源在利用的过程中是不断变化且随着人类认识逐步更新的。

资源调查的分类：普查性（包括所有植物资源）、专业性（某一类的植物资源）和生产性（仅为一两个重要种，以生产基地建设为目的）。

2.5.2　食用植物资源调查步骤

① 在野外条件下对各种植物进行简易测定，通过化学检测，确定可作为何类植物资源使用。

② 在野外初步测定有利用价值的植物，则收集一定数量带回实验室内，作进一步化学分析和开发利用实验。

③ 野生植物资源调查内容如下。

a.野生植物资源名录，即以科为序，有学名、种名、俗名、生境、分布规律、经济利用部位。

b.主要野生资源植物储量有以下三个方面。

经济储量：某种资源植物可利用部位，符合有关质量标准的重量。

总储量：调查地区内某种资源植物现存经济储量之总和。

经营储量：总储量中可能采收利用的部分。

c.野生植物资源分布图，把野外工作业务的调查要素绘到地形图上。

2.5.3　野外确定各类植物资源种类的具体方法

① 淀粉植物：利用淀粉遇碘或碘化钾溶液变蓝的性质，将材料切成薄片，滴上少许0.1摩尔/升碘液，观察有无颜色变化。

② 油脂植物资源：将果实或种子放在白色纸或普通粗糙纸上，压碎，观察纸上有无透明油迹，及所留油迹大小，初步判断是否含油及含油量的大小。

③ 芳香油植物资源：把采集到的植物揉碎，嗅其有无芳香味及强烈程度，初步确定是否含有芳香油及其含量。

④ 橡胶及树脂植物资源：将植物砍伤或折断，若有乳汁或丝，则收集少许放在手上揉搓，使水分蒸发，残余物如有弹性，说明含有橡胶。将植物砍伤，伤口若有液体流出，且液体暴露于空气中，逐渐变黏，最后干燥，说明含有树脂。

⑤ 鞣质植物资源：用无锈的铁制小刀，切开植物，若小刀及断面上很快变为蓝黑色，说明含有鞣质。

2.5.4 野生植物资源调查的内容和方法

明确调查目的，设计调查的思路和方法。

① 种类和数量分布的调查。主要通过野外采集标本记录野外的信息，需要准备的设备：工作标本夹、吸水的草纸、挂号牌、野外记录本、采集的工具枝剪、GPS定位仪、测量工具（做样方用）、铅笔、塑料袋，如果需要检测DNA还需要固定液。

需要记录的主要信息：采集时间、地点（经纬度）、标本编号、采集人、海拔、生境、生长习性、植物高度、胸径、多度、俗名、花果期、科属名称、主要利用的部位等。

调查的方法：主要线路调查、样地的调查，并结合当地情况访问调查。

② 资源储量调查。此调查多用于林业森林蓄积量的计算和评估，以及药用植物资源的评估。

a. 准备工作及样地的选取：典型样方的选取。

b. 需要记录的信息：植物高度、盖度、密度、生物量、利用部位生物量，针对不同的样方类型选取不同的信息。

c. 野生植物资源贮量的计算如下。

（a）单株产量：植物利用部位的平均产量。

（b）单位面积产量：单位面积野生植物资源种的生物量或样方平均利用部位的生物量，利用单株产量和样方密度来换算单位面积产量。

（c）贮藏量：某一时期内一个地区某种植物资源的利用部位生物量。计算方式如下。

贮藏量=单位面积平均产量×分布面积

贮藏量=单株平均产量×单位面积平均密度×分布面积

贮藏量=盖度产量×平均盖度×分布面积

（d）年允许量：不影响其自然更新和保证持续利用的采收量。

（e）经济量：某一时期内一个地区有经济效益植物的贮藏量。

经济量=贮藏量×达到采收标准的比例

在研究种群增长内力的基础上估算出可以采收的比例，一般为经济量×比例。

d.更新能力的调查：一般为固定样方调查（或永久样地），地下部分采用定期挖掘法，地上部分采用定期测量。

e.野生植物资源利用现状调查：植物名称、用途、利用方法、产品性质、销售去向、市场价格、栽培情况、收购价格、需求量、生产企业、保护情况等。

f.野生植物资源调查成果图：（a）野生植物资源分布图，野生植物分布特点规律的直观表达，结合植被图或者简易的分布规律图。（b）野生植物资源贮藏量图，反映某地区植物资源储备量的特点和规律，资源总量和每种植物利用的关系。（c）野生植物利用现状图，利用现状调查的数据绘制。

2.5.5　野生植物资源综合分析和评价

（1）开发利用效率评价

① 生产效率：年实际采收量/年允收量。

② 经济效率：年实际采收量/年总消耗量。

③ 生态效率：（年允收量－年实际采收量＋资源恢复或更新量）/年实际采收量。

（2）利用潜力综合评价

① 主要方法：经验判断、极限条件和定量分析（累加体系、乘积体系、模糊综合分析和聚类分析）。

② 定量分析法较常用，但是设置各类指标需要综合考虑各种因素。

（3）受威胁状况评价

包括设置评价指标、量化评价指标、综合分析各项指标。

（4）价值重要性评价

世界自然保护联盟（IUCN）和世界自然基金会（WWF）联合发起了植物保护计划，在该计划中，植物专家制订了初步的评价方法草案，用以评估野生植物的价值和重要性。

2.6　食用植物资源的保护与管理

2.6.1　外来物种的防治

（1）飞机草（*Chromolaena odorata*）

飞机草又名香泽兰，是一种菊科飞机草属多年生草本植物，原产于中美洲及南美洲北部，已经在东南亚、非洲西部和大洋洲部分地区被引进。飞机草的繁殖力极强，是一种具有竞争性的有害物种，2003年，飞机草已被中国政府列入《中国第一批外来入侵物种名单》中。飞机草被认为是在非洲热带雨林的入侵物种中影响最大的草。飞机草可危害多种作物，侵害牧场，当其长到15厘米或更高时，会明显排挤土著物种，还能释放出化感物质，有较强的异株克生作用，可抑制邻近植物生长，还能使昆虫拒食。其叶有毒。

（2）微甘菊（*Mikania micrantha*）

微甘菊属菊科假泽兰属多年生草质或稍木质藤本。原产于中美洲和南美洲，21世纪初已广泛传播，成为世界热带、亚热带地区危害严重的杂草之一，已列为世界上最有害的100种外来入侵物种之一，也被列入《中国第一批外来入侵物种名单》。

微甘菊是一种具有超强繁殖能力且喜好攀援的藤本植物，攀上灌木和乔木之后，能迅速形成整株覆盖之势，并能分泌化感物质，抑制其他植物生长。全部覆盖其他植物后，因光合作用受到破坏而使该植物逐渐死亡。微甘菊对于6～8米高的天然次生林、人工速生林、经济林、风景林的几乎所有树种都有严重威胁，运用攀援全部覆盖限制光合作用、分泌化感物质抑制其他植物生长的多重手段来杀死其攀援覆盖的树木，造成成片树林枯萎死亡。

在微甘菊的原产地中美洲，有160多种昆虫和菌类作为天敌控制其生长量，难以形成危害。微甘菊入侵后，因无天敌制约而造成损失。

造成损失如下：

① 在东南亚地区，微甘菊严重危害树木作物，如油棕、椰子、可可、茶叶、橡胶、柚木等都是其主要危害对象。如在马来西亚，由于微甘菊的覆盖，橡胶树的种子萌芽率降低27%，橡胶树的橡胶产量在早期的32个月内减产27%～29%。

② 20世纪60年代，微甘菊被引入印度尼西亚，被计划种到本国的一些垃圾填埋场及废弃地中。借助于当地温暖潮湿的泥土，微甘菊很快在印度尼西亚、马来西亚、菲律宾、泰国等地蔓延开来，给种植香蕉、茶叶、可可、水稻等经济作物的农民造成了重大损失。

③ 1919年前后，微甘菊作为杂草在中国香港出现。1986年微甘菊作为护滩植物引入中国内地，在珠江三角洲一带大肆扩散蔓延，对广东内伶仃-福田国家级自然保护区构成了巨大威胁。到21世纪初，深圳市受微甘菊危害的林地面积已达4万多亩（1亩≈667平方米），其中4000多亩受害森林已奄奄一息。据估算，中国珠三角一带因微甘菊泛滥造成的生态经济损失每年达5亿～8亿元。

防治方法：

① 人力铲除是最原始的方法，但也是比较有效的方法，缺点是只能治标，不能治本。一次铲除之后，每隔一段时间又要再铲除，成本高、效率低。

② 化学方法是用化学除草剂（如2,4-D等）在开花之前喷洒叶面，能收到较好的效

果。但缺点是污染环境，还会影响其他植物。

③ 真菌防治：香港大学研究人员发现几种可致微甘菊枯萎的真菌，虽效果有限，但该方法具有潜在应用价值。

④ 引进天敌：在原产地南美洲有许多昆虫和螨类以微甘菊为食。但这种方法不确定是否会带来新的生态危机，应慎重考虑。

⑤ 广东的科研人员发现，利用土生田野菟丝子和黄伞枫能抑制微甘菊蔓延。黄伞枫能够分泌一种化学物质来抑制微甘菊的生长。在内伶仃岛上，通过种植这两种植物，并配合专用农药的使用，微甘菊危害的面积已由原来的5.54平方千米缩减到现在的3.3平方千米。

⑥ 在澳大利亚，微甘菊被用于治疗某些疾病，因此研究者建议探索其潜在药用价值或其他用途，以化害为利。

2.6.2　物种受威胁与保护的等级划分

（1）受威胁等级划分

① 灭绝种类：在历史上有过记录，甚至数量曾经很多，但因很多原因，现在其分布区范围内，已经找不到天然生长个体的那些种类。

② 濒危种类：其物种自然种群的数量已经很少，它们在脆弱的生境中受到生存的威胁，有走向灭绝的危险。

③ 渐危种类：致危因素仍在起作用，在不久的将来确信能进入濒危种范围的物种。

④ 稀有种类：那些全球种群数量很少，现在还不是“濒危种”或“渐危种”，但处于危险之中的物种。

⑤ 未定种：处于危险状态，数量有明显下降，但真实数量尚无正确估计，缺乏足够的资料来说明，其他情况也不太清楚的种类。

（2）中国珍稀濒危保护植物级别

中国珍稀濒危保护植物分为两个级别：国家一级保护野生植物和国家二级保护野生植物。

2.6.3　植物资源保护管理规划

（1）保护管理的目标

① 保护野生植物资源的生存；

② 保护其再生能力；

③ 保护植物资源的多样性；

④ 保护植物资源形成的生态环境。

（2）持续开发利用规划

协调各方利益：保护和利用并重、生态利益和经济效益统一、兼顾眼前利益和长远利益。

（3）植物资源的保护与迁地保护

建立自然保护区园地或建立植物园进行迁地保护。截至2023年，中国国家级自然保护区已增至约500个。

2.6.4 自然保护区及其功能

（1）建立保护区的原则和标准

典型、有代表性、具有科学和实践意义的地区，需要相关部门的批准，名称确定即“省名+县名+保护区所在地名+保护区类型名”，保护区面积确定。

（2）保护区的作用和意义

① 保护自然和文化遗产；

② 提供科研、教学和环境监测；

③ 提供土地合理利用示范；

④ 提供旅游和疗养场所；

⑤ 为当地政府带来社会效益和经济效益。

（3）自然保护区功能的分区

① 核心区：一个各种原生性生态系统保存最好的重要地段，核心区一般严禁采伐、采集和狩猎，禁止人们居住。

② 缓冲区：位于核心区周围，由核心区生态系统演替类型占据。

③ 实验区：在缓冲区的周围划出一定面积，用于科学研究和植物的引种、驯化和栽培。

④ 旅游区：人们观光的场所，更具保护区的地理特征，可能涵盖核心区、缓冲区和实验区。

本章小结

本章主要介绍了食用植物资源的特点，植物资源的主要类群及其生物多样性，资源植物代谢产物的种类、生物活性和代谢产物的人工调控方法和原理，资源植物在我们国家的分布及生态多样性，食用植物资源分类原则和分类方法，以及食用植物资源系统特征。使我们更清楚地了解食用植物资源的功能成分和作用，生理、生态特性和分布规律，掌握了食用植物资源开发利用的原理和基本方法，为更好地开发利用食用植物资源奠定了基础。

思考题

① 中国食用植物资源的一般特点是什么?
② 食用植物分类方法和分类单位有哪些?
③ 食用植物资源的分类原则是什么?

第3章

色素植物资源

天然植物色素是指从植物的花、果、茎、叶、根等部位获得的、很少或没有经过化学加工的色素。天然色素不仅无毒安全，还有非常重要的保健、营养及药理作用。天然植物色素作为重要的食品添加剂广泛应用于饮料、糖果、糕点、酒类等休闲食品。

色素植物资源是指植物体内含有丰富的天然色素，可以提取用于各种食品、饮料的添加剂以及用作染料的一些植物。色素是植物在新陈代谢过程中的产物，是一些化学结构极其复杂的有机化合物，存在于根、茎、叶、花、果实中。

3.1 植物色素的分类

3.1.1 按色素的化学结构式分类

（1）四吡咯衍生物类色素

四吡咯衍生物类色素是以四个吡咯环构成的卟吩为结构基础的天然色素，以叶绿素为主，普遍存在于植物体幼嫩茎及叶片中。叶绿素的核心结构为二氢卟吩环，中央有一个镁原子。自然界常见的叶绿素有叶绿素a、b、c_1、c_2、d，其中叶绿素a和叶绿素b在植物中普遍存在，叶绿素c_1和叶绿素c_2存在于多数藻类中，叶绿素d存在于一些红藻中。卟啉环中的镁原子可被H^+、Cu^{2+}、Zn^{2+}所置换。铜代叶绿素（如铜叶绿素钠）色泽鲜亮且性质稳定，可作为食用色素使用。

叶绿素a为蓝绿色，叶绿素b为黄绿色，叶绿素精制产物为黑蓝色粉末，有强金属光泽，其熔点为120℃。游离的叶绿素很不稳定，遇热、光（特别是紫外线）易分解、褪色，在稀碱液中可被皂化，水解为颜色仍呈鲜绿色的叶绿酸、叶绿醇及甲醇；在酸性条件下，叶绿酸盐分子中的镁原子被氢原子取代，便生成暗绿色至绿褐色的脱镁叶绿素。在一定条件下，叶绿素分子中的镁原子也可被铜、铁或锌等所取代。

叶绿素与脱镁叶绿素都不溶于水，而溶于乙醇、乙醚和丙酮等脂溶性溶剂；在石油醚中，叶绿素a只能微溶，而叶绿素b几乎不溶。叶绿酸的脱叶醇基叶绿素、脱镁脱叶醇基叶绿素均可溶于水而不溶于脂溶性溶剂。

叶绿素的生理活性：

① 造血功能。叶绿素与人体红细胞分子结构相似，唯一的区别就是各自的核心为镁原子与铁原子。摄入叶绿素对失血者会有很大的帮助。健康的人会比患者拥有较高的细胞计数，但通过吸收大量的叶绿素之后，患者的细胞计数就会增加，健康状况也会有所改善。

② 排除毒素。叶绿素能除去杀虫剂与药物残渣的毒素，并能与辐射性物质结合而将之排出体外。

③ 养颜美肤。叶绿素有助于克制内部感染和皮肤炎症等问题。

（2）多烯色素

多烯色素以异戊二烯残基为单元组成的共轭双键长链为基础，因最早发现的是胡萝卜素，所以又称类胡萝卜素。大多数类胡萝卜素都是番茄红素的衍生物。

多烯色素的分类：

① 胡萝卜素类。番茄红素的一端或两端环化，得到α-胡萝卜素、β-胡萝卜素等，其中β-胡萝卜素在自然界分布最广。

② 叶黄素类。为共轭多烯烃的加氧衍生物，有些是番茄红素和胡萝卜素的加氧衍生物，有些是较番茄红素烃链短的多烯烃的衍生物，较常见的有叶黄素、番茄黄素、柑橘黄素等。

叶黄素：自然界中与玉米黄素共同存在。是构成人眼视网膜黄斑区域的主要色素，缺乏时易引起视力退化、近视等症状。

③ 番茄红素。抗氧化能力是β-胡萝卜素的3.2倍，维生素E的100倍。番茄红素可保护细胞DNA免受自由基损害，防止细胞癌变，对于预防前列腺疾病、前列腺癌、肺癌、胃癌等有一定效果，被西方国家称为“植物黄金”。

（3）酚类色素

酚类色素为多元酚的衍生物，可分为花青素和花黄素两类。

① 花青素。在自然状态下以糖苷的形式存在，为水溶性色素，其颜色随pH值的变化而变化，花青素对光和热敏感，在光照或高温下会降解变色。紫葡萄色素、紫苏色素、紫玉米色素已被用作食用色素。

② 花黄素。指黄酮类化合物及其衍生物，又称黄酮色素。

（4）醌类色素

具有醌类结构的色素，有苯醌、萘醌、菲醌、蒽醌四种类型。

3.1.2 按色素颜色分类

天然红色素：高粱红；紫草红；越橘红；其他天然红色素。

天然黄色素：玉米黄；沙棘黄；栀子黄；多穗石栎色素。

天然绿色素：叶绿素。

天然黑色素：主要成分多属邻苯二酚型色素，如香蕉皮黑色素、葵花籽皮黑色素及黑芝麻黑色素等。

3.1.3 按色素的溶解性分类

按色素溶解性可分为水溶性色素、油溶性色素、乳浊型色素、固体粉末型色素。

3.2 植物色素提取技术

天然食用色素一般稳定性较差，对光、热、微生物等较敏感。为保持其天然性与稳定性，一般都采用物理法提取。

3.2.1 溶剂提取法

溶剂提取法是最常用的方法。选用的溶剂要对色素成分溶解度大，对杂质溶解度小。采用合适溶剂进行萃取可以取得纯化效果。如选取石油醚萃取植物叶的醇提取液，可以分离掉叶绿素、胡萝卜素等脂溶性色素。又如选取高浓度多倍量醇加入某些成分的水浓缩液，可以沉淀舍弃蛋白质、多糖类等水溶性成分。

3.2.2 熬煮法

将本无色的物质，经熬煮转化成所需颜色的物质，如焦糖色素。

3.2.3 酶反应法

通过酶反应产生所需要的颜色。

3.2.4　超临界萃取法

萃取剂主要为二氧化碳。目前主要用于提取胡萝卜素类色素，如辣椒红。

3.2.5　压榨法

利用挤压方法将粉碎后的新鲜植物叶、果、皮中色素成分随浆液挤压出来。

3.2.6　粉碎法

样品干燥后，将其粉碎制成色素制品，如可可豆色素。

3.2.7　双水相萃取技术

双水相萃取（ATPE）技术是由两个水相系统组成的一种两相分离萃取技术，利用生物物质在双水相体系中的选择性分配进行萃取分离，可以通过改变组分的比例和类型、溶液温度、pH值、光照等外界因素而调节体系性质，常用于提取纯化酶、多糖、多酚、黄酮等生物活性物质。目前国内外已经成功地将该技术应用于环境、食品、生物、医药等领域样品中无机和有机元素及高分子化合物的测定以及各种成分在食品中的含量分析等。双水相系统（ATPS）是将两种亲水性不同的聚合物或两种亲水性聚合物和电解质与水混合，在保持生物分子活性的同时还能够保证产品品质和产量。其基本原理是：当两个溶质在水相中密度不同时，会使它们以一种相界面分离，从而可以避免传统萃取方法中溶剂在样品液相中的浪费和对溶液成分进行稀释。双水相系统一是可以在不添加溶剂的情况下，对样品进行萃取和分离；二是操作简单、成本低；三是对样品无污染和溶解损失。双水相萃取技术适用于混合物分析和复杂样品分析中微量成分的测定。它既具有传统萃取方法高效率、绿色环保、低成本等优点，又具有其特有优点，即分离速度快，可在极短时间内获得所需样品液；分离效果好，分离后保留值高。近年来，双水相萃取技术在提高萃取效率中起到关键性作用，与超声波联用可缩短两相的分离时间，因此为进一步简化分离流程，提高分离效率，研究双水相萃取技术与超声技术联用，可有效解决提取率不高的问题。

桑葚色素属花色苷类色素，张增帅等利用超声辅助双水相萃取技术进行分离并测定其抗氧化能力。通过相图、分配系数和各自的分离状况比较，选择乙醇-硫酸铵双水相系统，确定提取最佳工艺为：硫酸铵浓度16%，乙醇体积分数25%，超声功率300瓦，超声时间30分钟，桑葚色素的回收率为80.5%，且具有很好的抗氧化能力。

3.3 植物色素纯化方法

用一般萃取工艺经浓缩而得到的天然色素产品，通常色价低、杂质多、有异味，这些都将直接影响天然色素的稳定性、染着性及其应用。

目前纯化方法主要有萃取法、离子交换树脂法、酶法和超滤法等。

3.3.1 萃取法

溶剂分离：根据色素与杂质在不同溶剂中溶解度的差异，以不同溶剂由低极性到高极性分步进行提纯分离，除去杂质。如色素水提液中常含蛋白质、树胶、黏液质等，可加入一定量乙醇，沉淀这些杂质。

两相萃取：利用色素与杂质在两相溶剂中分配系数不同加以分离。如提取黄酮色素时，多采用乙酸乙酯-水两相萃取。

3.3.2 离子交换树脂法

柱层析：利用不同吸附剂或固定相通过柱层析分离提纯色素。如离子交换树脂柱层析纯化葡萄皮色素，可除去糖类、有机酸等杂质。

3.3.3 酶法

酶精制：利用酶催化分解作用，使杂质通过酶反应除去。

3.3.4 超滤法

膜分离：利用色素与杂质分子大小的差异，采用纤维超滤膜和反渗透膜，可阻留各种不溶性大分子如多糖、蛋白质等。

3.4 我国主要色素植物资源

3.4.1 飞燕草

【植物名】

飞燕草（*Consolida ajacis*）为毛茛科飞燕草属的多年生草本植物。

【形态特征】

因其花形别致，酷似燕子，故名之。花径4厘米左右，形态优雅，惹人喜爱；高35～65厘米，茎具疏分枝，叶掌状全裂。总状花序具3～15花，花瓣状，蓝色或紫蓝色，长1.5～1.8厘米。飞燕草为直根性植物，须根少，宜直播，移植带土团。

【分布习性】

原产于欧洲南部及亚洲西南部，我国分布在内蒙古、云南、山西、河北、宁夏、四川、甘肃、黑龙江、吉林、辽宁、新疆、西藏等地，各地均有栽培。生于山坡、草地、固定沙丘。喜凉爽、通风、日照充足的干燥环境和排水通畅的砂质壤土。

【化学成分】

地上部分含生物碱甲基牛扁碱，根含二萜生物碱牛扁碱、甲基牛扁碱。根有毒。对小鼠静脉注射根的总生物碱LD_{50}为4.90毫克/千克，主要症状为四肢无力、呼吸困难、惊厥、急骤跳跃后死亡。全草可作土农药，杀苍蝇及其幼虫。

【综合利用】

（1）景观用途

飞燕草花形别致，色彩淡雅。可丛植，或栽植于花坛、花境，也可用作切花。

（2）药用价值

全草及种子可入药治牙痛。茎叶浸汁可杀虫。药材采集：果熟期不一致，熟后会自然开裂，故应及时采收。一般在6月将已熟种子采收1～2次，7月份全部收割选优，晒干脱粒。全草漂洗，切段，晒干。

3.4.2 栀子

【植物名】

栀子（*Gardenia jasminoides*）别名黄栀子、山栀子，是茜草科植物。

【形态特征】

常绿灌木，高达2米。叶对生或3叶轮生，叶片革质，长椭圆形或倒卵状披针形，长5～14厘米，宽2～7厘米，全缘；托叶2片，通常连合成筒状包围小枝。花单生于枝端或叶腋，白色，芳香；花萼绿色，圆筒状；花冠高脚碟状，裂片5或较多；子房下位。花期3～7月，果期5月至翌年2月。

【分布习性】

分布于中南、西南及江苏、安徽、浙江、江西、福建、台湾等地。

性喜温暖湿润气候，好阳光但又不能经受强烈阳光照射，适宜生长在疏松、肥沃、排水良好、轻黏质酸性土壤中，抗有害气体能力强，萌芽力强，耐修剪。是典型的酸性花卉。同时也是岳阳市市花。

【化学成分】

果实含环烯醚萜类成分：京尼平苷，都桷子苷，都桷子素龙胆双糖苷，山栀苷，栀子酮苷，鸡屎藤次苷甲酯，都桷子苷酸，去乙酰基车叶草苷酸，去乙酰车叶草苷酸甲酯等。也含酸类成分：绿原酸，3,4-二咖啡酰奎宁酸，3-*O*-咖啡酰基-4-*O*-芥子酰基奎宁酸，3,5-二-*O*-咖啡酰基-4-*O*-(3-羟基-3甲基)戊二酰基奎宁酸，3,4-二咖啡酰基-5-(3-羟基-3-甲基戊二酰基)奎宁酸，藏红花酸，藏红花素等。还含黄酮类成分：芸香苷，D-甘露醇，β-谷甾醇，胆碱等。

果皮及种子中也含京尼平苷，都桷子苷，都桷子苷酸，都桷子素龙胆双糖苷。

花含三萜成分：栀子花酸A、B和栀子酸。

叶含京尼平苷，都桷子苷，栀子醛，二氢茉莉酮酸甲酯，乙酸苄酯，芳樟醇等。

根茎含D-甘露醇，齐墩果酸，豆甾醇。

【综合利用】

功效：泻火除烦；清热利湿；凉血解毒；焦栀子凉血止血。主治：热病心烦；肝火目赤；头痛；湿热黄疸；淋证；血痢尿血；口舌生疮；疮疡肿毒；扭伤肿痛 。

（1）利胆作用

栀子及所含环烯醚萜苷等成分均有利胆作用，其醇提取物和藏红花苷、藏红花酸可使胆汁分泌量增加。栀子提取物对肝细胞无毒性作用，栀子能降低血清胆红素含量，但与葡萄糖醛酸转移酶无关。栀子亦能减轻四氯化碳引起的肝损害。

（2）对胃肠道和胰腺的作用

栀子能促进胰腺分泌。京尼平苷有显著降低胰淀粉酶活性的作用，而其酶解产物京尼平增加胰胆流量作用最强，但持续时间较短。在胰腺炎时栀子有提高机体抗病能力、改善肝脏和胃肠系统的功能以及减轻胰腺炎症状等药理作用。

（3）对中枢神经系统的作用

栀子醇提取物能减少小鼠自发活动，具有镇静作用，且与环己巴比妥钠有协同作用，能延长睡眠时间，尚能对抗戊四氮的惊厥，虽不能对抗士的宁的惊厥，但能减少小鼠死亡率。有人认为栀子镇静、降温作用的有效成分是熊果酸，其能提高戊四氮所致的小鼠半数惊厥剂量，有明显的抗惊厥作用。实验表明：熊果酸具有明显的中枢抑制作用，能明显降低大白鼠的正常体温；对东莨菪碱有一定的协同作用；能减少小鼠自发活动和协同阈下剂量的戊巴比妥钠产生睡眠作用；能明显对抗戊四氮引起的惊厥；但未见有明显的镇痛作用。这一实验结果提示，熊果酸与氯丙嗪有相似之处。亦有报道指出，栀子水提物、去羟京尼平苷能抑制小鼠的醋酸扭体反应，故认为有镇痛作用。

（4）抗病原微生物作用

栀子对金黄色葡萄球菌、脑膜炎双球菌、卡他球菌等有抑制作用，煎剂有杀死钩端螺旋体及血吸虫成虫的作用，水浸液在体外对多种皮肤真菌有抑制作用。另外，栀子乙醇提取物、水提取物、乙酸乙酯部分和京尼平苷有一定的抗炎和治疗软组织损伤的作用，其提取物制成油膏，可加速软组织的愈合。

（5）对心血管系统的作用

栀子的降血压作用部位在中枢，主要是通过加强延髓副交感中枢紧张度而起到降血压作用。当切断两侧迷走神经后，栀子的降血压作用显著减弱或完全消失；阿托品亦可抵消其降压作用。动物实验表明：栀子煎剂和醇提取物，不论何种途径给药都有降压作用，静脉给药降压迅速，维持时间亦短暂，栀子的降血压作用对肾上腺素升压作用及阻断颈动脉血流的加压反射无影响，亦无加强乙酰胆碱的作用。由于栀子的降血压作用不是组胺释放所引起的，亦与传入神经纤维无关，对神经节无阻断作用，所以给予抗组胺药如苯海拉明或静注普鲁卡因都不能改变栀子的降血压效果。

3.4.3 矢车菊

【植物名】

矢车菊（*Centaurea cyanus*）属菊科矢车菊属，别称蓝芙蓉、翠兰、荔枝菊，是一种野生花卉，经过人们多年的培育，有紫、蓝、浅红、白色等品种，其中紫、蓝色最为名贵。

【形态特征】

一年生或二年生草本，高30～70厘米或更高，直立，自中部分枝，极少不分枝。全部茎枝灰白色，被薄蛛丝状卷毛。基生叶及下部茎叶长椭圆状倒披针形或披针形，不分裂，边缘全缘无锯齿。全部茎叶两面异色或近异色，上面绿色或灰绿色，被稀疏蛛丝毛或脱毛，下面灰白色，被薄绒毛。头状花序多数或少数在茎枝顶端排成伞房花序或圆锥花序。总苞椭圆状，直径1～1.5厘米，有稀疏蛛丝毛。全部苞片顶端有浅褐色或白色的附属物。边花增大，超长于中央盘花，蓝色、白色、红色或紫色，檐部5～8裂，盘花浅蓝色或红色。瘦果椭圆形。花果期2～8月。

【分布习性】

分布于欧洲、高加索及中亚、西伯利亚地区、北美等，模式标本采自欧洲。中国新疆、青海、甘肃、陕西、河北、山东、江苏、湖北、广东及西藏等各地公园、花园及校园普遍栽培，供观赏。新疆、青海可能有归化逸生。此种既是一种观赏植物，也是一种良好的蜜源植物。边花可以利尿，全草浸出液可以明目。瘦果含油率28%。

该种适应性较强，喜阳光、不耐阴湿，须栽在阳光充足、排水良好的地方，否则常因阴湿而死亡。较耐寒，喜冷凉，忌炎热。喜肥沃、疏松和排水良好的砂质土壤。

【综合利用】

高型品种可与其他草花相称布置花坛及花境，也可片植于路旁或草坪内，株形飘逸，花态优美，非常自然。还可做切花花卉。

矢车菊能养颜美容、放松心情、帮助消化、使小便顺畅。矢车菊纯露是很温和的天然皮肤清洁剂，花水可用来保养头发与滋润肌肤；可帮助消化，舒缓风湿疼痛。有辅助治疗胃痛，防治胃炎、胃肠不适、支气管炎的作用。

3.4.4 天竺葵

【植物名】

天竺葵（*Pelargonium hortorum*）属牻牛儿苗科天竺葵属。该属植物约230种，多为多年生，形态包括亚灌木、灌木及部分肉质茎类型。天竺葵在西方是很好的装饰窗台的花卉，在欧洲大陆如德国、奥地利等国尤为常见。

【形态特征】

株高30～60厘米，全株被细毛和腺毛，具异味。茎肉质。叶互生，圆形至肾形，通常叶缘内有马蹄纹。伞形花序顶生，总梗长，有直立和悬垂两种，花色有红色、桃红色、橙红色、玫瑰色、白色或混合色。有单瓣、重瓣之分，还有叶面具白、黄、紫色斑纹的彩叶品种。花期5～7月。蒴果成熟时5瓣开裂，而果瓣向上卷曲。

【分布习性】

天竺葵原产于非洲南部，世界各地普遍栽培。喜温暖、湿润和阳光充足环境。耐寒性差，怕水湿和高温。生长适温3～9月为13～19℃，冬季温度为10～12℃。6～7月间呈半休眠状态，应严格控制浇水。宜在肥沃、疏松和排水良好的砂质壤土中种植。冬季温度不低于10℃，短时间能耐5℃低温。单瓣品种需人工授粉，才能提高结实率。花后40～50天种子成熟。

【综合利用】

天竺葵的主要功能在于调肤，天竺葵提取液中的有效成分与天然有机脂具有很强的亲和性，因此，天竺葵常与有机脂结合制成凝脂产品。一般的清洁用品在清洗过后，护肤的功能性成分大部分会被水冲洗流失，瑞士的科研人员在“三高新鲜提取技术”的基础上，通过添加定向活性酶等手段，使天竺葵的有效成分在与凝脂亲和的同时也与肌肤表皮层产生亲和性，这种亲和性超越了与水的亲和性，因此，在清洗的过程中，天竺葵的大部分有效成分仍能够被皮肤吸收，起到调肤的效果。天竺葵几乎适合各种皮肤状况，因为它能平衡皮脂分泌而使皮肤饱满，可能对湿疹、灼伤、带状疱疹、疱疹、癣及冻疮有益，对松垮、毛孔阻塞及油性皮肤也很好。由于天竺葵可以收缩毛孔、促进血液循环，使用后可能会让苍白的皮肤变得红润有活力，使皮肤亮泽细腻。

（1）药用价值

简述：止痛、抗菌、增强细胞防御功能、除臭、止血。有深层净化和收敛效果，可平衡皮脂分泌。对于微血管破裂、瘢痕、妊娠纹等情况可快速产生新细胞。

功效：在身体机能调节领域，可达到止血，收缩血管，改善气喘，促进肝、肾排毒，改善胆结石和肾结石，利尿，改善肌肉酸痛，调理月经不顺，改善乳房充血发炎的效果；在皮肤方面，可改善油性皮肤、老化皮肤和皮肤苍白情况，针对疱疹、湿疹、癣有效，且利于改善灼伤晒伤，可促进结疤；另外，有除臭、抗菌等作用。

（2）生理疗效

① 可能缓解经前期综合征、更年期相关症状。

② 天竺葵具有利尿的特性，可帮助肝、肾排毒。

③ 刺激淋巴系统以避免感染，排除废物。强化循环系统，使循环更加顺畅。

④ 天竺葵是一种芳香的驱虫剂。

3.4.5　锦葵

【植物名】

锦葵，别称荆葵、钱葵、小钱花、金钱紫花葵、小白淑气花、淑气花、棋盘花。为锦葵科锦葵属二年生或多年生直立草本植物。

【形态特征】

株高60～100厘米，茎直立、多分枝，被粗毛。叶互生，掌状裂。花3～11朵簇生，花梗长1～2厘米，无毛或疏被粗毛；种子黑褐色，肾形，长2毫米。花期5～10月，果期8～11月。

【分布习性】

原产于亚洲、欧洲及北美洲。耐寒，耐干旱，不择土壤，以砂质土壤最为适宜。生长势强，喜阳光充足。

【综合利用】

功效分类：利尿通便；清热解毒。

主治：大小便不畅；带下；淋巴结结核；咽喉肿痛。

考证：锦葵，古名“荍”，始载于《诗经·陈风》。《尔雅·释草》云“荍，蚍衃”。陆玑《诗疏》云“荍，一名荆葵”。《尔雅翼》进一步明确为“荍，荆葵也……一名锦葵”。《植物名实图考》收载于卷三蔬类，云“锦葵，今荆葵也，似葵紫色。”其原植物为锦葵（*Malva cathayensis*），属锦葵科锦葵属。

3.4.6　玫瑰茄

【植物名】

玫瑰茄（*Hibiscus sabdariffa*），又名洛神花、洛神葵、山茄子等，是锦葵科木槿属的一年生草本植物。

【分布习性】

生长于热带和亚热带地区。原产于非洲，是热带和亚热带干旱地区的锦葵科植物。主产于云南临沧、元谋、永仁、保山等地区，其中临沧地区为最大的主产区。在中国的广东、广西、福建、台湾均有分布。

近年来我国在福建等省大面积种植成功，每亩地可收获干花萼100千克以上。除供作出口，也在国内市场上销售。玫瑰茄糖、清凉汽水、果汁等产品颇受欢迎。

【形态特征】

圆锥状根系，主根明显，入土较深，茎叶近无毛。叶异形，下部的叶卵形，不分裂，上部掌状3～5裂，具锯齿，先端钝或渐尖，基部圆至宽楔形，无毛，主脉3～5条。托叶条形，疏被柔毛。花生于叶腋，黄色，内面基部为深红色，每株一般开50～100朵花，多者近300朵，萼杯状，由5片组成的内萼片和8～12片组成副萼的小苞片构成，红色，肉质，味酸。蒴果卵球形，内有种子20～30粒，种子肾形，深灰褐色。

形似草棉，萼片和副萼玫瑰红色，茎、叶柄也常为淡玫瑰色。

【化学成分】

种植在山区不受污染的旷野中，因为光照充足、紫外线强烈，产品外观颗粒饱满，花瓣厚实，紫红黑亮，融水色泽艳丽清新，气微香、味酸，具维生素C、接骨木三糖苷、柠檬酸等营养成分；玫瑰茄的花萼为肉质结构，多汁，含有丰富的蛋白质、有机酸、维生素C，多种氨基酸，大量的天然维生素和人体所需的矿物质，如铁、钙、磷等。其成分分析如下：还原糖5.7克；蛋白质2.37克；果胶19.8克；苹果酸3.3克；单宁1.09克；花青素14.5克；含有人体所需天冬氨酸、谷氨酸、脯氨酸、甘氨酸、丙氨酸、赖氨酸、精氨酸等十七种氨基酸以及抗氧化功能显著的花青素、多元酚、呋喃醛、羟甲基呋喃醛。

【综合利用】

（1）药用价值

花萼与种子油对动脉硬化、高血压、骨折、儿童发育不良、老年消化不良、胃酸缺乏等病均有一定疗效。

在制药业方面，玫瑰茄用于制成抗菌剂、收敛剂、利胆剂、润滑剂、消化剂、利尿剂、润肤剂、通便剂、清凉剂、消散剂、镇静剂、健胃剂和强壮剂而使用。最近医学领域的研究成果表明：玫瑰茄原儿茶酸（PCA）能促进血癌细胞的凋亡；玫瑰茄提取物（Rs）可抑制化学物质（AOM）致结肠癌化的作用；玫瑰茄的多酚（HPE）能促进胃癌细胞的凋亡；玫瑰茄的花青素（HAc）能促进血癌细胞的凋亡，还可以抑制药物致肝氧化伤害；玫瑰茄的提取物能增加谷胱甘肽（GSH）保护肝功能的作用，还能调节血压、改善睡眠。

（2）经济价值

玫瑰茄的花萼含有多种氨基酸、还原糖及有机酸等，并含有花青素，故主要用作调制饮料及食品用的天然色素，果胶可作化妆品和药物的配料。其丰富的叶片、种子、果壳及种子榨油后的油饼均可用作家畜饲料，由于叶有酸味，适口性不高，采完花萼后的茎叶可作绿肥，一般产鲜草26.2～30.0吨/公顷，含氮0.25%，茎枝剥皮可作纤维，亩产精制纤维1050～1500千克，亩产干花萼为1500～2625千克，亩收种子600～825千克；带壳籽实出油率为11%～13%，富含亚油酸，可食用。

3.4.7　姜黄

【植物名】

姜黄（*Curcuma longa*），别称黄姜、毛姜黄、宝鼎香、黄丝郁。为姜科姜黄属植物。

【形态特征】

姜黄为多年生草本，高1～1.5米。根茎发达，成丛，分枝呈椭圆形或圆柱状，橙黄色，极香；根粗壮，末端膨大成块根。叶基生，5～7片，2列；叶柄长20～45厘米；叶片长圆形或窄椭圆形，长20～50厘米，宽5～15厘米，先端渐尖，基部楔形，下延至叶柄，上面黄绿色，下面浅绿色，无毛。穗状花序圆柱状，长12～18厘米；花冠管漏斗形，长约1.5厘米，淡黄色，喉部密生柔毛，裂片3；能育雄蕊1，花丝短而扁平，花药长圆形，基部有距；子房下位，外被柔毛，花柱细长，基部有2个棒状腺体，柱头稍膨大，略呈唇形。花期8月。

【分布习性】

产于我国台湾、福建、广东、广西、云南、西藏等地区。

【化学成分】

① 根茎含姜黄素类化合物：姜黄素、双去甲氧基姜黄素、去甲氧基姜黄素。② 倍半萜类化合物：姜黄新酮；姜黄酮醇A、B；大牻牛儿酮-13醛；4-羟基甜没药-2,10-二烯-9-酮；4-甲氧基-5-羟基甜没药-2,10-二烯-9-酮；2,5-二羟基-甜没药-3,10-二烯；原莪术二醇；莪术双环烯酮；去氢莪术二酮；(4*S*,5*S*)-大牻牛儿酮-4,5-环氧化物；α-姜黄酮（α-turmerone）；甜没药姜黄醇等。③ 酸性多糖类化合物：姜黄多糖A、B、C、D。④ 挥发油（4.2%），其主要成分有姜黄酮、芳香-姜黄酮、姜黄烯、大牻牛儿酮、芳香-姜黄烯、桉叶素、松油烯、莪术醇、莪术呋喃烯酮、莪术二酮、α-蒎烯、β-蒎烯、柠檬烯、芳樟醇、丁香烯、龙脑等。⑤ 还含菜油甾醇，豆甾醇（stigmasterol），β-谷甾醇，胆甾醇，脂肪酸及矿物质元素钾、钠、镁、钙、锰、铁、铜、锌等，锌与铜的比例为3∶7。

【综合利用】

姜黄的作用是破血行气、通经止痛，有治血瘀气滞诸证、脘腹胁痛、妇女痛经闭经、产后瘀滞腹痛、风湿痹痛、跌打损伤、痈肿的功效。血虚无气滞血瘀者及孕妇慎服姜黄。

姜黄可用作调味品和黄色着色剂，是家庭使用的普通调味料。姜黄是一种多年生有香味的草本植物，既有药用价值，又可以作食品调料。其辛香味淡，略带胡椒、麝香味及甜橙与姜之混合味道，略有辣味、苦味，辛辣感。

① 兴奋子宫作用：姜黄煎剂及2%盐酸浸出液对小鼠和豚鼠离体子宫呈兴奋作用，姜黄对兔在体子宫也有收缩作用，维持时间可达数小时。

② 抗生育作用：姜黄水提液和石油醚提取液对雌性大鼠有抗生育作用。

③ 降胆甾醇作用：姜黄提取物对实验性高胆甾醇血症有降低作用。姜黄提取物、姜黄挥发油及姜黄素对高脂大鼠模型进行灌胃均能降低血浆总胆甾醇、β-脂蛋白和甘油三酯含量，并使主动脉中总胆甾醇、甘油三酯含量降低。

④ 抗脂质过氧化作用：姜黄素可抑制小鼠脑组织的脂质过氧化，并可抑制心、肝、肾、脾组织的脂质过氧化。

⑤ 抗菌、抗真菌作用：姜黄乙醇提取液及挥发油和姜黄素可抑制八叠球菌、棒状杆菌和梭状芽孢杆菌以及许多葡萄球菌、链球菌和芽孢杆菌；乙醇提取液和挥发油对葡萄球菌显示杀菌作用，姜黄素只显示抑制作用；挥发油具有较强的抗霉菌作用；姜黄素尚有抗血小板聚集及降低血液黏度的作用。

3.4.8 鸡冠花

【植物名】

鸡冠花（*Celosia cristata*）别称鸡冠、鸡冠头花、鸡冠苋鸡花、鸡冠头、鸡髻花、鸡公花、鸡米花、鸡骨子花、鸡角枪、白鸡冠花、红鸡冠花、红鸡冠、大鸡公苋、海冠花、家鸡冠花、塔黑彦-色其格-其其格、老来少，为苋科青葙属一年生草本植物，鸡冠花分红、白两种，虽为同属，但因药性不同，各有所供，市场上以红鸡冠花流通为主。以花大、颜色鲜艳、柄短为质佳。

【形态特征】

本品为穗状花序，多扁平而肥厚，呈鸡冠状。长8～25厘米，宽5～20厘米，最大直径40厘米。上缘宽，具皱褶，密生线状鳞片，下端渐窄，常残留扁平的茎。表面红色、紫红色或黄白色；中部以下密生多数小花，每花宿存的苞片及花被片均呈膜质。花有白、淡黄、金黄、淡红、火红、紫红、棕红、橙红等色。果实盖裂，种子扁圆肾形，黑色，有光泽。体轻，质柔韧。无臭，味淡。鸡冠花的花期较长，可从7月开到12月。

【分布习性】

原产于非洲、美洲热带和印度，世界各地广为栽培。主要分布在安徽、北京、福建、甘肃、广东、广西、贵州、海南、河北、黑龙江、河南、香港、湖北、湖南、江苏、江西、吉林、辽宁、内蒙古、宁夏、青海、陕西、山东、山西、四川、台湾、新疆、西藏、云南、浙江。

喜阳光充足、湿热，不耐霜冻。不耐瘠薄，喜疏松肥沃和排水良好的土壤。花期夏、秋季直至霜降。一般土壤庭院都能种植。

【化学成分】

① 每百克鲜鸡冠花花序中，含蛋白质2.7克，脂肪0.4克，碳水化合物3.2克，膳食纤维6.3克。同时含丰富的钾、钠、钙、镁、铁、磷、锌和β-胡萝卜素、维生素B_1、维生素B_2、维生素C、维生素E等。

② 鸡冠花的嫩茎、叶和种子中蛋白质的含量亦很高，占鲜重的2.29%～5.14%，另含一定量的脂肪、矿物质、维生素、天然辅酶、膳食纤维等，对人体具有良好的滋补强身作用。

③ 主要化学成分含山柰苷（kaempferitrin）、苋菜红苷（amaranthin）、松醇（pinitol）及多量硝酸钾。红色花含苋菜红素，黄色花含量微。

【综合利用】

药学价值：收敛止血，止带，止痢。用于吐血，崩漏，便血，痔血，赤白带下，久痢不止。

鸡冠花以花和种子入药。花可凉血止血，有止带、止痢功效。主治功能性子宫出血、白带过多、痢疾等，是一味妇科良药。种子有消炎、收敛、明目、降压、强壮等作用，可辅助治肠风便血、赤白痢疾、崩带、淋浊、眼疾等。

【园林应用】

鸡冠花因其花序红色、扁平状，形似鸡冠而得名，享有“花中之禽”的美誉。鸡冠花是园林中著名的露地草本花卉之一，花序顶生、显著，形状色彩多样，鲜艳明快，有较高的观赏价值，是重要的花坛花卉。高型品种用于花境、花坛，还是很好的切花材料，切花瓶插能保持10天以上。也可制干花，经久不凋。矮型品种盆栽或做边缘种植。

鸡冠花对二氧化硫、氯化氢具良好的抗性，可起到绿化、美化和净化环境的多重作用，适宜作厂、矿绿化用，称得上是一种抗污染环境的大众观赏花卉。原产印度的凤尾鸡冠花，茎直立多分枝，穗状花序，应用也较广泛。

3.4.9 红花

【植物名】

红花（*Carthamus tinctorius*），又称草红花、刺红花、杜红花、金红花。是双子叶植物，菊科，干燥的管状花，长约1.5厘米，橙红色，花管狭细，先端5裂，裂片狭线形，长5～7毫米，雄蕊5枚，花药黄色，联合成管，高出裂片之外，其中央有柱头露出。具特异香气，味微苦。以花片长、色鲜红、质柔软者为佳。

【形态特征】

一年生草本，高约1米。茎直立，上部多分枝。叶长椭圆形，先端尖，无柄，基部抱茎，边缘羽状齿裂，齿端有尖刺，两面无毛；上部叶较小，成苞片状围绕状花序。头状花序顶生，排成伞房状；总苞片数层，外层绿色，卵状披针形，边缘具尖刺，内层卵状椭圆形，白色，膜质；全为管状花，初开时黄色，后转橙红色；瘦果椭圆形，长约5毫米，无冠毛，或鳞片状。花期5～7月，果期7～9月，叶互生，卵形或披针形，质地坚硬，花冠橘红色，含红花素（carthamine），可作纺织用的红色染料。

【分布习性】

红花在我国大部分地区均有分布和栽培，主要分布于河南、四川、新疆、河北、山东、安徽、江苏、上海、甘肃、云南。

主产于河南封丘、延津、虞城、西华、长垣，宁陵；四川平昌、简阳、遂宁、安岳、资阳、通江；新疆吉木萨尔、莎车、奇台、呼图壁、霍城、疏勒、察布查尔。另外，山东巨野、定陶、嘉祥，安徽亳州、无为，江苏南通、如皋、金坛，浙江慈溪、余姚，甘肃瓜州、金塔、敦煌，云南巍山、云县、弥渡亦有一定产量。以河南封丘、延津所产红花质佳，为道地产品。

【综合利用】

花可作通经药，有破血、活血、消肿止痛的作用，主治妇女月经不调。红花不仅有药用价值，而且其种子可以榨油，是一种重要的油料作物，瘦果含油量34%～55%。油中含谷维素0.5%，并有丰富的磷脂。红花油含有很高的不饱和脂肪酸，其亚油酸的含量高达70%～80%，对人体心血管系统具有较好的保健作用，同时，红花油中含有较多的维生素E（146毫克每100毫升）这些都是油脂类无法比拟的。红花籽油不仅可直接被人们食用，也具有很好的保健作用，同时还可以开发出亚油酸胶囊、维生素E和化妆品，红花籽制取红花籽油后会产生饼粕中的红花蛋白，其也是一种高附加值的产品。

红花，常与桃仁、当归、川芎、生地黄、赤芍等同用，称为桃红四物汤。用于冠心病，可与川芎、丹参等同用。用于跌打损伤、瘀血肿痛、瘀血肋痛、痈肿及吐血而有瘀滞者，可与桃仁、乳香、没药等同用。

功效：活血通经，散瘀止痛。用于闭经，痛经，恶露不行，癥瘕痞块，跌仆损伤，疮疡肿痛。

【化学成分】

花含红色和黄色色素，从中分离得到：红花苷，前红花苷，红花黄色素A及B，红花明苷。又含多酚类成分：绿原酸，咖啡酸，儿茶酚，焦性儿茶酚，多巴。还含挥发性成分八十余种，已确定结构的有：乙酸乙酯，苯，1-戊烯-3-醇，3-己醇，2-己醇，3-甲基丁酸，2-甲基丁酸，松油烯-4-醇，马鞭草烯酮，癸醛，苯并噻唑等。含量最少的是带有苯环和含硫的氨基酸。还含鼠李糖，阿拉伯糖，木糖，葡萄糖，甘露糖，二十九烷，*β*-谷甾醇，棕榈酸，肉豆蔻酸，月桂酸等。另含红花多糖，系由葡萄糖，木糖，阿拉伯糖与半乳糖以*β*-链连接的一种多糖。又含具降血压作用的丙三醇-呋喃阿糖-吡喃葡萄糖苷。

3.4.10 红花羊蹄甲

【植物名】

红花羊蹄甲（*Bauhinia blakeana*）。为豆科常绿乔木，又叫紫荆花，叶片有圆形、宽卵形或肾形，顶端都裂为两半，似羊的蹄甲，故此得名。

【形态特征】

常绿乔木，高达10米。单叶互生，革质，阔心形，长9～13厘米，宽9～14厘米。先端2裂，深约为全叶的1/3左右，似羊蹄状。花为总状花序，花大，盛开的花直径几乎与叶相等，花瓣5枚鲜紫红色，间以白色脉状彩纹，中间花瓣较大，其余4瓣两侧对称排列，花极清香。

【分布习性】

首先发现于我国香港地区，现分布于云南、广西、广东、福建、海南等南部地区，台湾也有栽培。印度、越南也有分布。

喜光，喜暖热湿润气候，不耐寒。喜酸性肥沃的土壤。成活容易，生长较快。

花期：在三或四月初开花，花期约半个月（与花期时的气温有关）。

【综合利用】

红花羊蹄甲树冠雅致花大而艳丽，叶形如牛、羊之蹄甲，极为奇特，是热带、亚热带观赏树种之佳品。宜作行道树、庭院风景树。该植物单朵花期4～5天，整株花期长达近半年，以行道树在香港地区广为栽培。其花具有花期长、花朵大、花形美、花色鲜、花香浓五大特点，现在已成为香港的象征。

思考题

① 通过本章的学习，自行绘制色素植物资源学课程内容思维导图。

② 说一说你感兴趣的一种色素植物的形态特征、化学成分、功能机理。

③ 合成色素和天然色素的优缺点有哪些？

④ 哪些高新技术可以提高花青素的提取率？

⑤ 叶绿素的特点和功能有哪些？

第4章

油脂植物资源

植物油脂主要是由脂肪酸和甘油化合而成的酯类化合物（图4-1）。植物油脂广泛分布于自然界中，凡从植物的种子、果肉及其他部分提取所得的脂肪，统称植物油脂。

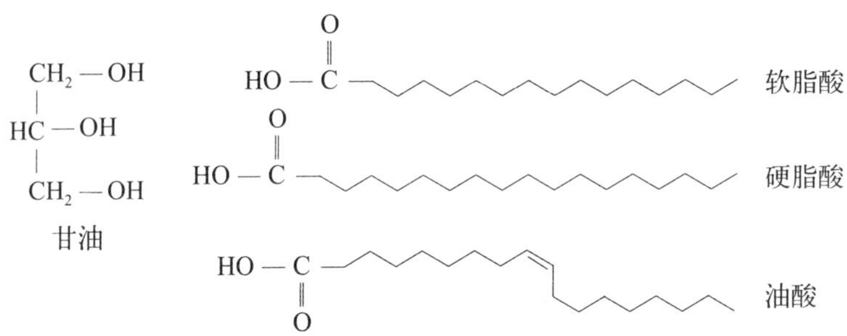

图4-1　甘油和脂肪酸的结构式

植物油脂种类很多，通常把在常温下为液体者称为油，其脂肪酸多为不饱和脂肪酸；为固体或半固体者称为脂，其脂肪酸多为饱和脂肪酸。

4.1　油脂脂肪酸的组成

① 现已从各种油脂中水解得到100多种脂肪酸，一般含4～34个碳原子。把构成油脂的脂肪酸相同的称为单纯甘油酯；把构成油脂的脂肪酸不同的称为混合甘油酯。天然油脂多为混合甘油酯，而非简单甘油酯，除非某种脂肪酸的含量很高。

② 较常见的是含12个碳原子以上的饱和或不饱和高级脂肪酸，最常见的有：软脂酸（十六酸，又称棕榈酸）、硬脂酸（十八酸）、油酸（十八烯酸）、亚油酸（十八二烯酸）。

脂肪分子最常见的4种形式：GS3、GS2U、GSU2、GU3。其中，G表示甘油基；S表示饱和脂肪酸；U表示不饱和脂肪酸。

4.2　油脂的营养价值

4.2.1　提供热量

三大营养素元素组成和能量见表4-1。

表4-1　三大营养素元素组成和能量

物质名称	元素组成/%			在动物器官中氧化产热量/（焦耳/克）
	碳	氢	氧	
油脂	74 ～ 78	10.9 ～ 12.1	9.5 ～ 12.1	38.93
蛋白质	53	7	23	17.17
碳水化合物	44	6	49	17.17

4.2.2　提供维生素

油脂中含有油溶性维生素A、维生素D、维生素E、维生素K（图4-2）。

① 维生素A：提高机体对传染病的抵抗力，参与视网膜中进行的化学作用。

② 维生素D：调节机体磷与钙的代谢作用。

③ 维生素E：又名生育酚，调节生殖机能。

④ 维生素K：具有凝血作用。

4.2.3　功能性油脂

功能性油脂主要指的是多不饱和脂肪酸和磷脂。

① 亚油酸（$9Z,12Z$-18∶2）：必需脂肪酸，预防必需脂肪酸缺乏症。

② γ-亚麻酸（$6Z,9Z,12Z$-18∶3）：γ-亚麻酸作为食品添加剂或营养补充剂，长期食用可以改善人类食品的结构，增强人体免疫机能，因而它与其他多不饱和脂肪酸共同被誉为“21世纪功能食品的主角”。

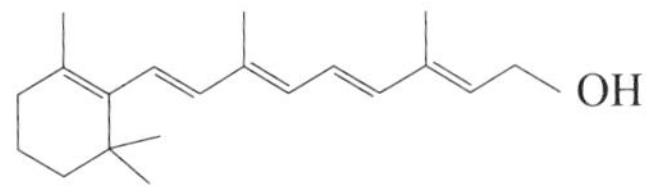

维生素A

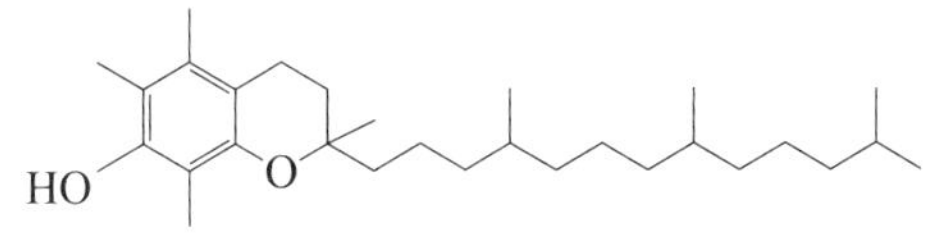

维生素E

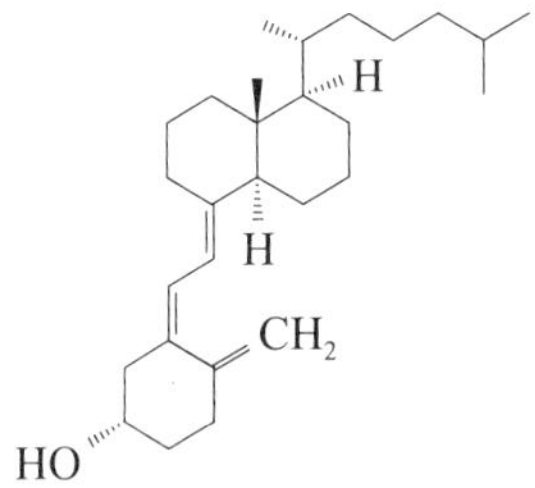

维生素D_2

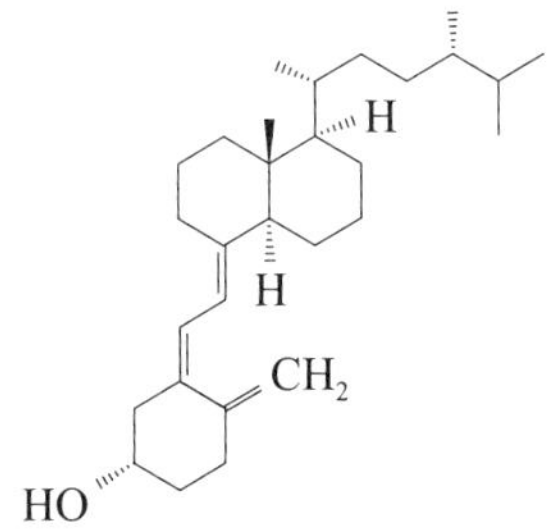

维生素D_3

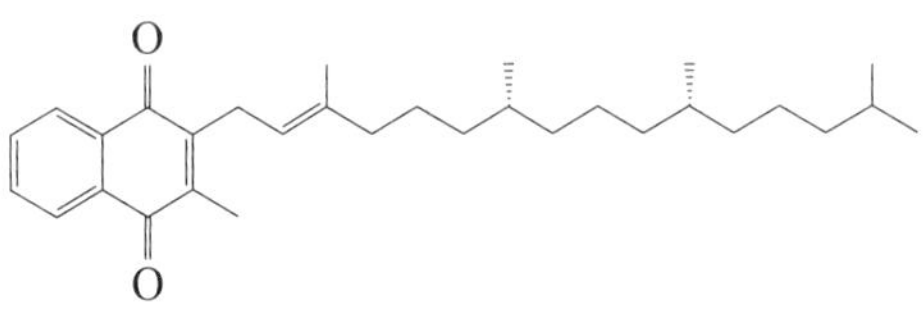

维生素K_1

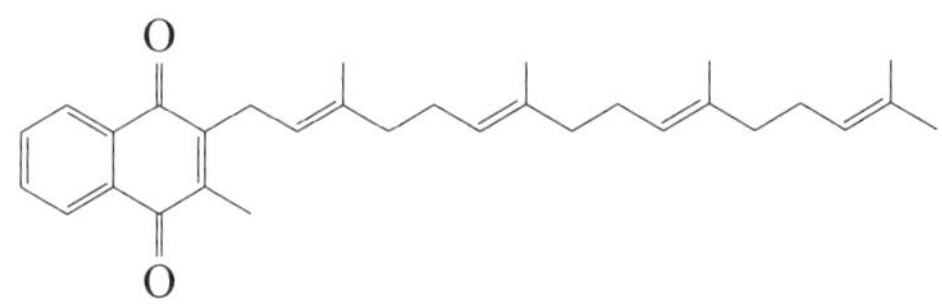

维生素K_2

图4-2 维生素A、维生素E、维生素D_2、维生素D_3、维生素K_1、维生素K_2的结构式

婴幼儿、老年人，因肥胖、疾病或饮酒过量引起代谢紊乱的成年人，矿质元素或维生素摄取不足的人，都要补充γ-亚麻酸。

国外一些制药或食品公司，为了满足上述特定消费群体的要求，已经为老年人和儿童研制生产了含γ-亚麻酸的食品，如牛奶、奶粉、饮料、果冻、饼干、巧克力、口香糖等。γ-亚麻酸主要有预防心血管疾病，辅助降血脂、降血糖等作用。

③ 二十二碳六烯酸（DHA）和二十碳五烯酸（EPA）：健脑，提高记忆力，降低血小板聚集，辅助降血脂，预防冠心病。

④ 磷脂是指含有磷酸根的类脂化合物，能调节生物膜的生物活性和机体内正常代谢。卵磷脂、脑磷脂、肌醇磷脂、丝氨酸磷脂为四种重要磷脂。大豆中磷脂含量为1.0%～3.2%，其中卵磷脂约含34.2%、脑磷脂约含19.7%、肌醇磷脂约含16.0%、丝氨酸磷脂约含15.8%。

4.2.4 食用油脂植物

油脂主要存在于植物的果实和种子中，如大豆、花生、油菜籽、芝麻、向日葵等，其脂肪酸含量可达40%～50%。

主要食用油的脂肪酸含量见表4-2。

表4-2 主要食用油的脂肪酸含量

油脂	豆蔻酸 $C_{14:0}$ /%	软脂酸 $C_{16:0}$ /%	硬脂酸 $C_{18:0}$ /%	油酸 $C_{18:1}$ /%	亚油酸 $C_{18:2}$ /%	亚麻酸 $C_{18:3}$ /%	花生酸 $C_{20:0}$ /%	芥酸 $C_{22:1}$ /%
橄榄油	0.2	9.5	1.4	81.6	7.0	0.1	0.1	—
花生油	—	11.4	3.0	41.2	37.6	—	0.6	—
菜籽油	—	2.3	—	15.8	14.6	9.2	—	48.2
茶籽油	0.3	7.6 ～ 15	0.8 ～ 1.1	78 ～ 83	7.4	0.2	0.6	—

4.2.5 反式脂肪酸

天然的植物油脂中可能会含有少量反式脂肪酸。特别是植物油脂在精炼脱臭工艺中，通常需要250℃以上高温和2小时加热时间，长时间高温加热会促进反式脂肪酸的生成。一般烘烤及油炸食品中常含有反式脂肪酸。

反式脂肪酸的危害：

① 使血清中对人体有害的低密度脂蛋白胆固醇浓度升高，对人体有益的高密度脂蛋白胆固醇浓度降低。

② 使致动脉硬化的低密度脂蛋白浓度升高，明显增加患心血管疾病的危险。研究显示，反式脂肪酸的摄入增加2%，患心脏病的风险增加23%。

③ 反式脂肪酸影响胎儿和新生儿的生长发育。

④ 反式脂肪酸与癌症有关。

常见食品中反式脂肪酸的含量见表4-3。

表4-3 常见食品中反式脂肪酸的含量 单位：毫克/克

食物名称	反式脂肪酸含量	食物名称	反式脂肪酸含量
蛋 糕	53	冰淇淋	26 ～ 60
甜饼干	19	橄榄油	0 ～ 111
炸薯条	5	大豆油	4 ～ 816
干 酪	36 ～ 57	葵花籽油	113 ～ 819
人造奶油	164	玉米油	1 ～ 1911
黄 油	40 ～ 62	花生油	14 ～ 613

4.3 植物油脂脂肪酸分析方法

4.3.1 植物油脂的提取

植物油脂的提取一般采用弱极性有机溶剂提取法：

① 将待提取种子、果实粉碎；

② 石油醚索氏提取约2小时；

③ 浓缩提取液得油脂。

4.3.2 植物油脂脂肪酸组成及含量的测定

① 脂肪酸的甲酯化。油脂与甲醇和氢氧化钾混合，加热反应至溶液澄清，反应液冷却后置分液漏斗中加入水和正己烷萃取，无水硫酸钠干燥。

② 气相色谱-质谱联用技术分析脂肪酸组成及含量。一般烘烤及油炸食品中常含有反式脂肪酸，详见图4-3。

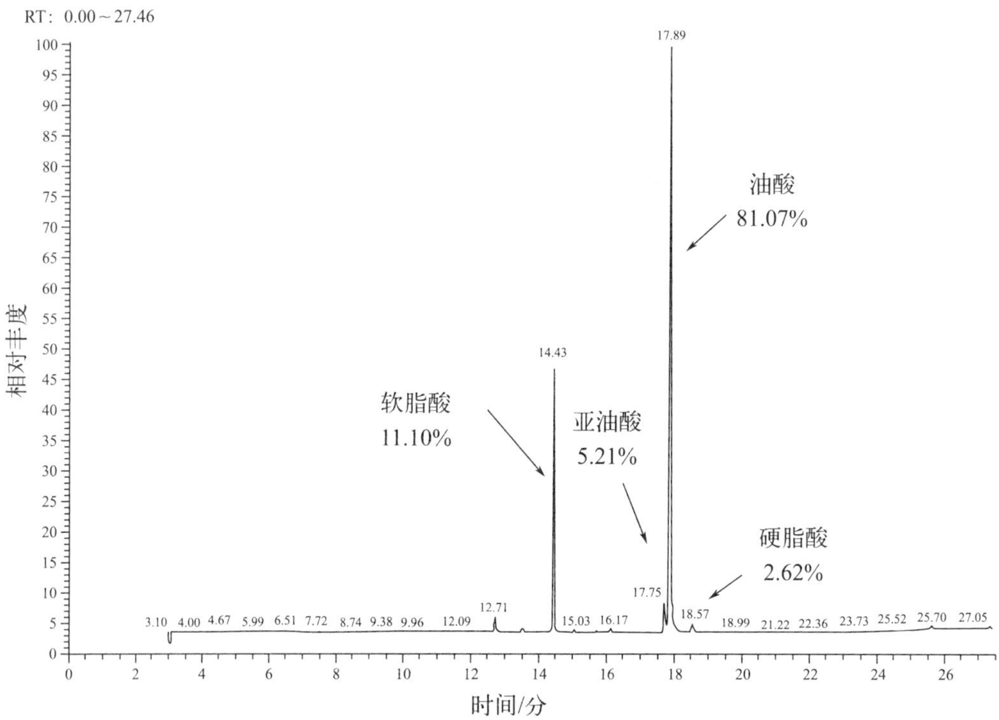

图4-3 油茶油脂气相色谱图

4.4 植物油提取工艺

4.4.1 传统植物油提取工艺

传统植物油提取工艺主要有压榨法和浸出法两种。

（1）压榨法

借助机械外力的作用，将油脂从油料中挤压出来的取油方法，是国内采用的主要方法。但压榨法存在出油率低、劳动强度大、生产效率低的缺点。

（2）浸出法

应用固液萃取的原理，选用某种能够溶解油脂的有机溶剂，经过对油料的接触（浸泡或喷淋），使油料中油脂被萃取出来的一种方法，多采用预榨饼后再浸提。浸出法具有出油率高、粕中残油率低、劳动强度低、生产效率高的特点，但此法浸提出来的毛油含非油物质较多，色泽较深，质量较差，且浸出所用溶剂易燃易爆，并具有一定毒性。

4.4.2 新研究开发的植物油脂提取工艺

（1）水代法

将热水加到经过蒸炒和细磨的原料中，利用油、水不相溶的原理，以水作为溶剂，从油料中把油脂取代出来，主要用于小磨香油的生产，缺点为出油率低，在浸提过程中易污染微生物。

（2）水酶法

将酶制剂应用于油脂分离，通过对油料细胞壁的机械破碎作用和酶的降解作用提高油脂的提取率，具有处理条件温和、工艺简单、能耗低，并且能同时得到优质的植物油脂和纯度高、再利用性强的蛋白质等优点。

4.4.3 常用提取工艺

① 除杂：除去石块、植物碎屑、杂草种子、粮食种子等杂物。

② 预热：将油籽温度升至30 ～ 40℃，水分含量调节至7% ～ 9.5%。使油籽软化。

③ 轧坯：厚度为0.2 ～ 0.3毫米，破碎细胞壁。

④ 蒸炒：温度75 ～ 100℃，调节水分含量至5% ～ 7%，使小油滴凝聚成大油滴。

⑤ 酶解：利用酶降解植物细胞壁纤维素骨架，分解脂蛋白、脂多糖复合体使油脂获得充分释放。常用酶有纤维素酶、半纤维素酶、果胶酶、蛋白酶、淀粉酶等。

⑥ 提取油脂：先用机械压榨提取约60%的油，再用溶剂浸出法提取残留的油脂。提取用溶剂采用己烷。

提取油脂流程如下：

油料 → 清理 → 破碎 → 调整水分 → 热处理 → 酶解
→ 灭酶 → 干燥 → 提取 → 油脂

4.5 食用油精炼工艺流程

4.5.1 脱胶：水化和酸炼法除胶质

脱除毛油中胶体杂质（磷脂、蛋白质等），加入热水，使磷脂吸水膨胀凝聚，膨胀后的磷脂能吸附油脂中的其他胶质，使胶质在油中的溶解度降低，经自然沉降与油分离。

4.5.2 脱酸：碱炼和水蒸气蒸馏法除游离脂肪酸

脱胶后的油脂中加入碱液，中和其中的游离脂肪酸，生成不溶于油脂的金属皂。

4.5.3 脱色：吸附等法除色素

除去油脂中的色素，通常加入活性白土吸附色素，过滤。脱色还可去除残留磷脂和金属皂。

4.5.4 脱臭：高真空水蒸气饱和法除各种异味

除去油脂的臭味（烃类、醛、酮、低分子脂肪酸，加工过程产生的异味，如焦糊味、白土气味、溶剂气味），利用臭味物质与油脂的挥发度不同，在高温真空的条件下，通过水蒸气蒸馏除去臭味。

4.5.5 脱蜡：溶剂法等除蜡质

油脂冷却至5～10℃，静置10～20小时，加入少量助滤剂（硅藻土），过滤。

4.5.6 脱脂（冬化）：除去凝固点较高的甘油三酯

为了使油脂在较低的温度下保持透明澄清，需除去凝固点较高的甘油三酯。油脂冷却至15℃，搅拌15小时，继续冷却至5℃，结晶24小时，过滤。分离出的固体脂肪可添加到人造奶油或起酥油中。

4.5.7 油类按照精制程度分类

油类按精制程度可分为二级油、一级油、高级烹调油和色拉油4个等级。

① 二级油：仅仅是经脱胶处理的油脂产品，颜色深、油烟大、酸价高。

② 一级油：经脱胶、脱酸、脱色的产品，虽比二级油好，但色泽深黄，油烟仍较大。

③ 高级烹调油：在一级油的基础上，再经脱臭、脱蜡，用两种或多种植物油调配而成，又叫炒菜油、烹饪油或煎炸油。其特点是颜色淡黄、酸价低，加热至200℃也不冒烟。

④ 色拉油比高级烹调油的颜色更浅，油烟更少，几乎没有杂质，十分纯净，加热至220℃也不会冒烟。这种油可以直接拌凉菜食用。

4.5.8　玉米油成品理化指标

① 色泽：红色（R）＜6.5，黄色（Y）＜30.0（罗维朋比色法）。

② 水分及挥发物（%）：＜0.5。

③ 不溶性杂质（%）：＜0.5。

④ 酸值（KOH）（毫克/克）：＜8.0。

⑤ 磷脂（%）：＜1.0。

⑥ 蜡（%）：＜0.5。

⑦ 反式脂肪酸（%）：＜0.8。

⑧ 冷冻实验：72小时，澄清。

4.6　我国主要油脂植物资源

我国最主要的油脂植物有：香榧、竹柏、华山松、胡桃楸、榛、檀梨、臭椿、文冠果、油茶、榄仁、紫荆木、木樨榄、芝麻、油渣果、红花、油棕等。表4-4为主要油脂植物的含油率及用途。

表4-4　主要油脂植物的含油率及用途

植物名称	含油率及用途
香榧	种子含油率41.89%，可食用
竹柏	种仁含油率55%，主要为亚油酸
华山松	种仁含油率42.76%，为很好的食用油
胡桃楸	种仁含油率57.9%～70%，亚油酸76%
榛	种仁含油率51.6%，可食用、制糕点等

续表

植物名称	含油率及用途
檀梨	种子含油率56% ~ 63.45%
臭椿	种子含油率56%，以亚油酸（56%）和油酸（35%）为主
文冠果	种仁含油率55.60%，以硬脂酸、油酸、亚油酸为主
油茶	种子含油率30.1%，种仁含油率59.2%
榄仁	种仁含油率52% ~ 64%，以软脂酸、油酸为主
紫荆木	种仁含油率45.35%
木樨榄	果肉含油率36% ~ 70%，以油酸（65% ~ 86%）为主
芝麻	种子含油率56.75%，以油酸和亚油酸为主
油渣果	种仁含油率71.9% ~ 77%，以油酸和亚油酸为主
红花	种子含油率27.3%，油中含谷维素0.5%以及丰富的磷脂和维生素E，亚油酸含量为56.7% ~ 80.2%，食用效果好
油棕	果内含油率81.9%，种仁含油率42% ~ 53.9%

4.6.1 胡桃楸

【植物名】

胡桃楸（*Juglans mandshurica*）是胡桃科胡桃属植物。

【形态特征】

落叶大乔木，树冠阔卵形。树皮光滑，浅裂。奇数羽状复叶，有小叶15 ~ 23。核果卵形，外果皮有褐色毛，果核表面有8条纵棱。种子脑状，有黄褐色薄皮。

【分布习性】

胡桃楸主要分布于黑龙江省，在黑河、嫩江、讷河、甘南、逊克、嘉荫、萝北、同江、抚远以南均有分布；次为吉林（除东北部外）、辽宁，并零星分布于内蒙古东部扎兰屯市、科尔沁左翼后旗、喀喇沁旗，河北北部兴隆、遵化、易县、蔚县与南部内丘，北京房山，河南北部辉县、济源，山西北部浑源与西北部兴县，陕西北部甘泉与南部洋县、周至、南五台等地。朝鲜北部也有分布。其喜温暖凉爽的生存环境，适宜在土层深厚、疏松肥沃、排水良好的黑垆土上栽培。一般繁殖方式为种子繁殖。

【化学成分】

树皮、叶子和果皮含单宁、黄酮类、萘醌类、萜类、挥发油、酚酸类等。

【综合利用】

（1）木材利用

家具制造：胡桃楸木材坚硬细密，纹理通直，光泽度高，易加工，是制作高档家具的优质材料。其良好的物理特性使得加工后的家具坚固耐用，且具有较高的美观度，深受消费者喜爱。

建筑材料：由于其材质优良，耐腐蚀，胡桃楸木材也可用于建筑领域，如作为建筑的结构材料或装饰材料，能够为建筑物提供较好的稳定性和美观性。

军工应用：胡桃楸木材的高质量和稳定性使其在军事领域也有应用，可用于制造枪托等军事器材部件。

造船和车辆制造：其木材的强度和耐水性使其适合用于造船和制造车辆，能够承受一定的压力和重量，同时具有较好的耐久性。

（2）药用价值

树皮药用：胡桃楸的树皮具有清热解毒等功效，可用于治疗细菌性痢疾、骨结核等，外用还可以煎水清洗患处。

果实和种仁：青果、果皮可用于辅助治疗胃痛、腹痛、十二指肠溃疡、神经性皮炎等，种仁具有敛肺定喘、温肾润肠的作用，可用于辅助治疗体质虚弱、肺弱咳嗽、肾弱腰痛、便秘、遗精、石淋、乳汁缺少等，既可以生食也可以炒食。

提取物抗癌：初步研究表明，胡桃楸提取液中的有效成分对体外培养的肿瘤细胞有直接的细胞毒杀作用，具有一定的抗癌潜力，为癌症治疗的研究提供了一定的参考。

（3）食品加工

榨油：胡桃楸的种仁含油量高，种子油中含有肉豆蔻酸、棕榈酸、硬脂酸、油酸、亚油酸等多种物质，是高级食用油，可通过榨油工艺提取油脂，用于烹饪或食品加工。

直接食用：种仁可以直接生食或炒食，具有一定的滋补作用，是一种营养丰富的食品。

（4）工业应用

制胶和造纸：树皮纤维发达，可用于编织背筐、篮筐、绳索等，还可以提取其中的纤维用于造纸或提制栲胶。

制作天然杀虫剂：胡桃楸树叶中提取的特殊成分，可用于制作绿色环保杀虫剂，对环境友好，能够减少化学农药对环境的污染。

（5）观赏价值

园林景观：胡桃楸树形优美，秋叶金黄，枝干粗壮，叶长而舒展，果实青绿可人，无论是单植还是丛植，都具有较高的观赏价值，常被用作行道树、庭荫树及观赏树种，能够为园林景观增添独特的景致。

4.6.2 榛

【植物名】

榛（*Corylus heterophylla*），为桦木科榛属灌木或小乔木。

【形态特征】

桦木科植物，灌木，丛生，多分枝。树皮灰褐色或暗灰色，龟裂。榛子的叶互生，阔卵形至宽倒卵形，边缘长有不规则的重锯齿，上面无毛，下面脉上有短而柔的毛，长5～13厘米，宽4～7厘米；叶柄长1～2厘米，细毛密布；托叶小，易早落。花为单性，雌雄同株；雄花为柔荑花序，鲜紫褐色，雄蕊为药黄色；雌花2～6簇于枝头，在开花时，被包在鳞芽内，只能看到两个红色的花柱。榛树的树皮灰色，枝条暗灰色，无毛；叶的轮廓为矩圆形或宽倒卵形；花苞片钟状，密被柔毛；果实为坚果卵球形，与果苞近等长，顶端被长柔毛。花期4、5月，果期9月。

【分布习性】

榛树在世界上约有20个种，广泛分布在亚洲、欧洲、北美洲的温带地区。在中国天然分布的有8个种，主要分布在东北三省，华北各省，西南横断山脉，甘肃、陕西和内蒙古等地的山区。

榛树抗寒性强，年平均温度在7.5℃左右，它能安全度过东北的冬天，气温在–30℃也可以正常越冬。榛树喜欢湿润的气候，通常在年降水量700～1200毫米的地区栽植为宜，较为喜光，充足的光照能促进其生长发育和结果。榛树对土壤的适应性较强，在砂土、壤土、黏土以及轻盐碱地上均能生长。

【化学成分】

榛子因营养丰富被称为“坚果之王”，种子含油量55%～65%，棕榈酸3.5%，硬脂酸1.3%，油酸82.5%，亚油酸12.7%，亚麻酸微量，可榨油供食用。榛仁中蛋白质含量较高。且还含有人体所需的8种氨基酸（异亮氨酸、亮氨酸、赖氨酸、蛋氨酸、苯丙氨酸、苏氨酸、色氨酸、缬氨酸），且含量远远高于核桃等。榛子含有甾醇、维生素、矿物质、膳食纤维等。

【综合利用】

① 榛子本身富含油脂（大多为不饱和脂肪酸），使所含的脂溶性维生素更易为人体所吸收，对体弱、病后虚羸、易饥饿的人都有很好的补养作用。

② 榛子维生素E含量高达36%，能有效地延缓衰老、防治血管硬化，具有润泽肌肤的功效。

③ 榛子本身有一种天然的香气，具有开胃的功效，其丰富的纤维素还有助消化和防治便秘。

④ 榛子具有降低胆固醇的作用，避免了肉类中饱和脂肪酸对身体的危害，能够有效地预防心脑血管疾病。

⑤ 榛子中镁、钙和钾等微量元素的含量很高，长期使用有助于调整血压。

⑥ 榛子对视力有一定的保健作用。

⑦ 榛子含有β-谷甾醇（甾醇）。天然植物甾醇对人体具有重要的生理活性作用，有

较强的抗炎作用，还可以作为胆结石形成的阻止剂。

4.6.3　天仙子

【植物名】

天仙子（*Hyoscyamus niger*）是茄科天仙子属植物。

【形态特征】

此植物为一年或二年生草本。植株高度在30厘米至1米不等。全体被有黏性腺毛，部分还伴有柔毛，根较粗壮。

叶片方面，基生叶大且丛生，呈莲座状，形状为长圆形，长7～20厘米，边缘羽状深裂或浅裂；茎生叶互生，近花序的叶常交叉互生并呈2列状，一年生的茎极短时，茎生叶呈卵形或三角状卵形，顶端钝或渐尖。花的特征为单生于叶腋，在茎端常密集，或在茎中部以下单生于叶腋，在茎上端则单生于苞状叶腋内聚集成蝎尾式总状花序。花萼筒状钟形，花冠钟状，呈黄绿色且具紫色脉纹，雄蕊5枚且不等长，花药深紫色，子房2室。果实为蒴果，有卵球形（直径1.2厘米）、长卵圆状（长约1.5厘米，直径约1.2厘米）等形态，均藏于宿萼内，前者盖裂，后者包藏于宿存萼内。种子近圆盘形，直径约1毫米，淡黄棕色。花期在5～8月，果期为7～10月，部分在夏季开花、结果。

【分布习性】

天仙子分布于蒙古、俄罗斯、欧洲、印度和中国；在中国分布于东北、华北、西北及西南，华东有栽培或逸为野生。常生于山坡、路旁、住宅区及河岸砂地。

天仙子性喜温暖湿润气候，生长适宜的温度为20～30℃，不耐严寒，喜阳光，以土层深厚、疏松肥沃、排水良好的中性及微碱性砂质壤土栽培为宜。忌连作，不宜以番茄等茄科植物为前作。

【化学成分】

天仙子含油量25%～30%，含棕榈酸4.8%，硬脂酸1.9%，油酸16.1%，亚油酸74.3%，亚麻酸2.4%，肉豆蔻酸微量。天仙子含有影响神经系统的托烷类生物碱和非生物碱类成分。托烷类生物碱主要有莨菪碱、阿托品、东莨菪碱等，使天仙子的种子具有很强的致幻作用。非生物碱类成分主要有芦丁、香草酸等多酚类，睡茄内酯类甾体，木脂素酰胺类，酪胺衍生物，甾族皂苷类，香豆素类及黄酮类化合物。

【综合利用】

传统记载天仙子具有解痉、镇痛、止咳、平喘的作用。

① 天仙子为毒性中药，具有解痉、平喘、镇痛、安神之功效。其甲醇提取物具有降压、扩张血管、抗炎镇痛、抑菌以及止泻、抑制分泌的作用。

② 天仙子所含的阿托品、东莨菪碱能够解除迷走神经对心脏的抑制，使得交感神

经作用占优势，从而致使心率加快，还可抑制中枢神经系统，进而起到镇静、抗焦虑的作用。

③ 20世纪80年代人们开始对天仙子抗肿瘤作用进行研究。肿瘤动物模型和肿瘤细胞株实验初步证实天仙子提取物能够抑制肿瘤细胞增殖，甚至对特定肿瘤细胞具有杀伤作用。但天仙子抗肿瘤作用的研究还停留在初级阶段，抗瘤成分、抗瘤机制等还有待进一步的研究证实。

④ 天仙子具有抑制食欲的作用。

⑤ 细菌培养实验证实天仙子的水煎剂对大肠杆菌、金黄色葡萄球菌有较好的抑制作用。

⑥ 天仙子的种子油可供制肥皂。

4.6.4 连翘

【植物名】

连翘（*Forsythia suspensa*）为落叶灌木，是木樨科连翘属植物。

【形态特征】

连翘早春先叶开花，花开香气淡艳，满枝金黄，艳丽可爱，是早春优良观花灌木，株高可达3米，枝干丛生，小枝黄色，拱形下垂，中空。叶对生，单叶或三小叶，卵形或卵状椭圆形，缘具齿。花冠黄色，1 ～ 3朵生于叶腋；果卵球形、卵状椭圆形或长椭圆形，先端喙状渐尖，表面疏生皮孔；果梗长0.7 ～ 1.5厘米。花期3 ～ 4月，果期7 ～ 9月。

【分布习性】

在中国主要分布于山西、陕西、山东、安徽西部、河南、河北、湖北、四川，其中以山西省的连翘资源最为丰富。生于山坡灌丛、林下或草丛中，或山谷、山沟疏林中，海拔250 ～ 2200米。中国除华南地区外，其他各地均有栽培，日本也有栽培。

连翘喜光，有一定程度的耐阴性；喜温暖湿润气候，也很耐寒；耐干旱瘠薄，怕涝；不择土壤，在中性、微酸或碱性土壤均能正常生长。在干旱阳坡或有土的石缝，甚至在基岩或紫色砂页岩的风化母质上都能生长。连翘根系发达，虽主根不太显著，但其侧根都较粗而长，须根众多，广泛伸展于主根周围，大大增强了吸收和固土能力；连翘耐寒力强，经抗寒锻炼后，可耐受-50℃低温，其惊人的耐寒性，使其成为北方园林绿化的佼佼者；连翘萌发力强、发丛快，可很快扩大其分布面。因此，连翘生命力和适应性都非常强。

【化学成分】

连翘含油量39%，月桂酸微量，肉豆蔻酸0.4%，棕榈酸6.6%，硬脂酸3.2%，油酸18.9%，亚油酸67.5%，亚麻酸2.8%。果实含连翘酚、甾醇化合物、皂苷（无溶血性）

及黄酮醇苷类、马台树脂醇苷等。果皮含齐墩果酸。青翘含皂苷4.89%，生物碱0.2%。连翘叶中含有丰富的微量元素，多种人体必需的氨基酸、维生素等营养物质，还有芦丁、山柰酚、绿原酸、咖啡酸、连翘苷、连翘酯苷及连翘脂素等天然活性物质。

【综合利用】

① 抗菌、抗病毒作用：连翘的抗菌谱很广，可以抑制多种革兰氏阴性、阳性菌，其中对金黄色葡萄球菌等革兰氏阳性菌抑制作用较强，对伤寒杆菌抑制作用稍弱。此外，连翘的生长年龄也会影响其抑菌效果，青翘对金黄色葡萄球菌的抑制作用更强，老翘对普通球菌的抑制效果更好。

② 抗炎、解热、中和内毒素作用：抗炎作用是连翘发挥消肿散结功效的主要药理作用之一。连翘叶对慢性炎症具有良好的治疗效果。

③ 抗肿瘤作用：连翘血清中肿瘤坏死因子-α（TNF-α）可以直接或间接杀伤肿瘤细胞。

④ 抗氧化作用：青翘、老翘、连翘根和连翘茎提取物均具有一定的抗氧化能力。

⑤ 连翘的果皮中含齐墩果酸，故有强心、利尿作用。

⑥ 保肝作用：连翘对急性肝炎、肝脏损伤具有良好的保护作用。

⑦ 止吐作用：连翘具有良好的镇吐止呕作用，能够减少呕吐次数。

⑧ 提高动物生产效率：连翘能够提升多种经济动物的生产效率。

⑨ 提高动物产品品质：将连翘苷与防腐剂联用，能够抑制生猪肉糜中细菌滋生的速度，并对肉糜颜色具有一定的保护作用。

⑩ 促进动物健康：如连翘能够提升鸡的免疫力，预防鸡传染病的发生，还可提高断奶仔猪的抗氧化能力，缓解仔猪断奶应激，调节肠道菌群，有利于断奶仔猪的肠道健康，最终提高仔猪生长性能。

⑪ 连翘属于野生植物油料，是绝缘油漆和化妆品的良好原料，具有很好的开发潜力，油脂可供制造肥皂及化妆品，又可制造绝缘漆及润滑油等，还富含易被人体吸收、消化的油酸和亚油酸，油味芳香，精炼后是良好的食用油。

⑫ 连翘提取物可作为天然防腐剂用于食品保鲜，尤其适用于含水分较多的鲜鱼制品的保鲜，是一种较有希望的成本低而安全的新型食品防腐剂。

4.6.5 红松

【植物名】

红松（*Pinus koraiensis*）又名果松、海松、朝鲜松，是松科松属的常绿乔木。

【形态特征】

树高达50米，树皮块状开裂。叶5针1束。球果大，长9～20厘米，成熟时不张开，整个球果脱落；种子三角状卵形，无翅。

【分布习性】

红松产于中国东北长白山区、吉林山区及小兴安岭爱辉以南，海拔150～1800米，气候温寒、湿润的棕色森林土地带。分布于中国（黑龙江、吉林）、朝鲜等。

红松喜光性强，对土壤水分要求较高，不宜种植在过干、过湿的土壤及严寒气候地区。在温寒多雨、相对湿度较高的气候与深厚肥沃、排水良好的酸性棕色森林土上生长最好。红松属半阳性树种，浅根性，常生于排水良好的湿润山坡上，幼树耐庇荫，对大气湿度较敏感，湿润度在0.7以上生长良好，在0.5以下生长不良。

【化学成分】

红松籽仁的含油率达65%～78%，油中不饱和脂肪酸高达90%以上，主要包括亚油酸、油酸、亚麻酸、硬脂酸、棕榈酸等，还包括一种独特的脂肪酸——皮诺敛酸；含蛋白质13%～20%，由18种氨基酸组成，包括8种人体必需氨基酸；富含多种维生素，如维生素E、维生素B_1、维生素B_2、维生素B_6、维生素C等；还富含多种人体所需矿物质元素，如镁、钾、磷、钠、钙、锌、铁、锰、铜、硒等。红松籽壳和红松籽衣中还含有萜类化合物、多糖、黄酮、多酚等。

【综合利用】

食用：红松籽仁产品以直接食用为主，去壳后的籽仁通常加工成罐头、饮料、糖果、冲剂等，或用于烹饪菜肴。红松籽油富含多种不饱和脂肪酸，可直接作为绿色健康食用油，也可将红松籽油开发成功能性油脂、营养胶囊等，也可分离纯化松籽油中的多不饱和脂肪酸，用于制作添加不饱和脂肪酸的功能食品或药用制剂，红松籽油还可作为高档美容化妆产品的原料及保健按摩用油。红松籽仁蛋白具有特殊的香味，可制成各种糕点和特色食品，还可制成具有松仁清香味的营养保健饮料。松籽外壳可制备活性炭，也可以用酒精浸提，用含有酚类物质的浸提液生产饮料。松仁籽衣含有多酚和黄酮，可以直接用于制作添加籽衣的面包或作为抗氧化膳食纤维进行酸奶的生产，也可以被用来生产口服液和饮料。

药用：红松籽油中含有的不饱和脂肪酸有多种功效，如亚油酸有助于预防高胆固醇、动脉粥样硬化和高脂血症，亚麻酸具有良好的抗炎、降血脂作用，还能够促进细胞新陈代谢和血液流通。红松籽油特有的皮诺敛酸具有促进排泄、解热镇痛、清除自由基、抗氧化、消除病毒和细菌所引起的感染等作用。红松花粉含有丰富的营养素，服用后可以改善便秘，它不仅可以防治因消化不良导致的便秘，花粉中的镁及维生素B_6还可以防治因神经紧张与肌肉紧张所致的便秘。此外，红松还具有保持皮肤水分、防止紫外线对皮肤的损伤等作用。

红松的各个部位都有其功效：松叶具有祛风、活血、燥湿、止痒的功效，内服常用于辅助调理流行性感冒、风湿症、夜盲、高血压、神经衰弱；外用于冻疮，煎洗患处。

松花粉具有祛风益气、燥湿止带的功效，可用于辅助缓解眩晕、咳嗽、疮疡、出血等。种子具有熄风、镇咳、润肺、滑肠的功效，可用于辅助调理风痹寒气、头眩、肺燥咳嗽、便秘等。

工业：红松的材质较软，容易加工，木材有光泽、纹理美丽、有香味，而且不易开裂，不易翘曲，加工后不易变形、抗腐朽，因此红松木材工艺价值很高，是最受人们欢迎的木材树种之一。它广泛地被应用于建筑、交通、矿山、造船、家具、机械以及国防工业等各个方面。

生态：红松的生态价值是它经济价值的1300多倍。红松的生态价值主要包括吸碳吐氧、调节气候、涵养水源、防风固沙、保护物种多样性和保护国土安全等。

造林：红松为小兴安岭、张广才岭、长白山区及沈阳-丹东线以北地区的主要造林树种。

4.6.6　油茶

【植物名】

油茶（*Camellia oleifera*）别名茶子树、茶油树、白花茶；为山茶科山茶属，常绿小乔木。

【形态特征】

油茶树高一般在4.0米左右，嫁接树偏矮，最高为2.5米；树叶呈椭圆状，基部楔形，深绿色，边缘有细锯齿；树皮光滑，呈淡褐色；花无柄，顶生，花瓣白色、阔卵形、长2.8厘米左右、背面有丝毛；花柱长1.0厘米左右；蒴果1室或3室，球形或卵圆形；每室有种子1～2粒，椭圆形或者三角形，色泽光亮，以黑色或褐色为主。花期冬春间。

【分布习性】

油茶树是世界四大木本油料之一，它生长在中国南方亚热带地区的高山及丘陵地带，是中国特有的一种纯天然高级油料。主要集中在浙江、江西、湖南、广西等省（自治区、直辖市），全国年产量为20万吨左右。

油茶品种不同，对生长环境的要求也有所不同。油茶喜温暖，怕寒冷，要求栽培地年平均气温16～18℃、花期平均气温12～13℃，而且要求栽培地年降水量一般在1000毫米以上，但花期连续降雨会影响授粉。另外，油茶对土壤要求不甚严格，一般其适应土层深厚的酸性土，不适应石块多和土质坚硬的地方，以在坡度和缓、侵蚀作用弱的地方栽植为宜。

【化学成分】

油茶籽仁含油率39.9%～58.7%。油茶含有多种发挥药效的化学物质成分，如三萜及三萜皂苷类、黄酮类、脂肪酸类、多酚类、多糖素类以及其他化学成分等，其中三萜及三萜皂苷类是油茶最主要的化学成分。

【综合利用】

食用价值：茶油属不干性油，色清味香，油品极好，为上等食用油。茶油中的油酸和亚油酸含量高达90%，是不饱和脂肪酸，故食茶油有利于降低血脂中胆固醇含量，可减少胆固醇在血管壁上沉积，从而可以预防血管硬化和血压增高。

药用价值：茶油除有预防心血管系统疾病的功效外，还有清热化湿、杀虫解毒的作用。每次服生茶油50～100毫升，能清胃润肠，可辅助治疗痧气腹痛、急性蛔虫阻塞性肠梗阻、习惯性便秘等。外用能润泽皮肤，可辅助治疗燥裂、体癣、慢性湿疹，目前，基于油茶籽油已开发出了婴儿护肤油、护肤霜、护手霜等产品。中药常以茶油调制各种药膏、药丸。

经济价值：茶油精炼后采用复合催化剂对茶油进行了氢化，亦名氢化茶油，是白色至浅黄色蜡状固体，按用途分皂用硬化油及极度硬化油。皂用硬化油是制造肥皂的主要原料；极度硬化油主要用于生产硬脂酸，亦用于制造香皂。茶油控制一定程度氢化，可制成人造奶油。茶油加工得到的甘油可用作工业的抗冻剂、增塑剂、吸湿剂等。油茶壳可用于制糠醛、提栲胶、制木糖醇、制活性炭等。

环境价值：油茶是一个抗污染能力极强的树种，对二氧化硫抗性强，抗氟和吸氯能力也很强，因此科学经营油茶林具有保持水土、涵养水源、调节气候的生态效益。

4.6.7 橄榄

【植物名】

橄榄（*Canarium album*）是橄榄科橄榄属乔木植物。

【形态特征】

橄榄为乔木，高10～25米，最高可达35米，胸径可达150厘米，树冠较直立，主根发达，侧根、须根较少，枝梢萌发力强，果实生育期长，发育成熟后在树上留果期长，易发生乌皮现象。橄榄分雄株及两性株，雄株仅着生雄花，两性株着生完全花、雌花、雄花。开花期4月下旬～6月，同一品种一株树的花期长约35天，一花穗花期18～27天，单花期4～5天，开花后3天内柱头有接受花粉能力。

【分布习性】

原产于我国南方，是我国南方特有的南亚热带果树，已有2000多年的栽培历史。我国的种植地主要分布在广东、福建地区，广西、云南、四川、浙江、台湾等地也有栽培。

橄榄生长环境温度一般为20℃以上，冬季温度不低于3℃，霜冻天气会对其造成冻害。土壤要求不高，江河平原、山地丘陵、土石地均可生长良好，降雨量达到

1200 ～ 1400毫米能生长旺盛，需注意排水。

【化学成分】

橄榄整粒果实含油35% ～ 70%（干基），含有丰富的蛋白质、脂肪、维生素C、碳水化合物、膳食纤维、胡萝卜素、视黄醇、维生素B_1、维生素B_2、烟酸等营养成分和钙、硼、铁、铬、锰、镍等元素。国内外研究资料表明，橄榄果实中还含有滨蒿内酯、东莨菪内酯、(*E*)-3,3-二羟基-4,4-二甲氧基芪、没食子酸、逆没食子酸、短叶苏木酚、金丝桃苷和一些三萜类化合物、挥发油、黄酮类化合物等。

【综合利用】

① 用于肺胃热盛，咽喉肿痛。如《王氏医案》中的青龙白虎汤，是以本品与鲜萝卜煎汤服。亦可单用本品噙含。

② 用于胃热口渴，或饮酒过度。《滇南本草》言其“治一切喉火上炎、大头瘟症，能解湿热、春温，生津止渴，利痰，解鱼毒、酒积滞”，可用本品绞汁或熬膏服。

③ 用于食用河豚等鱼所致的胃肠不和、呕逆腹泻等。如《随息居饮食普》方，以本品绞汁煎浓汤服。

④ 用于辅助调节血脂、降血糖。橄榄降脂胶囊对调节脂质代谢紊乱，治疗高脂血症和颈动脉粥样硬化斑块破裂有显著疗效。橄榄多酚通过阻碍α-葡萄糖苷酶活性，延缓碳水化合物分解，从而降低血糖。

⑤ 橄榄果实具有很高的营养价值，鲜食味酸或甜，有时带涩味，回味甘甜，且有特殊的香气，产地百姓均很喜欢。除鲜食外，橄榄还可以加工成各种凉果，如大福果（干态凉果）、和顺橄榄（黑褐色，味甘甜爽口，略有原果风味）、去皮酥（肉质酥脆，甘甜爽口，独具一格，是橄榄加工品中的佳品）等。

⑥ 含有的抗氧化剂，能延缓衰老。对女性来说，橄榄油中所含丰富的不饱和脂肪酸和维生素A、维生素D、维生素E、维生素K等及酚类抗氧化物质，能延缓肌肤衰老、护肤护发和防治手足皲裂等。

⑦ 橄榄木材可造船，作枕木。制家具、农具及建筑用材等。

4.6.8　紫苏

【植物名】

紫苏（*Perilla frutescens*）别名桂荏、白苏、赤苏等；为唇形科一年生草本植物。

【形态特征】

具有特异的芳香，叶片多皱缩卷曲，完整者展平后呈卵圆形，长4 ～ 11厘米，宽2.5 ～ 9厘米，先端长尖或急尖，基部圆形或宽楔形，边缘具圆锯齿，两面紫色或上面绿色，下表面有多数凹点状腺鳞，叶柄长2 ～ 5厘米，紫色或紫绿色，质脆。嫩枝紫绿色，断面中部有髓，气清香，味微辛。

【分布习性】

原产于中国，主要分布于印度、缅甸、日本、朝鲜、韩国、印度尼西亚等国家。中国华北、华中、华南、西南及台湾地区均有野生种和栽培种。

紫苏适应性很强，对土壤要求不严，在排水良好的砂质壤土、壤土、黏壤土，以及房前屋后、沟边地边等肥沃的土壤上栽培，均能生长良好。前茬作物以蔬菜为好。果树幼林下均能栽种。

【化学成分】

紫苏种子中含大量油脂，出油率高达45%，亚麻酸含量通常为50%～60%、亚油酸比例偏低。种子中蛋白质含量占25%，内含18种氨基酸，其中赖氨酸、蛋氨酸的含量均高于高蛋白植物籽粒苋。此外还有谷维素、维生素E、维生素B_1、甾醇、磷脂等。

【综合利用】

在中国，紫苏和紫苏籽均被国家卫生健康委员会列入“药食同源”名单中。紫苏叶比较偏向于发汗解表、镇痛、镇静及解毒功效，紫苏梗比较偏向于平气安胎的功效，紫苏籽则比较偏向于镇咳、祛痰、平喘、发散精神之沉闷的功效，因此紫苏的药用价值是很高的。

紫苏籽中含有黄酮、多酚、多肽和迷迭香酸等多种活性成分以及丰富的不饱和脂肪酸，主要成分α-亚麻酸进入人体后可生成二十二碳六烯酸（DHA）、二十二碳五烯酸（DPA）和二十碳五烯酸（EPA），具有降低血脂、预防血栓形成、保护心脑血管和提高免疫力的功能。

紫苏叶乙醇提取物对HCT116大肠癌细胞和H1299肝癌细胞的生长均起到抑制作用，Park等利用紫苏叶提取物可增强巨噬细胞胆固醇外流能力，并降低动脉粥样硬化的发生。Shalom等研究发现，紫苏叶提取物能够减缓高脂饮食带来的高血脂水平，对控制啮齿类动物肥胖具有一定的功效。

紫苏的茎摘下来单独成为一种中药，叫作紫苏梗，简称为苏梗。其性温味辛，且归经以肺、脾、胃经为主，一是可以散寒解表，二是可以温中、化痰、止呕。因为紫苏梗的性味芳香，所以中医认为它有一定的解毒作用，特别是对于腐败的食物及鱼、虾、蟹类等。产生中毒以后的脾胃不适症状也可以用到紫苏梗。

紫苏粕的功效研究鲜有报道。紫苏粕是紫苏籽榨油后的副产物，含有丰富的多糖、多肽和黄酮类物质。目前，这些紫苏粕大部分没有得到很好的利用，人们将其直接作为畜禽饲料，或直接丢弃，不仅造成了资源的浪费，而且污染了周围的环境。

紫苏在畜牧生产中有很多应用。在饲料中添加紫苏籽对蛋鸡的生理状态、繁殖性能均有一定的改善效果。在肉鸡生产中，合理使用紫苏籽及紫苏提取物能有效地改善肉鸡的生长性能和免疫机能。猪的饲料中添加紫苏籽或紫苏提取物，对猪的生长性能、猪肉品质和猪的免疫力均有所改善。近年来，国内外有关紫苏提取物在反刍动物生产中的研究较多，大量研究表明，添加紫苏提取物能改善反刍动物的免疫机能和其肉的营养成分。

4.6.9 月见草

【植物名】

月见草（*Oenothera biennis*），又名山芝麻，柳叶菜科月见草属植物。

【形态特征】

月见草为直立二年生粗壮草本，基生莲座叶丛紧贴地面；茎高50～200厘米，不分枝或分枝，被曲柔毛与伸展长毛（毛的基部疱状），在茎枝上端常混生有腺毛。其花期很长，通常是日落开花，日出闭花，陆续开放，太原地区花期为6月上旬～8月下旬。5月中旬花芽开始膨大，6月初花蕾出现，花蕾锥状长圆形，长1.5～2.0厘米，粗4～5毫米，顶端具长约3毫米的喙；6月中旬开花盛期，8月下旬花开不断，花序穗状，不分枝，或在主序下面具次级侧生花序。

【分布习性】

原产于北美（尤其是加拿大与美国东部），早期引入欧洲，后迅速传播世界温带与亚热带地区。在中国东北、华北、华东（含台湾）、西南（四川、贵州）有栽培，并早已沦为逸生，外高加索和西伯利亚牧区，早在20世纪50年代初，就已将其用作优良草种进行人工草场建设。

月见草适应性强，耐寒、耐旱、耐贫瘠，喜光照，忌积涝，对土壤要求不严，中等肥力的土壤即可生长健壮、发育良好，适宜中性、微酸性或微碱性土壤生长，黑土、河土、幼林地、山坡地、河滩地均适合种植。

【化学成分】

种子含油率为20%～30%，不饱和脂肪酸占比为85%～90%（如亚油酸70%～75%、γ-亚麻酸10%）。还富含钙、镁、锌、硒、锰等人体不可缺少的微量元素。

【综合利用】

（1）药用价值

月见草能够预防多种疾病，调节血液中类脂物质，对高胆固醇、高血脂引起的冠状动脉梗死、粥样硬化及脑血栓等病有显著疗效。

① 降低血脂作用：精制后的月见草油是高血脂患者的理想食用油，长期食用，强身健体。

② 减肥作用：食用月见草油，能够调整胃肠吸收功能，减少体内脂肪堆积，可作为肥胖患者的食用主油。

③ 抗脂肪肝作用：能够显著降低脂肪肝中的三酰甘油含量，抑制脂肪肝的发生。

④ 抗心律失常作用：月见草油及其钠盐对乌头碱中毒和氯化钡诱发的心律失常作用明显。

⑤ 抗炎作用：月见草油具有抑制炎症及结缔组织异常增生等作用。

⑥ 防止血栓形成：月见草油对血栓患者有利，活血、通络作用明显。

⑦ 月见草制剂可祛风除湿，强筋壮骨，减轻病痛。

⑧ 采用月见草根煮水喝，对于筋骨酸软、中风偏瘫、风湿麻痛、腹痛泄泻具有一定的作用，煮水清洗伤口对疮疡、湿疹等具有收敛作用。

（2）观赏价值

月见草多在傍晚和凌晨开花，与开花时的温度和湿度密切相关，开花适温为15～20℃，相对湿度在80%～90%，开花最多。常见的有普通月见草、美丽月见草、白花月见草，花量多，花味香，花期长，适合花坛栽培，每年2～6月，繁花似锦，作为模纹花坛十分壮观。在公园绿地、小区绿化带，作为花篱、花境也十分优美。

（3）经济价值

月见草属植物有药用、油料、染料、饲料、纺织等多种用途，易于种植，方便管理，商品性价比高。作为重要的油料植物和芳香植物，月见草属植物的茎皮纤维可用于制绳、造纸或做人造棉，茎可做优质薪柴；花可提取色素或制芳香油；花粉作为粉源用于养蜂业；叶片可以制月见草茶；其种子提取的种子油医疗保健价值大，蕴含巨大的经济效益。此外，其茎叶、种子榨油所得油饼均可作畜牧养殖业的优质饲草等。

（4）生态价值

月见草属植物具有优良的抗逆性和适应性，其在绿化荒山、水土保持、防风固沙、改良污染土壤、改善生态环境方面具有重大潜力。

4.6.10 接骨木

【植物名】

接骨木（*Sambucus williamsii*）亦称“扦扦活”，是荚蒾科接骨木属的植物。

【形态特征】

接骨木为灌木或小乔木，高可达6米，树皮灰褐色，枝有纵条棱，无毛。有皮孔，冬芽卵圆形，先端钝，有3～4对鳞片。叶为奇数羽状复叶，对生，在萌枝或壮枝的叶稀轮生；小叶5～11枚，椭圆形或倒卵状长圆形，一般长4.5～6.5厘米，宽2～3厘米，小叶柄短；聚伞状圆锥花序顶生，花较松散，花序呈伞形，花序轴侧枝有时向上斜展，花小，白色至黄白色；花冠辐状，裂片5，长椭圆形，常外翻；雄蕊5。核果近球形，径

3～5毫米，在初熟时，多为红色。成熟后紫黑色，稀暗红色；核2～3粒，卵形至椭圆形，有皱纹，长2.5～3.5毫米。花期5月末～6月初，果期6月上旬～7月上旬，8月下旬脱落。

【分布习性】

接骨木在世界范围内分布极广，在中国有土产的中国接骨木，在欧洲也有西洋接骨木，甚至也有专为园艺观赏用的金叶接骨木。分布于林下，灌丛或平原路旁。主要生长于海拔1000～1400米的松林和桦木林中，山坡岩缝，林缘等处。

接骨木在中国黑龙江、吉林、辽宁、河北、山西、陕西、甘肃、山东、江苏、安徽、浙江、福建、河南、湖北、湖南、广东、广西、四川、贵州及云南等地区均有栽培。

野生接骨木生长于采伐迹地、林区路边、河流附近、灌丛间或阔叶疏林中。耐寒性较强，可耐–50℃低温；对土壤要求不严，耐旱、耐瘠薄土壤，对城市土壤适应性较强，生长强健。又因其耐阴性强，是难得的耐阴性观花观果树种，可作为疏林的下木或建筑阴面场地的绿化材料。根系发达，萌蘖性强，抗有毒气体能力强，忌水涝。

【化学成分】

该属植物化学成分丰富，主要含有黄酮类、三萜类、环烯醚萜类、酚酸类、木脂素类、氰苷类及挥发油类等。

【综合利用】

（1）食用

接骨木种子脂肪酸含量87.17%，其中饱和脂肪酸含量仅占2.22%，低于大豆等普通食用油，可明显降低人体脂肪积累的危害。更重要的是，用接骨木榨取的食用油是以亚油酸和亚麻酸为主，而普通的食用油是以亚油酸为主。高比例的亚麻酸可显著降低心脑血管硬化和血栓形成的风险。

（2）药用

接骨木的根、茎、叶均可入药，性平，味甘、苦，能祛风利湿，活血止痛，常用于治疗风湿骨痛、跌打骨伤等；花可做茶饮，有解表利尿之效。除了以上作用以外，接骨木属植物还有抗炎、抗氧化、抗病毒等作用。

（3）绿化观赏

接骨木可用于营造薪炭林，也可用于绿化，其具有覆盖力强、果实鲜艳等特点。

思考题

① 通过本章节的学习绘制油脂植物资源学课程内容思维导图。

② 说一说你感兴趣的一种油脂植物的形态特征、化学成分、功能机理。

③ 食用油精炼的工艺流程有哪几步?

④ 哪些高新技术可以提高精油提取率?

⑤ 哪种植物的种子具有致幻作用?为什么榛子被称为“坚果之王”?连翘中的哪种成分具有强心、利尿作用?

第5章

淀粉植物资源

淀粉植物资源是指在植物体的某些器官（果实、种子、根等）中贮藏有大量淀粉的植物资源。淀粉主要分布在果实、种子、块茎、块根、鳞茎等部位。

5.1 淀粉及其特性

（1）淀粉概念

淀粉是白色、无气味、无味道的粉末状物质，不溶于冷水，在热水里淀粉颗粒会膨胀破裂，有一部分淀粉溶解在水里，另一部分悬浮在水里，形成胶状淀粉糊，这一过程称为糊化作用。糊化是淀粉食品加热烹制时的基本变化，也就是常说的食物由生变熟。

（2）直链淀粉与支链淀粉

淀粉是植物经光合作用形成的碳水化合物，由多个葡萄糖聚合而成，分为直链淀粉和支链淀粉（图5-1）。以α-1,4-糖苷键连接的称为直链淀粉；以α-1,4-糖苷键连接为主体，加上小部分α-1,6-糖苷键连接的，称为支链淀粉。

大多数淀粉含直链淀粉10%～12%，含支链淀粉80%～90%。玉米淀粉含27%直链淀粉；马铃薯淀粉含20%直链淀粉（两者的其余部分均为支链淀粉）。糯米淀粉几乎全部是支链淀粉；有些豆类的淀粉则全是直链淀粉（表5-1）。

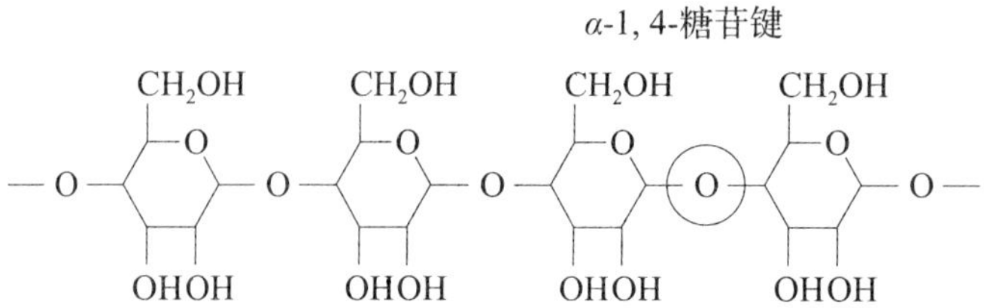

(a)直链淀粉结构

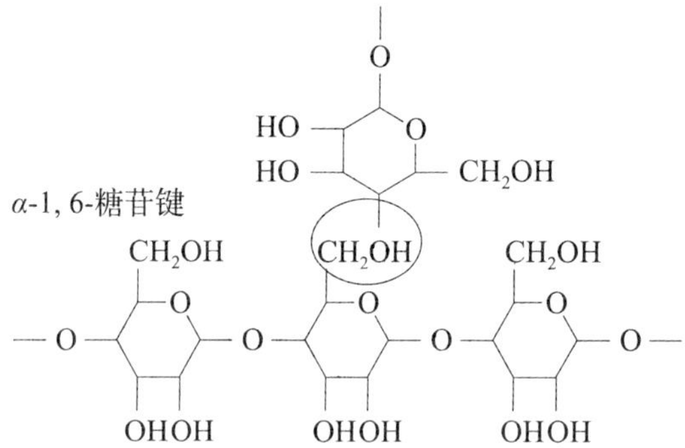

(b)支链淀粉结构

图 5-1　直链淀粉和支链淀粉的结构

表 5-1　不同来源淀粉中直链淀粉和支链淀粉的组成

来源	玉米	马铃薯	木薯	大米	黏玉米	糯米
直链淀粉/%	27	20	17	20	1	1
支链淀粉/%	73	80	83	80	99	99

直链淀粉又称可溶性淀粉，溶于热水后成胶体溶液，容易被人体消化。支链淀粉是一种具有支链结构的多糖，它不溶于热水中。淀粉遇碘变蓝，但在加热时褪色，冷却后又复现。

（3）原淀粉与变性淀粉

① 原淀粉定义：未经变性处理的淀粉称为原淀粉，呈颗粒结构，有一定的大小和形状。

物理性质：不溶于水，与水混合生成乳白色、不透明的悬浮液，称为淀粉乳。

原淀粉分为谷类淀粉、薯类淀粉、豆类淀粉、其他原料淀粉，不同原料制得的淀粉特性有很大区别。

a. 谷类淀粉。以玉米、小麦、大米、高粱等粮食原料加工成的淀粉。在食品中可作为增稠剂、胶体生成剂、保潮剂、乳化剂、黏合剂；在纺织中可作浆料；在造纸中可作胶料和涂料等。

b. 薯类淀粉。以木薯、甘薯、马铃薯、豆薯、竹芋、薯蓣、蕉芋等薯类为原料加工成的淀粉，可作为食品添加剂、填充剂、胶黏剂等。

c.豆类淀粉。以绿豆、蚕豆、豌豆、豇豆、混合豆等豆类为原料加工成的淀粉，可制作粉丝、粉条等。

d.其他类淀粉。以菱粉、藕粉、荸荠、橡子、百合、慈姑等为原料加工成的淀粉，多用于食品工业，橡子淀粉主要在纺织业中作浆料使用。

几种重要淀粉的组成见表5-2。

表5-2　几种重要淀粉的组成

组成	淀粉/%	水分/%	类脂物/%	蛋白质/%	灰分/%	磷/%	淀粉结合磷/%
玉米淀粉	85.73	13	0.8	0.35	0.1	0.02	0
马铃薯淀粉	80.29	19	0.1	0.1	0.35	0.08	0.08
小麦淀粉	85.44	13	0.9	0.4	0.2	0.06	0
木薯淀粉	86.69	13	0.1	0.1	0.1	0.01	0

② 变性淀粉定义：变性淀粉是通过化学、物理及生物等方法使原淀粉改变性能的一种淀粉。

变性淀粉可分为以下几种。

a.酸处理淀粉。对原淀粉在呈浆状条件下进行部分水解而获得的淀粉。酸处理淀粉糊化时黏度低，老化性大，易皂化，无其他淀粉的膨胀性能。老化后坚固性强，黏合力大。用于生产胶冻软糖；造纸工业上光机施胶；经纱上浆剂、布料洗涤后整剂；石膏板黏结；药物的赋型剂（为了把药压成药片添加在药中的成分）。

b.烘焙糊精类。原淀粉在特定高温下烘焙而获得的淀粉，具有在冷水中可溶性强、再湿性好的特性。糊精可用作黏合剂和药物的赋型剂。

c.氧化淀粉类。通过氧化原淀粉而得到的变性淀粉，具有黏度低、稳定性好、透明度高的特点。用于造纸施胶剂、涂布黏合剂、瓦楞纸生产黏合剂；纸箱纸袋黏合剂；代阿拉伯胶生产糖果；漂染精整上浆剂。

d.淀粉酯类。淀粉中部分或全部羟基被酯化的变性淀粉，能溶于冷水，低温中黏度稳定，有很高的透明度，是一类新型的食品乳化剂和增稠剂，属安全、功能性的产品。在纺织工业上主要应用于涤棉和合成纤维的经纱施胶，可增加纱的强度；在造纸工业上主要用于表面施胶和纸板生产用层间黏合剂。

e.淀粉醚类。淀粉中部分或全部羟基被醚化的变性淀粉，对于酸、碱、温度和氧化剂的作用都较稳定，能通过酸和热的作用水解成糊精、糖，或经次亚氯酸氧化成不同产品，但醚取代基仍保持不变。产品应用于石油化工、建筑干混保温砂浆、黏结砂浆、内外墙腻子、涂料、食品、日用化妆品等。

f. 交联淀粉类。用双官能或多官能团的试剂，使其大分子之间形成交联的变性淀粉，具有较高的糊化温度，糊黏度稳定。用作汤料罐头、蚝油酸奶增稠剂、粉丝生产助剂、波纹纸生产黏合剂、乳胶手套隔离剂、麻织物和牛仔布浆料。

g. 接枝共聚淀粉类。淀粉与丙烯腈、丙烯酸、丙烯酰胺、甲基丙烯酸甲酯、丁二烯、苯乙烯和其他人工合成高分子单体起接枝共聚反应生成接枝共聚物。最大特点是具有高度吸水性能，可作为增稠剂、吸收剂、上浆剂、胶黏剂和絮凝剂，生产所得的共聚物不溶于水，能溶于树脂和塑料。

h. 物理变性淀粉类。采用物理方法使淀粉分子产生活性的自由基，然后加入人工合成高分子的单体，在20～30℃以及无氧气存在的情况下进行。这种淀粉专用于其适用的领域。

表5-3为淀粉利用方式一览表。

表5-3　淀粉利用方式一览表

原料及用途	利用方式或产品
医用品制造	片剂的母型
	粉剂的增量剂、赋型剂
	糯米纸
	抗生物质的培养基
食品制造	直接食用［葛粉汤、烹饪材料、黏糕粉（做糕点用）］
	食品加工用（面条类、粉条类、挂面等）
	糕点制造业（饼干、面包、发酵粉等）
	啤酒
浆糊粘接剂	普通浆糊
	洗涤浆糊
	工业用［造纸、造丝（线）、制本、纸板制品、染色、胶合板、成型剂］
日用品	其他工业（牙膏、鱼粉、洗头粉）
	原形粘固用（铸件、木偶、玩具、煤球）
	粘接用（玩具、火柴、纸伞）
	防止粘接用［橡胶产品（如手术手套）］
	防止沉淀用（鞋油、农用药剂）
	其他（干电池填充剂、炸药、铸件、玻璃棉）

5.2 淀粉植物的采集与加工

（1）采集

野生淀粉植物的成熟期大都在“立冬”到“冬至”期间。适时采集是保证野生淀粉产品质量的第一关。

（2）加工

果实类的野生淀粉植物加工方法比较简单，只要及时去壳取仁，晒干，再磨粉即可。根茎类野生淀粉植物采收期较长，有些可延长到第二年萌芽之前，其加工方法比较讲究。通常要掌握好洗净、制浆、分离、纯化、干燥5道工序。

5.3 淀粉的分离提取方法

① 净化：目的是除去尘土、砂石、木片等杂质。

② 浸泡：将含0.2%二硫化碳（加速淀粉释放）的水溶液于40～60℃浸泡48～72小时，含水量达到40%以上，使种子软化，破坏原料蛋白质网络组织。

③ 破碎：破坏细胞组织，使淀粉从细胞中游离出来，便于提取。常用的破碎设备有刨丝机（用于新鲜根茎的破碎）、锤击式粉碎机（粉碎颗粒状原料）、齿盘式粉碎机（可磨多种原料），破碎后的原料过筛，分为粗淀粉乳和渣。

④ 分离：除去纤维素、蛋白质、脂肪、灰分等。分离纤维素采用筛分的方法，将粗淀粉乳用140～200目筛孔的丝绢过滤。分离蛋白质多采用离心分离法。

⑤ 纯化：除去纤维素和蛋白质的淀粉乳仍含有水溶性杂质，去除方法为加少量清水搅拌均匀，静置8～12小时，待淀粉沉淀后吸去上层清液，重复2～3次。

⑥ 干燥：采用转筒式、真空式等干燥机干燥淀粉，使淀粉的含水量降至12%以下。

⑦ 包装：干燥后的淀粉呈块状或颗粒状，经粉碎机粉碎，过筛得到粉状淀粉，包装为成品。

5.4 淀粉的用途

淀粉一般可以直接食用，也可制成粉丝、粉条等食用。其作为发酵原料用于糖、酒精、味精等产品的生产。可将淀粉加工成变性淀粉，用于造纸、纺织、食品、医药等。

5.4.1 预糊化淀粉

定义：淀粉经预先糊化，并经干燥、粉碎的产品称为预糊化淀粉。

天然淀粉的颗粒具有微晶结构，所以须经加热糊化才能应用。

为了避免加热糊化，工业上将原淀粉在一定量的水存在下进行加热处理后，淀粉颗粒溶胀成为糊状，规则排列的胶束被破坏，微晶消失。生产预先糊化再干燥的淀粉产品，用户使用时只需用冷水调糊。

预糊化淀粉的应用：

① 广泛用于各种方便食品，例如各种营养糊，温水冲泡即可食用。

② 在化妆品行业，用预糊化淀粉代替滑石粉和普通淀粉制造的爽身粉，具有与皮肤亲和性好、吸水性强的优点。

③ 在制药行业，预糊化淀粉用作药片的黏合剂，具有成型后强度高、服后易消化、易溶解、无副作用的优点。

④ 配制供婴幼儿人工喂养的奶粉。

5.4.2 淀粉接枝丙烯腈合成高吸水性树脂

高吸水性树脂定义：指吸水量可达自身重量的成百上千倍，吸水速度快，保水性能好的高分子材料。

原理：淀粉与丙烯腈进行聚合反应，水解后得到一种高吸水性聚合物。所得到的产物既具有多糖的分子间作用力（吸水），又具有合成高分子的机械与生物作用稳定性（不溶于水）和线性链展开能力（保水），其吸水量达到自身重量的数百倍，甚至数千倍。

（1）高吸水性树脂的应用

① 生物降解塑料：接枝淀粉热压成膜或作为填料填充到聚乙烯（PE）、聚乙烯醇（PVA）等塑料中。接枝淀粉在枯草芽孢杆菌和金黄色葡萄球菌存在下可完全或部分降解。

② 农业：接枝淀粉与黏结剂混合涂布种子，在种子表面可形成保水膜。移栽苗木的根部浸渍接枝淀粉，可防止水分流失，提高苗木成活率。

③ 卫生：可用于制作纸尿裤。

（2）高吸水性接枝淀粉的合成方法

① 淀粉的糊化：淀粉与一定量的水混合，于92～94℃下搅拌，糊化一定时间，冷却至室温。

② 接枝反应：糊化后的淀粉中加入一定量的丙烯腈（接枝物）和硝酸铈铵（引发

剂），反应一定时间，冷却，抽滤，洗涤。

③ 链引发：$ST\text{-}OH+Ce^{4+} \longrightarrow ST\text{-}O\cdot$

$ST\text{-}O\cdot+M \longrightarrow ST\text{-}OM\cdot$

④ 链增长：$ST\text{-}OM\cdot+M \longrightarrow ST\text{-}OM_2\cdot$

⑤ 链终止：$ST\text{-}OM_n\cdot+ST\text{-}OM_n\cdot \longrightarrow ST\text{-}OM_{2n}O\text{-}ST$

$ST\text{-}OM_n\cdot+Ce^{4+} \longrightarrow ST\text{-}OM_n$

⑥ 皂化水解：所得固体加入一定量的水和氢氧化钠溶液，加热反应，聚合物中的腈基皂化为酰氨基，部分再进一步皂化为羧基。使聚合物由疏水性转化为亲水性。聚合物颗粒不断吸水膨胀，最终形成黏稠的糊状液。

⑦ 中和：皂化反应液冷却后，用硝酸调pH值至6 ～ 7，加入一定量甲醇，生成絮状沉淀（聚合物不溶于甲醇），抽滤，洗涤，产品于60 ～ 80℃下干燥，粉碎即为成品。

5.4.3　低取代度阳离子淀粉用于造纸业

低取代度阳离子淀粉：淀粉与阳离子试剂进行醚化反应，得到阳离子淀粉，根据取代度（淀粉中羟基醚化的比例）的高低分为低取代度阳离子淀粉和高取代度阳离子淀粉。

应用原理：① 阳离子淀粉与造纸浆料中的负电性长纤维、细小纤维结合，导致阳离子淀粉牢固地吸附在纤维表面上，使长纤维、细小纤维和阳离子淀粉形成一个牢固的网状结构。② 3-氯-2-羟丙基三甲基氯化铵在氢氧化钠的作用下，脱水，得到环氧衍生物。环氧衍生物接到淀粉的羟基上，同时开环。③ 反应液用盐酸中和至中性，低取代度阳离子淀粉析出，抽滤，烘干。

用途：用于添加剂、中性施胶剂。普通造纸原料主要是草浆，用其生产的纸和纸板主要问题是强度不高，印刷时易掉粉和掉毛。阳离子淀粉用于添加剂时，牛皮纸耐破度提高25%，用于新闻纸时，耐断裂强度提高10%。用于表面施胶时，纸面强度高，印刷时减少了掉粉、掉毛现象，适于高黏度油墨印刷，可使色调均匀，色泽鲜艳，清晰度好。

5.5　主要淀粉植物资源

常见野生淀粉植物初步研究显示，我国有400余种淀粉植物。主要科为壳斗科、禾本科、蓼科、百合科、旋花科；豆科、防己科、莲科、桔梗科、菱科次之。

① 蕨（*Pteridium aquilinum* var. *latiusculum*）根状茎含淀粉20% ～ 46%。

② 银杏（*Ginkgo biloba*）干种子含淀粉67.7%。

③ 川榛（*Corylus heterophylla* var. *sutchuanensis*）果实含淀粉15%。

④ 栗（*Castanea mollissima*）坚果富含淀粉56.8%～70%。

⑤ 榆（*Ulmus pumila*）榆皮含淀粉。

⑥ 波罗蜜（*Artocarpus heterophyllus*）种子含淀粉。

⑦ 荞麦（*Fagopyrum esculentum*）种子富含淀粉。

⑧ 沙蓬（*Agriophyllum pungens*）种子含淀粉20%。

⑨ 川赤芍（*Paeonia veitchii*）根含淀粉56.38%。

⑩ 葛（*Pueraria montana* var. *lobata*）根状茎含淀粉18%（新鲜）或42.5%（干）。

⑪ 木薯（*Manihot esculenta*）块根富含淀粉。

⑫ 欧菱（*Trapa natans*）果实含淀粉68 .46%。

⑬ 甘薯（*Dioscorea esculenta*）块根富含淀粉。

⑭ 马铃薯（*Solanum tuberosum*）块茎富含淀粉。

⑮ 栝楼（*Trichosanthes kirilowii*）块根含淀粉64.86%。

⑯ 菊芋（*Helianthus tuberosus*）地下茎含淀粉和糖。

⑰ 慈姑（*Sagittaria trifolia* subsp. *leucopetala*）地下球茎含淀粉55%。

⑱ 薏苡（*Coix lacryma-jobi*）果实含淀粉约50%。

⑲ 桄榔（*Arenga westerhoutii*）茎髓部含淀粉44.5%。

⑳ 日本薯蓣（*Dioscorea japonica*）块根含淀粉25.11%。

5.5.1 栎树

【植物名】

栎树（Quercus）为壳斗科栎属植物的统称，又名橡树、橡子树、柞树、蒙古柞。

【形态特征】

落叶或常绿乔木，高达25～30米甚至以上。树皮暗灰褐色，略平滑。小枝褐色，无毛。橡子很大部分指的是栎属植物的坚果，形似蚕茧，故又称栗茧。橡子外表有棕红色的硬壳，内仁如花生仁，含有丰富的淀粉。

【分布习性】

全世界共有栎树300多种，我国有60种左右。因为栎树能适应广泛的气候和土壤条件，所以在热带、温带、寒带都有栎属树种分布。葡萄牙有分布。中国辽宁熊岳，北京，山东泰安、青岛，河北西部山区，湖北西部山区（恩施州、长阳地区），河南均有分布；陕西安康市有栽培。

橡树生长迅速，抗干旱，少虫害，无需专人管理，荒山野岭、沙丘薄地均可栽种。所结果实易保存。加工用途广泛，经济价值高。

【化学成分】

橡子的营养丰富，其中淀粉含量占50%～70%，可溶性糖含量占2%～8%，蛋白质含量占1.17%～8.72%，油脂含量占1.04%～6.86%，粗纤维含量占1.13%～5.89%，灰分占1.30%～3.40%。除此之外，橡壳里还含有大量的色素。栓皮栎橡子中含有多种氨基酸，如异亮氨酸、苯丙氨酸、天冬氨酸、谷氨酸、缬氨酸等。而且橡子中还含有多种矿质元素，如钾、钙、镁、铁、锰、铜等。

【综合利用】

橡树浑身是宝，除果实可供食用外，种仁、根皮、树皮、橡壳斗均可入药。

橡子是抗痢的优秀药物，能提高免疫力，在加快人体细胞代谢以及增强生理功能方面有很好的效果，同时还可以预防贫血。

橡仁可作猪的精饲料、制备石膏板的黏合剂；其木材坚实、耐腐性能好，是制作家具、农具、枕木、矿柱、电杆的好材料。

橡木烧出的木炭，火力旺盛，经久耐烧。橡树皮和橡子壳含有丰富的鞣质，是工业上提取栲胶的好原料。

橡树叶可养蚕，腐朽的橡木还可用来培植出营养丰富、鲜美可口的香菇和木耳。它的根系发达、适应性强，是抗蚀护坡和水土保持树种。

橡子中的淀粉具有广泛的用途，可用于酿酒发酵、乙醇制造，可以广泛应用于医药化工等行业，用作生产药品、化工产品的优良溶剂。

橡子淀粉可以做成粉丝、橡子饼、橡子酱、橡子冻、橡子米酒、橡子豆腐等，味道鲜美，广受欢迎。

橡子淀粉在纺织工业可作为上浆剂，因为橡子淀粉比粮食淀粉的渗透性好，用于纺织可降低织机断头率，并能保持浆纱质量稳定。

5.5.2　茅栗

【植物名】

茅栗（*Castanea seguinii*）为壳斗科，栗属。

【形态特征】

小乔木或灌木状，通常高可达12米，小枝暗褐色，托叶细长，叶片倒卵状椭圆形或兼有长圆形的叶，顶部渐尖，叶背有黄或灰白色鳞腺，幼嫩时沿叶背脉两侧有疏单毛；雄花簇有花3～5朵；雌花单生或生于混合花序的花序轴下部，花柱无毛；成熟壳斗宽略过于高，坚果无毛或顶部有疏伏毛。5～7月开花，9～11月结果。

【分布习性】

分布于中国大别山以南、五岭南坡以北各地。生长在海拔400～2000米的丘陵山地，较常见于山坡灌木丛中，与阔叶常绿或落叶树混生。

【化学成分】

茅栗的淀粉、还原性糖和蛋白质含量都比较高，作为木本淀粉类资源具有较大的开发价值。营养水分含量也高，口感好。

【综合利用】

（1）药用

茅栗的根入药具有清热解毒、消食的作用。

（2）经济

坚果含淀粉，可生、熟食和酿酒；壳斗和树皮含鞣质，可作丝绸的黑色染料；木材坚硬耐用，可用于制作农具和家具；苗可作板栗的砧木。

5.5.3 菱

【植物名】

欧菱（*Trapa natans*）为千屈菜科，菱属一年生浮水水生草本植物。

【形态特征】

着生水底，水中根细铁丝状，同化根，叶二型：叶互生，聚生于主茎或分枝茎的顶端，叶片菱圆形或三角状菱圆形，表面深亮绿色，背面灰褐色或绿色，沉水叶小，早落。花单生于叶腋两性；花盘鸡冠状。果三角状菱形，表面具淡灰色长毛，果喙不明显，内具1白种子。5～10月开花，7～11月结果。

【分布习性】

产于中国黑龙江、吉林、辽宁、陕西、河北、河南、山东、江苏、浙江、安徽、湖北、湖南、江西、福建、广东、广西等地区水域；中国各地有栽培。日本、朝鲜、印度、巴基斯坦也有分布。生于湖湾、池塘、河湾中。

喜温暖湿润、阳光充足环境，不耐霜冻，从播种至采收约需5个月，结果期长1～2个月，因此要求无霜期在6个月以上地区才能获得丰产。开花结果期要求白天温度20～30℃，夜温15℃。

【化学成分】

果实淀粉含量50%～65%，另外含有8种人体必需氨基酸及镁、钙、铁、锰等多种人体必需微量元素。菱角壳中含有生物碱、黄酮、甾体、萜类和鞣质等化合物。

【综合利用】

菱角作为药用和营养性食品，其果肉、果壳及植株均可入药，《滇南本草图说》称其能“醒脾、解酒、缓中”；《中药大辞典》中还归纳了：菱叶可“搽小儿走马疳”和“治小儿头疮和增加视力”，菱壳治“泄泻、脱肛、痔疮、黄水疮、天疱疮”，菱茎治“胃溃疡”及“多发性疣赘”，菱粉可“补脾胃、强脚膝，健力益气，行水，解毒”，菱实粉粥并有“益肠胃、解内热”之效。

菱角嫩时，采剥后可作为菜肴，清香脆嫩，爽口不腻。晒干后既可制成粉，用于制作糕点、加工菱角酱或菱角罐头，又可煮粥，亦可酿酒，酒香醇厚。

菱盘可制作饲料或肥料；其果壳含鞣质，可提取栲胶。

5.5.4 芡

【植物名】

芡（*Euryale ferox*）为睡莲科芡属植物。

【形态特征】

一年生大型水生草本。沉水叶箭形或椭圆肾形，长4～10厘米，两面无刺；叶柄无刺。浮水叶革质，椭圆肾形至圆形，直径80～130厘米，盾状，有或无弯缺，全缘，下面带紫色，有短柔毛，两面在叶脉分枝处有锐刺；叶柄及花梗粗壮，长可达25厘米，皆有硬刺。花长约5厘米；萼片披针形，长1～1.5厘米，内面紫色，外面密生稍弯硬刺；花瓣矩圆披针形或披针形，长1.5～2厘米，紫红色，成数轮排列，向内渐变成雄蕊；无花柱，柱头红色，成凹入的柱头盘。浆果球形，直径3～5厘米，污紫红色，外面密生硬刺；种子球形，直径10余毫米，黑色。花期7～8月，果期8～9月。

【分布习性】

产于中国南北各省（自治区、直辖市），从黑龙江至云南、广东。生在池塘、湖沼中。芡有南北之分，南芡主要产于湖南、广东、皖南以及苏南一带地区；北芡又称池芡，主产于山东、皖北及苏北一带，质地略次于南芡。

芡喜温暖、阳光充足环境，不耐寒也不耐旱。生长适宜温度为20～30℃，水深30～90厘米。适宜在水面不宽，水流动性小，水源充足，能调节水位高低，便于排灌的池塘、水库、湖泊和大湖湖边生长。要求土壤肥沃、含有机质多的土壤。以种子繁殖。

【化学成分】

芡实中的碳水化合物主要包括淀粉、简单糖和粗纤维，其中淀粉含量最多，占种子的70%以上，蛋白质的含量高达9.68%，主要是由清蛋白、球蛋白、谷蛋白和醇溶蛋白构成，且氨基酸种类齐全，共检测到18种氨基酸，包括8种人体必需的亮氨酸、异亮氨酸、赖氨酸、苏氨酸、缬氨酸、苯丙氨酸、色氨酸和蛋氨酸，还含有丰富的矿质元素和维生素。此外，芡还含有酚类、木脂素类、生育酚类等功能成分。

【综合利用】

芡这一药食两用药材，有丰富的营养物质和良好的保健功能，除直接作为食品或药用材料销售外，还可以根据其独特的生理保健功能，开发多种形式的补肾、健脾、补钙、补血、养颜等功能食品。芡含有大量抗氧化活性的物质，是天然的抗氧化剂，适用于糖尿病、肾病、癌症的预防治疗。

① 临床应用：临床上常将芡作为主药或者中药合剂，用于预防肾炎蛋白尿、慢性肾炎、原发肾病综合征、慢性肾功能不全等肾脏疾病以及乳糜血尿、慢性肠炎、遗精、中风后遗症、早期糖尿病、肾病等。

② 食品开发：以芡为原料的食品开发研究现状，主要包括粮油制品、乳制品、饮品以及芡香肠、罐头和八宝粥等，其中，粮油制品包括粉条、蛋卷、饼干、非油炸方便面、酒酿月饼、药粥、麦片等，乳制品包括奶粉和酸奶，饮品包括芡实饮料、果醋、保健茶、牛肉莲子芡实汤。此外，还可将芡打浆添加到肉馅中制成芡实香肠；将新鲜芡经护色和预煮处理后，配以汤汁，灌装、杀菌制成芡实罐头；以芡、银耳、糯米为主料，并辅以红豆、花生、薏仁、芸豆、莲子加工熬煮制成八宝粥。芡实食品不仅口味独特、营养丰富，而且具有多重功效，是祛病强身的佳品。

③ 观赏价值：芡叶大肥厚，浓绿有皱褶，花色明丽，花形奇特，可以孤植观赏，也可与王莲、睡莲搭配种植，后者更能突出水面整体的观赏效果。

④ 经济价值：种皮含单宁，可制鞣料。全草可作饲料和绿肥。

5.5.5 葛

【植物名】

葛（*Pueraria montana* var. *lobata*）又名干葛、野葛、粉葛、葛根、葛藤等，是豆科葛属的植物。

【形态特征】

葛属于多年生大型缠绕草本，茎长可达10米以上，纤维发达而坚韧，地下具粗大块根，全株被黄色硬毛。三出复叶，顶生小叶菱状卵形，长6～9厘米，侧生小叶偏斜不对称，有时具2～3浅裂。花蝶形，紫红色，集生成总状花序。荚果长条形，扁平，密被褐色硬毛。花期7～9月，果熟期8～10月。

【分布习性】

我国葛资源相当丰富，葛属植物约11种，常见品种有野葛和粉葛（甘葛）两种，主要分布在云南及其邻近省份。野生葛多生于路旁、山坡草丛或灌木丛中，多呈自然分布状态，除西藏、青海、新疆外，其他地区均有分布，其所含葛根素及黄酮量显著高于本属其他植物。粉葛则主要以栽培为主，云南、贵州、四川、重庆、广西、广东等地均有大量栽培，粉葛块根中淀粉含量较高，适于葛粉加工。

葛的生长适应性很强，喜温暖、潮湿环境，但也耐寒、耐干旱，对土壤要求不严，可在多种土壤中生长。葛易繁殖、管理简便、生长迅速，产量较高，适合人工栽培；同时，其适应性极强，且耐旱、耐瘠薄，是不可多得的适于山区发展、脱贫致富及治理水土流失的良好经济作物。

【化学成分】

葛主要含有水分、淀粉、蛋白质、粗脂肪、粗纤维、氨基酸及矿物质等多种成分，同时还含有黄酮类化合物等活性成分。葛的根、茎、叶所含化学成分有很大差异，且不同品种和不同地区生长的葛成分含量也有很大差异。此外，葛中还含钙、磷、铁、锌、铜等多种矿物质及皂角苷、三萜类化合物、生物碱、维生素和多种氨基酸。葛根含有人体必需氨基酸含量（以100克干物质计）为：赖氨酸＞7.54毫克、苯丙氨酸＞9.65毫克、苏氨酸＞9.63毫克、异亮氨酸＞7.45毫克、亮氨酸＞11.54毫克。

【综合利用】

医药开发与利用，主要是从葛中提取黄酮类生物活性成分，将其制成药物，即将葛根黄酮浸膏经干燥、造粒后制成中成药浸膏或将浸膏进行纯化，制成粉型等不同剂型药品。目前国内已开发生产多种葛根药品，主要有以下几种：① 葛根素（注射剂），用于预防心肌梗死、冠心病、心绞痛、突发性耳聋等，是近年新开发的一种较高端产品，效果好，应用面广；② 葛根素浸膏粉；③ 愈风宁心片；④ 心血宁片；⑤ 葛根芩连片；⑥ 其他含葛根成分中成药。

食品方面利用，主要是从葛根中提取淀粉，作为食品原料或加工成各类食品。葛粉具有清香可口，洁白细腻，淀粉糊透明度高、黏度稳定性强等良好加工性能，适于食品加工。这类食品主要可分为两类：一类是从葛根提取淀粉加工成普通食品（黄酮类物质很少或几乎没有）；另一类是从葛根提取淀粉时采用物理化学方法，使葛中黄酮类活性物质尽可能多保留在淀粉中（或在加工食品时将葛中提取黄酮类物质添加到食品中），然后加工成功能性食品。现已开发的葛食品有普通葛淀粉（生葛淀粉）、速溶葛根淀粉、葛粉果冻、葛粉食糖、葛根汁饮料、葛根黄酮酒、速溶葛奶粉、葛根挂面、葛根粉丝、葛根冰淇淋、葛根红肠、葛根罐头、葛根饼干等系列产品。

工业、农业方面利用主要有以下几种。

① 造纸及填充物：根提取淀粉后，其渣纤维可作填充物及造纸原料，加入油漆又可作修理船板的填充物等。

② 纺织物：藤茎皮可剥皮纤维，打绳，编织麻袋；与亚麻混纺织成麻布；还可作人造棉的原料。

③ 润滑油：种子含油15%，可榨油，供作机器的润滑油。

④ 饲料：嫩茎叶及加工淀粉后剩的渣滓，是良好的家畜饲料。

⑤ 生物农药：葛具有良好的杀虫效能。其藤及根有胃毒和触杀作用，并兼有一定的乳化效能，因此，葛是一种大有开发前景的生物农药资源。

5.5.6　甘薯

【植物名】

甘薯（*Dioscorea esculenta*）又名甜薯，为薯蓣科薯蓣属缠绕草质藤本。

【形态特征】

甘薯根分为须根、柴根和块根。须根呈纤维状，有根毛，根系向纵深伸展，一般分布在30厘米土层内，深可超过100厘米，具有吸收水分和养分的功能。柴根粗1厘米左右，长可达30～50厘米，是须根在生长过程中遇到土壤干旱、高温、通气不良等原因，以致发育不完全而形成的畸形肉质根，没有利用价值。块根是贮藏养分的器官，也是供食用的部分，分布在5～25厘米土层中，其形状分为纺锤形、圆筒形、球形和块形等；皮色有白、黄、红、淡红、紫红等；肉色分为白、黄、淡黄、橘红、紫等；具有根出芽特性，是育苗繁殖的重要器官。

【分布习性】

世界甘薯主要产区分布在北纬40°以南，据联合国粮食及农业组织（FAO）统计，世界上共有50多个国家栽培甘薯，主要分布在亚洲、非洲的发展中国家，其次为拉丁美洲，欧洲分布面积极少。

我国近年甘薯种植面积为560万公顷左右，占世界甘薯种植面积的70%～75%。我国单产水平现为19吨/公顷，相当于世界平均水平的130%。

甘薯在我国分为5个薯区：北方春薯区，包括辽宁、吉林、河北、陕西北部等地；黄淮流域春夏薯区，种植面积约占全国甘薯总面积的40%；长江流域夏薯区——除青海和川西北高原以外的整个长江流域；南方夏秋薯区——北回归线以北的长江流域以南地区；南方秋冬薯区——北回归线以南的沿海陆地和台湾等岛屿。

【化学成分】

甘薯淀粉含量高，一般块根中淀粉含量占鲜重的15%～26%，高的可达30%；可溶性糖类占3%左右。每100克鲜薯中含糖类29克、蛋白质2.3克、脂肪0.2克、粗纤维0.5克、无机盐0.9克（其中钙18毫克、磷20毫克、铁0.4毫克）。此外，甘薯的维生素含量丰富，每千克鲜薯含维生素C 300毫克、维生素B_1 0.4毫克、烟酸5毫克。维生素B_1和维生素B_2含量为面粉的2倍，维生素E含量为小麦的9.5倍，纤维素为面粉的10倍，维生素A和维生素C的含量较高。

【综合利用】

甘薯最大的特点是它独有的脱氢表雄甾酮（DHEA），这种物质具有防癌潜力，是一种与哺乳动物体内肾上腺所分泌激素相类似的类固醇，国外学者称其为“冒牌荷尔蒙”。大量试验证实，它可能抑制乳腺癌和结肠癌的发生与发展。

甘薯另一个特点是可供给人体大量胶体和黏液多糖类物质，此为一种多糖和蛋白质的混合物。它对人体的消化系统、呼吸系统和泌尿系统各器官组织的黏膜具有特殊保护作用。

甘薯还有一个特点是富含胡萝卜素（1.31毫克每100克）、维生素C（30毫克每100克）、赖氨酸（26毫克每100克）等。

甘薯的食用方法很多，按其形式来分，可分为主食、副食两种类型。甘薯作为主食，除可直接食用鲜薯或薯干外，也可与大米、玉米面等掺在一起，做成煎饼、馒头、面条等食品；作为副食，主要是经过简单加工可以制成各种食品及食品添加剂。

5.5.7 魔芋

【植物名】

魔芋（*Amorphophallus konjac*），为天南星科魔芋属多年生草本植物，中国古代又称“妖芋”。

【形态特征】

魔芋地下块茎为扁球形，个大，里面是白色的；叶柄粗壮，圆柱形，淡绿色，有暗紫色斑。一株只长一叶，掌状复叶。株高40～70厘米，开花紫红色，有异臭味。

【分布习性】

主要分布于东南亚、非洲等地以及中国、日本、缅甸、越南、印度尼西亚等国。我国魔芋主要分布于南方各地山地丘陵地区。云南有15种，广东有8种，广西有6种，台湾有5种，湖南有4种，福建、江西、四川各有3种，湖北、贵州、浙江、安徽、江苏、西藏等地区有1～2种。从种的分布范围看，花魔芋最广泛，其次是东亚魔芋、南蛇棒等。

魔芋喜温暖湿润环境，适温为20～30℃，25℃为最适温度，适宜相对湿度为80%～90%，即魔芋喜适温期长而不喜酷暑、干燥的地方。土壤酸碱度对魔芋产量影响较大，多数魔芋品种适宜的pH值为6.5～7.0，中性和微碱性的土壤也能种植魔芋，但酸碱性较强的土壤不适宜魔芋生长，尤其是酸性较强的土壤种植魔芋时病害较易发生。花魔芋最适pH值为6.5～7.0、白魔芋为7.0～7.5。

【化学成分】

魔芋含有独特的营养物质。每百克魔芋精粉中含蛋白质1.64克，脂肪0.004克，磷57毫克，铁4.06毫克，锌1.23毫克，锰0.2毫克，铬0.25毫克，铜0.08毫克，葡萄甘露聚糖79.37毫克。

【综合利用】

（1）魔芋在食品上的应用

魔芋是深受日本和中国人民喜爱的一种特色食品。其主要成分是碳水化合物，营养价值在于富含葡萄甘露聚糖，它是一种优良的可溶性膳食纤维，有重要的保健功能，因而受到人们的广泛关注。利用魔芋葡萄甘露聚糖的凝胶性能可以制作出很多功能性魔芋食品，例如魔芋豆腐、魔芋粉条、魔芋糕等。

（2）魔芋在医药上的应用

魔芋含有葡萄甘露聚糖，对人体的生理机能有重要调节作用。现代医学实践证明，魔芋能降血脂，预防冠心病，可辅助治疗糖尿病并预防中老年人发胖。在临床上具有消肿解毒功能。另外，魔芋还具有补钙、平衡盐分、洁胃、整肠、排毒等作用。

（3）魔芋在工业上的应用

魔芋不仅是传统的食品和草药，在纺织、印染、油气钻探和食品添加剂等方面也有着广泛的用途。葡萄甘露聚糖是一种多糖类高分子植物胶，为良好的胶黏剂，其经过化学改性，膨胀力可增大80倍以上，且黏度大，黏着力强，根据这种特性，可做钻井泥浆处理剂和压裂液；用于造纸工业能增加纸张拉力和光洁度；在印染工业上使真丝织品滑爽、丰满、柔软；在纺织工业上可作为浆料提高细纱力；为陶瓷、塑料、电工器材、摄影软片所必需；可用于造船、制油、纤维工业作澄清剂；在农业上作农药，配成100倍液防治玉米螟、地老虎、螟虫等；利用魔芋的成膜性，还可制成塑料薄膜。

5.5.8 薏苡

【植物名】

薏苡（*Coix lacryma-jobi*）为禾本科薏苡属植物。

【形态特征】

一年生粗壮草本，须根黄白色，海绵质，直径约3毫米。秆直立丛生，高1～2米，具10多节，节多分枝。叶鞘短于其节间，无毛；叶舌干膜质，长约1毫米；叶片扁平宽大，开展，长10～40厘米，宽1.5～3厘米，基部圆形或近心形，中脉粗厚，在下面隆起，边缘粗糙，通常无毛。总状花序腋生成束，长4～10厘米，直立或下垂，具长梗。花果期6～12月。

【分布习性】

薏苡起源于亚洲东南部的热带、亚热带地区，包括中国华南、西南以及马来西亚、越南、泰国、印度尼西亚等地区。我国薏苡资源分布广泛，遗传多样性丰富，近10余年考察研究表明，在我国绝大多数省份均有薏苡资源分布，仅有青海、甘肃、宁夏未见报道。近年来薏苡在南北各地区的栽培范围广泛，在四川、广西、浙江、贵州几个地区的产量尤为可观。广西是目前我国薏苡的主要产区，薏苡产量占全国总产量的65%左右，种植面积每年达0.6万公顷。

多生于湿润的屋旁、池塘、河沟、山谷、溪涧或易受涝的农田等地方，海拔200～2000米处常见，野生或栽培。

【化学成分】

薏苡营养价值高而且全面，享有“世界禾本科植物之王”的美誉。薏苡仁中总脂肪酸含量达7%左右，蛋白质含量为14%左右，还含有异亮氨酸0.62%、亮氨酸2.24%、赖氨酸0.31%、苯丙氨酸0.81%、苏氨酸0.42%、脯氨酸1.07%、缬氨酸0.84%、谷氨酸3.76%。另外，每100克薏苡仁含能量1597千焦、水分12.2克、蛋白质14.4克、脂肪3.8

克、膳食纤维1.2克、碳水化合物66.6克、维生素B_1 0.21毫克、维生素B_2 0.16毫克、维生素E 0.3毫克、钾311毫克、钙51毫克、镁127毫克、铁3.9毫克、锰1.89毫克、锌1.89毫克、铜0.07毫克、磷299毫克。薏苡非种仁部位含有16种氨基酸，且包含人体必需的7种氨基酸（赖氨酸、苯丙氨酸、亮氨酸、异亮氨酸、缬氨酸、蛋氨酸、苏氨酸）。

【综合利用】

薏苡含有多种营养成分和活性物质，近年来，关于薏苡种质资源利用主要集中在药用研究及食品加工方面。

在我国很早以前，薏苡就作为药用作物被广泛使用，如薏苡的成熟果仁即是传统的中药材之一。薏苡具有健脾渗湿、除痹止泻、清热排毒之功效，可用于预防水肿、小便不利、脾虚泄泻、肺痈、肠痈、扁平疣等。现代医学研究也发现了薏苡在抗肿瘤、免疫调节、降血糖、降血压、抗病毒等方面的药理活性。另外，薏苡还有降低血脂和抗氧化的潜力。薏苡种子可用于辅助治疗肥胖症和作为功能性食品应用，其中含有的氧氮杂萘酮类配基成分具有抗炎作用，且种子提取物具有抗病毒的效应。

5.5.9 木薯

【植物名】

木薯（*Manihot esculenta*）为大戟科木薯属植物。

【形态特征】

木薯为直立灌木，高1.5～3米；块根圆柱状。叶纸质，轮廓近圆形，掌状深裂几达基部，裂片3～7片，倒披针形至狭椭圆形，顶端渐尖；叶柄长8～22厘米，稍盾状着生，具不明显细棱；托叶三角状披针形，全缘或具1～2条刚毛状细裂。圆锥花序顶生或腋生，苞片条状披针形；花萼带紫红色且有白粉霜；雄花：花萼长约7毫米，裂片长卵形，近等大，内面被毛，雄蕊长6～7毫米，花药顶部被白色短毛；雌花：花萼长约10毫米，裂片长圆状披针形，柱头外弯。蒴果椭圆状，表面粗糙，具6条狭而波状纵翅；种子长约1厘米，多少具三棱，种皮硬壳质，具斑纹，光滑。花期9～11月。

【分布习性】

木薯原产于热带美洲，广泛栽培于热带和部分亚热带地区，主要分布在巴西、墨西哥、尼日利亚、玻利维亚、泰国、哥伦比亚、印度尼西亚等国。中国于19世纪20年代引种栽培，现已广泛分布于华南地区，广东和广西的栽培面积最大，福建和台湾次之，云南、贵州、四川、湖南、江西等地亦有少量栽培。

木薯适应性强，耐旱耐瘠。在年平均温度18℃以上、无霜期8个月以上的地区，山地、平原均可种植；降雨量600～6000毫米，热带、亚热带海拔2000米以下，土壤pH 3.8～8.0的地方都能生长；最适于在年平均温度27℃，日平均温差6～7℃，年降雨量1000～2000毫米且分布均匀，pH 6.0～7.5，阳光充足，土层深厚，排水良好的土地生长。

【化学成分】

木薯的鲜根含淀粉27%以上，含量极高，被誉为“淀粉之王”；其中以支链淀粉为主（占83%），直链淀粉为辅（占17%）；淀粉颗粒为球形，无脐点和轮纹的结构特征，颗粒较小，透明度也较马铃薯淀粉颗粒低。在氨基酸组成上，赖氨酸及色氨酸相对较多，而缺乏蛋氨酸和胱氨酸。木薯块根粗纤维含量少（1%～2%），脂肪含量低，钙、钾含量高而磷低，含有植酸和少量的维生素C、维生素A、维生素B_1、维生素B_2。

【综合利用】

木薯有消肿解毒的功效，主治痈疽疮疡、瘀肿疼痛、跌打损伤、疥疮、顽癣等症。

木薯的块根、茎、叶等均可开发利用，其主要用途是食用、作饲料以及工业上的开发利用等。

世界上一半产量以上的木薯用于食用。将木薯剥皮切片后，通过烘烤、煮制等方式进行烹制。甜品种其块根可直接熟煮食用，可制作罐头或保鲜供应市场，亦可制作糕点、饼干、粉丝、虾片等食品，其叶片还可作蔬菜食用。

作为饲料原料，木薯能提供较高的能量物质。木薯经过加工生成淀粉和酒精期间，会产生大量的木薯渣，也可利用在饲粮中。木薯渣的主要成分是纤维，不易消化，需要进行处理后方可使用。木薯渣可以直接饲喂畜禽或与其他饲料混合使用，在保证畜禽产量和肉质质量的同时，还能降低粮食用量和饲粮成本，增加经济效益。

在养殖业，木薯可作畜禽、鱼类热能饲料，代替配合饲料中所有的谷类成分。还可用于制糖工业，制造葡萄糖、果糖等。

在发酵工业，木薯可用于制造酒精、饮用酒、各类有机酸、氨基酸、木薯蛋白等。

在化学工业，木薯可用于制造山梨醇、甘露醇、乳化剂、涂料等，尤其可望用于制造可降解的塑料制品。

5.5.10 何首乌

【植物名】

何首乌（*Pleuropterus multiflorus*），又名多花蓼、紫乌藤、夜交藤等，是蓼科何首乌属多年生缠绕藤本植物。

【形态特征】

何首乌为多年生植物，茎蔓性，中空，分枝多，2年以上老茎有不同程度的木质化；叶互生，具长叶柄；托叶鞘膜质，抱茎，长5～7毫米；叶片戟形或心形，长4～9厘米，宽2～5厘米，先端渐尖，基部心形或耳状箭形，全缘或微带波状。花小，多数，圆锥花序顶生或腋生，小花梗长1～3毫米，内生小花2～4朵或更多，绿色或白色，花被5片，倒卵形，不等大，外侧3片背部有翅；雄蕊8枚，不等长，短于花被片；子房卵状三角形，几无花柱，柱头3裂；瘦果椭圆形，有3棱，包于宿存增大的翅状花被内，直径5～6毫米。花期8～10月，果期9～11月。

【分布习性】

何首乌对气候和环境具有极强的适应性，广泛分布于甘肃、湖南、湖北、云南、浙江、福建、台湾、江苏、江西、安徽、山东、河南、河北、广西、广东、贵州、四川、陕西等地，几乎遍及全国。

何首乌野生于灌木丛、丘陵、坡地、林缘或路边。喜欢温暖气候和湿润的环境条件。耐阴，忌干旱，在土层深厚、疏松肥沃、富含腐殖质、湿润的砂质壤土中生长良好。

【化学成分】

块根含淀粉45%，含有多种蒽醌类化合物，主要有大黄素、大黄素甲醚、大黄酚、大黄酸、二蒽酮及其苷类化合物共37种。此外，何首乌中还含有卵磷脂、肌醇磷脂、乙醇胺磷脂、磷脂酸、心磷脂、磷脂酰甘油、磷脂酰胆碱、磷脂酰肌醇等磷脂类化合物，儿茶素、3-*O*-没食子酰表儿茶素、3-*O*-没食子酰儿茶素等26种黄酮类化合物和对苯二酚、何首乌丁素等23种其他化合物。除上述几类主要化合物外，何首乌还含粗脂肪、游离氨基酸及少量的锰、铁、锌等微量元素。

【综合利用】

（1）中医典籍中对何首乌功效的记载

《仙授理伤续断秘方》是我国现存最早的一部骨伤科专著，为唐代蔺道人所传，共载有含何首乌方剂11首，主治多为扑损伤折、疼痛痹冷、结肿烂坏、风损头痛等。共有4首方剂涉及制何首乌，分别是治风损宽筋的首乌丸；治跌扑伤损、皮肉破绽、结痈烂坏的黄药末；治打扑伤损、骨碎筋断、瘀血不散及一切风疾的乌丸子；治打扑伤损、骨碎筋断、疼痛痹冷、内外俱损的红丸子。4首方剂中何首乌的炮制方法分别是黑豆酒煮7次、醋煮及水煮。有古医籍记载何首乌可通过配伍相应中药辅助治疗脱发、疟疾等疾病。

（2）现代临床应用

① 何首乌可加快肝糖原的蓄积，对肝细胞的相关损伤进行有效修复，具有护肝潜力。

② 何首乌具有促使机体非特异性的免疫功能提升，使细胞进入衰老期得以延缓，进而提升机体免疫力的潜力。

③ 何首乌中的二苯乙烯苷可发挥血管舒张的作用，对心肌进行一定保护。

5.5.11 百合

【植物名】

百合（*Lilium brownii* var. *viridulum*）又名强蜀、番韭、山丹、倒仙、重迈、中庭、

摩罗、重箱、中逢花、百合蒜、大师傅蒜、蒜脑薯、夜合花等，是百合科百合属多年生草本球根植物。

【形态特征】

百合的根分为肉质根和纤维根。肉质根丛状着生于茎盘之下，较肥胖，无主侧根之别，根毛少，数目多。纤维状根又叫不定根，或茎出根，生于地上茎入土部分。

百合的茎可分为鳞茎和地上茎。鳞茎埋在地下，由鳞状叶（鳞片）和短缩茎组成。地上茎由茎盘的顶芽伸长而成，不分枝，直立，坚硬，绿色或紫褐色。

百合的叶是全缘叶，无叶柄和托叶，为不完全叶。叶为绿色，叶形有披针形和条形，一般叶片角质较发达。

百合花多总状排列，花为喇叭形、钟形或开放后向外反卷。花形大而鲜艳，具有香味，可供观赏。颜色为橘红色、黄色和绿色。蒴果，近圆形，或长椭圆形。

【分布习性】

百合属植物主要分布于北半球的温带和寒带地区，热带极少有分布，中国、日本及朝鲜野生百合分布甚广，中国是百合属植物的自然分布中心。全世界百合属植物约有100个种，其中起源于中国的有47个种。

绝大多数的百合喜阳光充足的环境，少部分品种喜阴，在半湿地可生长；较耐寒，喜凉爽而湿润的气候，高温地区生长不良；喜土层深厚、疏松、肥沃、湿润、排水良好的砂质壤土或腐殖土。

【化学成分】

百合干鳞茎中含淀粉70%，另外还含有秋水仙碱等多种生物碱以及B族维生素等。目前已发现百合的主要成分有甾体皂苷类、酚类、生物碱、多糖类、氨基酸、磷脂以及矿物质元素等，其中甾体皂苷类和多糖类为其主要活性成分。

【综合利用】

食用：百合具有独特的风味，深受广大消费者的欢迎。民间百合鳞茎的利用方式主要有3种，即将百合作为食品直接鲜食；通过不同程度的加工制作食品，如百合罐头、百合饮料、蜜百合等；作为辅料与其他原料共同组成百合食谱。另外，人们也会通过炖、煮、炒、做汤等方式烹饪百合来食用，如百合莲子汤和百合粥等。

药用：百合性平，味甘微苦，在中医学上具有多种功效，其甘寒质润，具有润肺止咳、养阴清热、清心安神和利尿之功效，用于辅助治疗肺燥咳嗽、肺虚久咳、虚烦失眠。在现代医学上的应用也很多，如百合海绵无过敏反应，止血效果较好，并能够被吸收；百合对萎缩性胃炎以及消化性溃疡等炎症有辅助治疗效果；捣碎的鲜百合与冰片外敷可以促进伤口愈合；百合具有改善左室舒张功能的潜力等。

观赏：花姿雅致，有色有香，叶片青翠娟秀，茎秆亭亭玉立，素有“云裳仙子”之称，在我国自唐朝就有观赏栽培，因其鳞茎由鳞片抱合而成，有“百事合意”“百年好合”之寓意，自古被视为婚礼必不可少的吉祥花卉，备受群众喜爱。

5.5.12　薯蓣

【植物名】

薯蓣（*Dioscorea polystachya*）又称山药，是薯蓣科薯蓣属植物，缠绕草质藤本。

【形态特征】

块茎长圆柱形，垂直生长。茎通常带紫红色，右旋，无毛。单叶，在茎下部的互生，中部以上的对生。雄花序为穗状花序，长2～8厘米，近直立，2～8个着生于叶腋。蒴果不反折；种子着生于每室中轴中部。花期6～9月，果期7～11月。

【分布习性】

分布于朝鲜、日本和中国；在中国分布于河南、安徽淮河以南、江苏、浙江、江西、福建、台湾、湖北、湖南、广东（中山牛头山）、贵州、云南北部（贡山、德钦和丽江）、四川、甘肃东部和陕西南部（350～1500米）等地。

生长于海拔150～1500米的山坡、山谷林下，溪边、路旁的灌丛中或杂草中。薯蓣是短日照、喜温作物。苗期生长最适温度为15～20℃。生长盛期最适温度为25～28℃，20℃以下生长缓慢。适宜生长在疏松、肥沃、土层深厚的土壤中，但扁形种和块状种在土层较浅、较黏重的土壤中也可生长。薯蓣比较耐旱，但不耐涝，不宜种在地下水位太浅或过分潮湿的土壤中。砂质土和壤土含水量以18%左右为宜。

【化学成分】

淀粉含量43.7%，另外含有胡萝卜素、维生素B_1、维生素B_2、维生素C等，薯蓣中不仅含有丰富的营养成分，还含有多种功能活性成分，如多糖类、皂苷类、多酚类、脂肪酸、蛋白质、氨基酸和微量元素等。

【综合利用】

食用价值：薯蓣产量大，营养价值高，含丰富的活性成分，因此在食品加工上具有很大的开发前景。针对薯蓣加工产品的各个特点，可将目前的薯蓣产品分为淀粉制食品、饮料制品和其他食品。其中淀粉制食品包括薯蓣面条、薯蓣面包、薯蓣饼干等，饮料制品包括原汁饮料、复合型饮料、发酵饮料、固体饮料等，其他食品如薯蓣脆片、薯蓣罐头、薯蓣果酱、薯蓣果冻等。

药理作用：现代药理研究证实，薯蓣具有免疫调节、抗氧化、延缓衰老、降血糖、降血脂以及调脾胃等多种药理活性。

保健功能：薯蓣为中国传统滋补圣品，是集营养美味与保健作用于一体的绿色食材（药材），因其基本不存在副作用，又因具有补脾健胃、固肾益精、化痰润肺止咳、美容养颜、久服耳聪目明等功能而广受推崇。

5.5.13 凉粉草

【植物名】

凉粉草（*Platostoma palustre*）为唇形科植物。

【形态特征】

一年生草本。下部伏地，上部直立，四棱形，被疏柔毛。叶纸质，狭卵圆形至近圆形。轮伞花序组成顶生总状花序；苞片圆形或菱形、卵圆形，常呈淡紫色；花萼钟状，密被白色柔毛；花冠白色或淡红色，细小；雄蕊的后对花丝基部具齿状附属器，被硬毛。小坚果长圆形，黑色。花期秋季末。

【分布习性】

凉粉草常野生于坡地、河谷的小杂草丛中或沙地草丛中。分布于浙江、江西、福建、台湾、广东、广西等地区。

喜温暖湿润气候，当日气温达到20℃以上时，生长旺盛，日平均气温在15℃以下时生长缓慢，10℃以下时就难以生长，0℃以下时，地上部分坏死，以宿根越冬。忌干旱和积水，生长发育期间雨水充足常能达到高产，但若积水浸泡超过2天就会造成烂根。较耐阴，在日照时间≤8小时的光照环境下生长较好。对土壤条件要求不严，但以深厚、肥沃、疏松、湿润、富含腐殖质的砂壤土为好，在干旱贫瘠土壤上生长的植株矮小，生长缓慢。

【化学成分】

作为药食同源植物资源，凉粉草含有丰富营养成分，含17种氨基酸，含碳水化合物、脂肪、纤维、黄酮类、酚类、色素和矿物质元素等。还含有多糖、色素、熊果酸、齐墩果酸、黄酮、果胶等以及多种维生素，尤以B族维生素含量较高。

【综合利用】

凉粉草是传统中草药，性凉，味甘、淡，全草含多糖，有消暑、清热、凉血、解毒功能，可辅助治疗中暑、黄疸、泄泻、痢疾、肌肉疼痛、关节疼痛、风火牙痛、烧烫伤、丹毒等症。

凉粉草冻具有爽口、柔软、乌黑发亮的特点，是夏季人们消暑解渴的天然保健营养食品，已被开发出各种品牌的产品。可依据其功效开发凉粉草保健茶、凉粉草可乐型饮料、速溶凉粉草等产品。

凉粉草富含咖啡色色素，是提取天然咖啡色色素的好原料，该色素可代替焦糖色素用于酱油、甜型可乐等食品中，不仅能着色，且具保健作用，十分适合老年人以及高血压和糖尿病患者使用。

凉粉草作为中草药和制作凉粉冻的原料，在我国已有悠久的历史，现已成为我国南方一些地方的出口创汇农产品之一，主要销往新加坡、马来西亚等国。

思考题

① 通过本章节的学习，自行绘制淀粉植物资源学课程内容思维导图。
② 为什么说橡树全身都是宝，米中第一数薏米？
③ 魔芋为什么是糖尿病患者和体胖减肥者的理想食品？
④ 总结淀粉植物资源可以应用到哪些领域。

第6章

香料植物资源

香料植物是指植物体某些器官中含有芳香油、挥发油或精油的一类植物，也称芳香油植物。

据不完全统计，芳香油植物在全世界有3600多种，被开发利用的有400多种，主要的科有唇形科、菊科、伞形科、十字花科、芸香科、姜科、豆科、鸢尾科、蔷薇科、樟科等。这些品种的原产地主要分布在地中海沿岸，其次在中国、印度及南美洲等地。

6.1 香精香料发展现状及发展趋势

6.1.1 香精香料发展现状

我国是天然香料植物资源大国，从南到北都有香料植物的分布，但主要香料产地集中在长江以南地区，以广西、贵州、海南、云南、湖南、广东、福建、四川、湖北等地产量最大。传统的出口商品八角茴香（八角茴香油产量占世界总产量的80%）和中国桂皮（中国肉桂油产量占世界总产量的90%）主要分布于华南各地及福建南部，尤以广东、广西居多；闻名世界的中国薄荷脑及薄荷素油主要产于江苏、安徽、江西、河南等地；名贵的桂花资源主要分布于贵州、湖南、四川、浙江等地；柏木油主要产于贵州、四川、浙江等地；四川、湖北主要盛产柑橘、甜橙、香橙、柚、柠檬等；一些纯热带香料植物如香荚兰、丁香、肉豆蔻、胡椒等主要栽培于海南和西双版纳地区。我国盛产的香料油品种还有杂樟油及樟脑、香茅油、姜油、桉叶油、留兰香油等。此外，我国每年大量出口的香辛料植物资源如生姜、洋葱、大蒜、辣椒、芫荽、小茴香等在我国南北各地均有栽培。如我国20世纪50～60年代开发成功的山苍子油就是一个成功的例子，现在山苍子油已经发展成年产2000～4000吨的重要的单萜类香料油，成为我国最重要的精油产品之一。

6.1.2　香精香料发展趋势

随着气相色谱（GC）、高效液相色谱（HPLC）、质谱（MS）、核磁共振谱（NMR）、红外分光光度法（IR）和紫外-可见分光光度法（UV）在有机分子结构分析中的广泛应用，人们对天然香料和食品成分的研究进展不断加快，并发现了一批很有价值的新型香料化合物。1967年以前已知天然香料中所含化学成分只有750种左右，而到1977年已达3000种，10年间增加了3倍。根据最近10年来国外对数十种食品中所含香料成分分离分析资料，列举数例：大米成分数170种，米饭196种，面包190种，牛肉240种，茶叶305种，咖啡580种，啤酒340种，葡萄280种等，从这些分析工作中，发现了数以千计的新香料化合物。例如在马铃薯中已鉴定的227种化合物中，包括52种烃类、14种卤代烃、13种酸、22种醇、23种醛、17种酮、19种酯、9种呋喃、29种吡嗪、2种唑、3种噻唑和其他一些化合物。此外，2-乙基-6-乙烯基吡嗪等杂环化合物在马铃薯香味中起着重要作用。科研人员在分离分析方面所做的大量工作，对确定主香成分及其分子结构有着重要意义，为用化学合成法制造新型香料化合物提供了依据。

近几年来，生物工程技术、计算机技术、超临界萃取技术、分子蒸馏技术、微波技术等在香料工业中的应用越来越广泛，这些新技术的应用，给古老的香料工业注入了新的生机和活力。如上述天然乳香香味剂的研制就是将微生物发酵、分析、分离等工程技术融为一体，取得成功的实例。事实证明，新技术、新设备在香料工业中的应用无疑对香料工业的发展带来了飞跃，加快了香料香精工业的发展。

市场竞争激烈，人才是关键。目前国内香精香料市场呈三方鼎立格局。三资企业以其技术和经济实力优势，在中国香精香料行业具有巨大潜力。据统计，排名世界前十位的香精香料企业在中国均有投资，凭借它们著名的品牌、先进的技术、大规模的投入和规范的经营理念，发展速度十分迅猛，已成为高档市场的主体，领导着中国香精香料行业的潮流。但是由于其生产成本高、品种少、本地化程度低，管理和经营策略还不能完全适应中国市场。国有企业仍然是中国香料香精的主体，由于其历史悠久、品牌知名度高、质量稳定、价格偏低而广泛受到用户的青睐。但是国有企业基础研究薄弱、技术含量偏低、经营手段不灵活、服务意识不强，导致目前发展速度缓慢。而乡镇、民营企业在当前国家政策的鼓励下，犹如雨后春笋，发展十分迅猛，凭借其价格低廉、经营灵活和服务周到的优势赢得了用户的好评，其市场份额正在不断扩大。对于大多数民营企业来讲，由于技术基础差、品牌知名度不够，要在长期竞争激烈的市场大潮流中生存发展必须引进技术力量，加强经营管理和应用服务。随着市场竞争的激烈，人才显得越来越重要。有一位企业家以“企业以产品为本，产品以质量为本，质量以人为本，人以精神为本”为座右铭，可见，企业要在竞争的大潮中求生存、求发展，必须广泛吸收技术开发、经营管理、应用服务等各方面的人才。展望未来的发展，市场的竞争就是人才的竞争。

6.2 芳香油的化学组成

芳香油又称精油，化学和医药上称为挥发油，是存在于植物体中的具有特殊气味的油状液体，是小分子物质的混合物。

芳香油的组成：以萜类化合物（主要是单萜和倍半萜）为多见，还有非萜类小分子的含氮含硫化合物、芳香族化合物和脂肪族化合物。

6.2.1 萜类化合物

（1）萜类化合物：萜烯

萜烯的定义：含异戊二烯的链状或环状烯烃类。

通式为$(C_5H_8)_n$，主要为单萜、倍半萜及其含氧衍生物，而含氧衍生物多具有较强的生物活性或芳香气味。

命名如下：异戊二烯个数（n）代表萜烯类别，1个异戊二烯称半萜，2个异戊二烯称单萜，3个异戊二烯称倍半萜，4个异戊二烯称二萜。

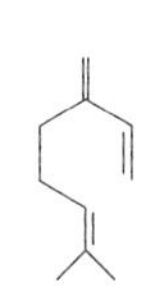

月桂烯（单萜烯）

松节油中的蒎烯（含量80%左右），薄荷油中的薄荷醇（含量80%左右），山苍子油中的柠檬醛（含量80%左右），桉叶油中的桉叶油素（含70%左右），樟脑油中的樟脑（含50%左右）均为萜类化合物。

（2）萜类化合物：链萜醇

香茅醇：存在于香茅油、玫瑰油等多种芳香油中，具有较好的抗菌作用。

芳樟醇：存在于芳樟叶油、薰衣草油、茉莉花油、玫瑰花油、橙花油、绿茶油等中，大部分天然芳香油中都含有芳樟醇，是世界上最常用和用量最大的香料之一，在大部分香水和香皂中都有添加。

香叶醇：又称牻牛儿醇，玫瑰油、柠檬草油的主要成分，有似玫瑰香味，玫瑰花中含有香叶醇葡萄糖苷，能缓慢水解，使花香持久。

橙花醇：存在于玫瑰油、香橙油、柠檬草油等挥发油中，也具有似玫瑰香气。

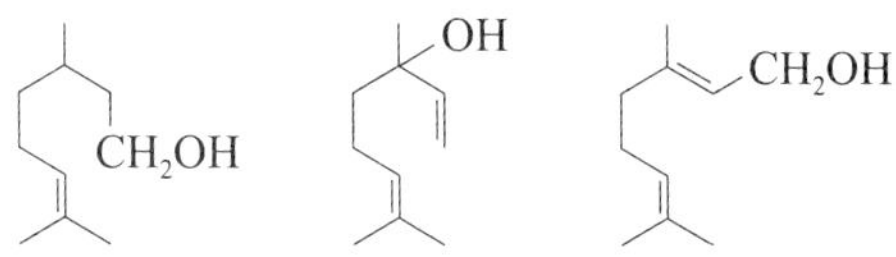

香茅醇　芳樟醇　香叶醇　橙花醇

（3）萜类化合物：倍半萜

金合欢烯：存在于姜、杨芽、依兰和母菊花的挥发油中。

麝子油醇：具有佳适的香气，是重要的高级香料原料，存在于金合欢花、玫瑰花、香茅等的挥发油中。

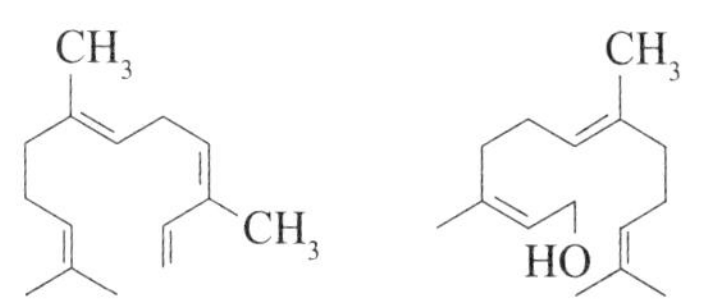

α-金合欢烯　麝子油醇

（4）萜类化合物：环萜醇

薄荷醇：存在于薄荷油中，广泛用于局部麻醉，制作糖果、口香糖、牙膏等。

龙脑：俗称冰片，具有类似胡椒又似薄荷气味，右旋体存在于白龙脑香树的挥发油中，左旋体存在于艾纳香全草中，有发汗、兴奋、解痉挛和防止虫蛀作用，也是香料工业原料。

樟脑：具有特殊钻透性气味，右旋体存在于樟树挥发油中，左旋体存在于菊蒿挥发油中，医药方面用作中枢神经兴奋剂（如十滴水），生活方面用于防虫、除臭。

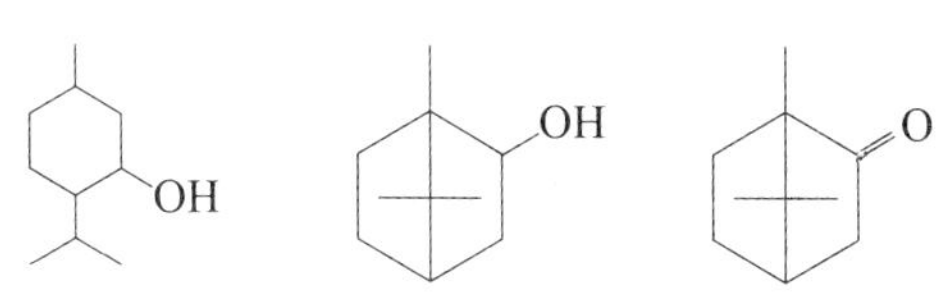

薄荷醇　龙脑　樟脑

（5）萜类化合物：酯类

乙酸龙脑酯：存在于多种裸子植物如华山松、华北冷杉、云南松等的芳香油中，具有清新香气。

乙酸芳樟酯：存在于芸香科植物代代酸橙、香橙等的芳香油中。

牻牛儿醇乙酸酯：存在于多种植物的挥发油中。

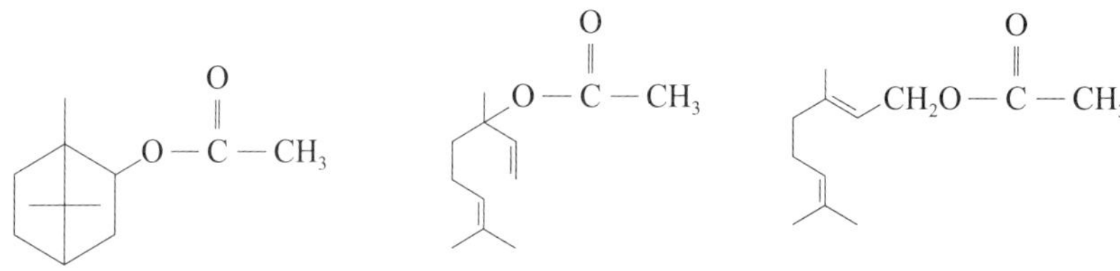

乙酸龙脑酯　　乙酸芳樟酯　　牻牛儿醇乙酸酯

6.2.2 非萜类化合物

在植物性天然香料中，芳香族化合物的存在仅次于萜类。玫瑰油中含苯乙醇（2.8%左右）；苦杏仁油中含苯甲醛（80%左右）；肉桂油中含桂醛（80%左右）；茴香油中含茴香脑（80%左右）；丁香油中含丁香酚（80%左右）。

（1）芳香族化合物（芳香族醇）

苯甲醇：常作为定香剂应用于化妆品和香皂等。

苯乙醇：具有特殊的玫瑰香气，也用作定香剂。

肉桂醇：存在于肉桂和苏合香中，用作定香剂。

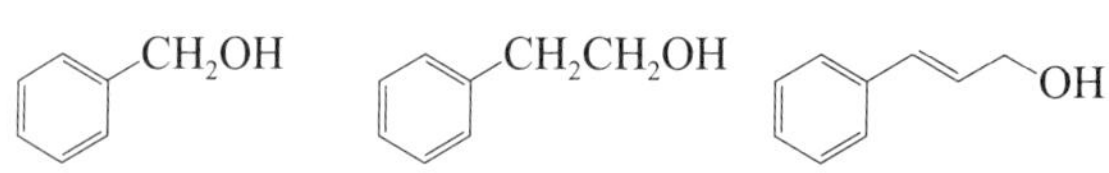

苯甲醇　　苯乙醇　　肉桂醇

（2）芳香族化合物（芳香族醛）

苯甲醛：以苷的形式存在于金合欢油、水仙油、杏仁油、桂皮油、藿香油中，有苦杏仁香气，香皂工业用量大。

莳萝醛：茴香油的主要成分，具有辛辣气味。

肉桂醛：存在于桂叶、桂皮中，用于调制栀子、玫瑰等香精，也可用作定香剂。

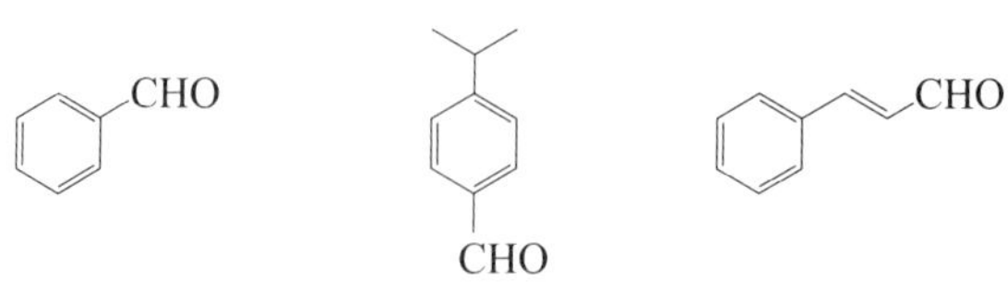

苯甲醛　　莳萝醛　　肉桂醛

（3）芳香族化合物（酮、内酯）

苯乙酮：具有强烈的甜香味，用于调制花香型香精、皂用香精。

香豆素：存在于黑香豆、兰花等。具香茅香气，为重要香料。

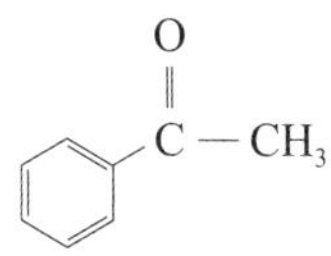

苯乙酮

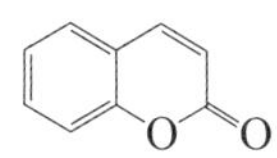

香豆素

6.2.3　脂肪族化合物

脂肪族化合物在植物性天然香料中也广泛存在，例如茶叶中含有少量的顺式-3-己烯醇，由于它具有青草的清香，所以也称为叶醇；在芳香油中含有70%左右的甲基壬基甲酮，俗称为芸香酮；在茉莉油中含有65%左右的乙酸苄酯，结构式如下。

$CH_3CH_2CH=CHCH_2CH_2OH$

叶醇

$CH_3-\overset{\overset{\large O}{\|}}{C}-(CH_2)_8CH_3$

芸香酮

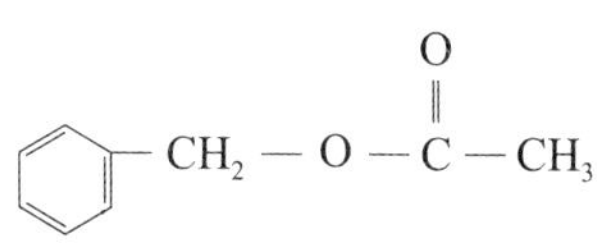

乙酸苄酯

6.2.4　含氮、含硫化合物

含氮、含硫化合物含量极少，气味极强。例如以下几种。

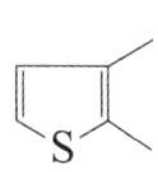

二-甲基噻吩（洋葱）

$H_3C-S-CH_3$

二甲基硫醚（姜汁）

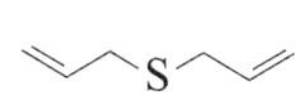

二烯丙基硫醚（大蒜）

$CH_2=CH-CH_2-\overset{\overset{\large O}{\|}}{S}-S-CH_2-CH=CH_2$

大蒜素

6.3 植物天然香料的分类

6.3.1 辛香料

辛香料主要是指在食品调香调味中使用的芳香植物或干燥粉末。

人类古时就开始将一些具有刺激性的芳香植物用于饮食，它们的精油含量较高，有强烈的呈味、呈香作用，不仅能促进食欲，改善食品风味，而且还有杀菌防腐功能。

Clarh在1970年曾将辛香料细分为5类：

① 有热感和辛辣感的香料，如辣椒、姜、胡椒、花椒等。

② 有辛辣作用的香料，如大蒜、葱、洋葱、韭菜、辣根等。

③ 有芳香性的香料，如月桂、肉桂、丁香、孜然、众香子、肉豆蔻等。

④ 香草（herbs）类香料，如茴香、葛缕子（姬茴香）、甘草、百里香、孜然芹等。

⑤ 带有上色作用的香料，如姜黄、红椒、藏红花等。

这些辛香料大部分在我国都有种植，资源丰富，有的享有很高的国际声誉，如八角茴香、桂皮、桂花等。

6.3.2 精油

精油亦称香精油、挥发油或芳香油，是植物性天然香料的主要品种。对于多数植物性原料，主要用水蒸气蒸馏法和压榨法制取精油。例如玫瑰油、薄荷油、八角茴香油等均是用水蒸气蒸馏法制取的精油。对于柑橘类原料，则主要用压榨法制取精油。例如甜橙油、圆橙油、柠檬油等。

液态精油是我国目前天然香料最主要的应用形式之一。世界上总的精油品种有数千种，其中被各国法规批准可用在食品上的精油品种有数百种。

6.3.3 浸膏

浸膏是一种含有精油及植物蜡等呈膏状的浓缩的非水溶剂萃取物。

用挥发性有机溶剂浸提香料植物原料，然后蒸馏回收有机溶剂，蒸馏残留物即为浸膏。

在浸膏中除含有精油外，尚含有相当量的植物蜡、色素等杂质，所以在室温下多数浸膏呈深色膏状或蜡状。例如大花茉莉浸膏、桂花浸膏、香荚兰豆浸膏等。

6.3.4 酊剂

酊剂亦称乙醇溶液，是以乙醇为溶剂，在室温或加热条件下，浸提植物原料、天然树脂或动物分泌物所得到的乙醇浸出液，经冷却、澄清、过滤而得到的产品。例如枣酊、咖啡酊、可可酊、黑香豆酊、香荚兰酊、麝香酊等。

6.3.5　净油

用乙醇萃取浸膏、香脂或树脂所得到的萃取液，经过冷冻处理，滤去不溶的蜡质等杂质，再经减压蒸馏蒸去乙醇，所得到的流动或半流动的液体通称为净油。例如玫瑰净油、小花茉莉净油、鸢尾净油等。

6.4　芳香油的制取方法

6.4.1　水蒸气蒸馏法

原理：挥发油与水蒸气气压之和等于大气压时，挥发油随水一起蒸出。

优点：设备简单、操作容易、成本低、回收率高。

缺点：加热温度高、遇热易变质物质不宜使用。

适用于有挥发性和芳香气味的植物。水蒸气蒸馏方法分以下3种形式。① 水中蒸馏。设备简单，但易结焦、结块，对含酯类的品种，易发生水解作用，故不宜采用。② 水上蒸馏。设备稍复杂，但可减少水解作用。③ 水蒸气蒸馏。设备多，设备条件要求高，宜于大规模生产，产品质量最好（图6-1）。

（1）水的作用

三种作用：水散作用、水解作用和热力作用。水上蒸馏设备见图6-2。

水的作用过程如下：原料表面润湿→水分子向细胞组织中渗透→水置换精油或微量溶解→精油向水中扩散→形成精油与水的共沸物→精油与水蒸气同时蒸出→冷凝→油水分离→精油。

① 蒸馏器：简易单锅蒸馏、加压串联蒸馏（图6-3）、连续蒸馏。

② 冷凝器见图6-4。

③ 油水分离器见图6-5。

（2）工艺要求

① 装料。应均匀、松散一致，避免“短路”“穿洞”现象。一般装料系数为70%～80%。

② 加热。开始缓慢加热，应维持0.5～1小时，然后逐渐加大热源，维持正常蒸馏速度。

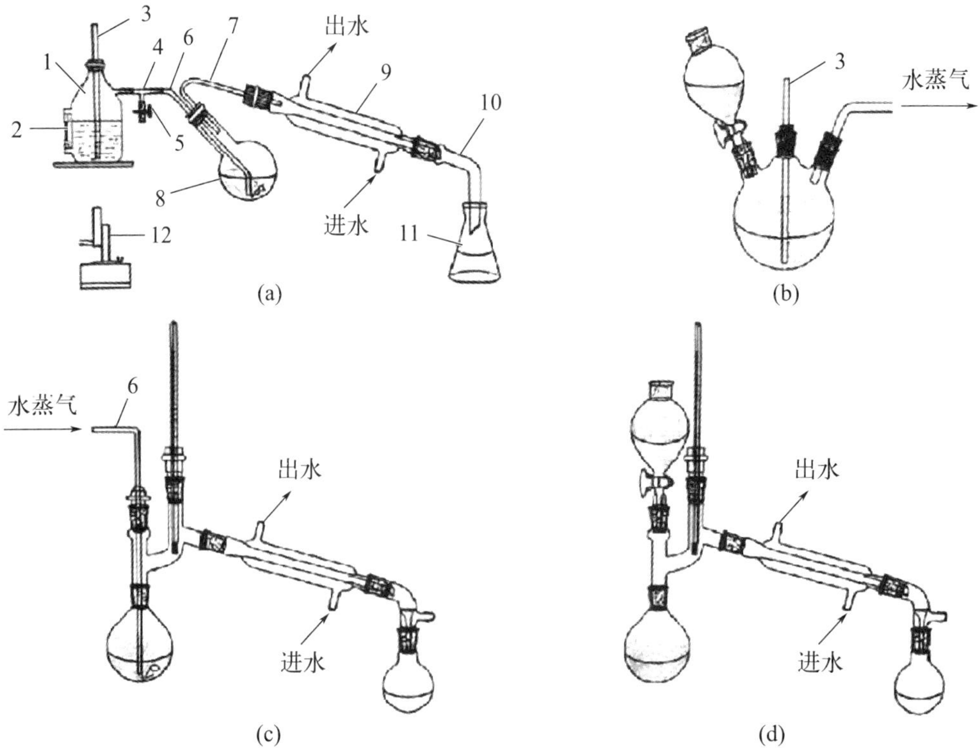

图6-1　几种常见的水蒸气蒸馏装置图

1—水蒸气发生器；2—液面计；3—安全件；4—T形管；5—弹夹；6—水蒸气导入管；7—馏出蒸气导出管；8—长预烧瓶；9—直形冷管；10—接引管；11—接收瓶；12—酒精喷灯

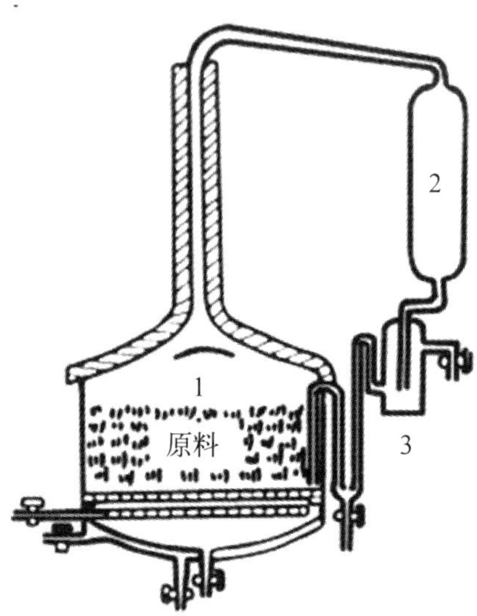

图6-2　水上蒸馏设备

1—蒸馏器；2—冷凝器；3—油水分离器

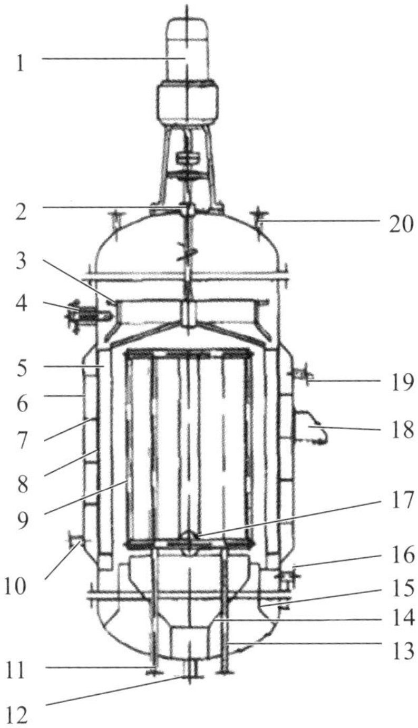

图6-3　加压串联蒸馏

1—驱动装置；2—密封装置；3—液体分布器；4—进料管；5—刮膜机构；6—加热夹套；7—导流板；8—设备筒体；9—冷凝装置；10—加热介质接管；11—冷却水出口；12—蒸出液出口；13—冷却水入口；14—蒸出液收集；15、16—蒸余液收集；17—真空接口；18—支座；19—加热介质入口；20—工艺仪表接口

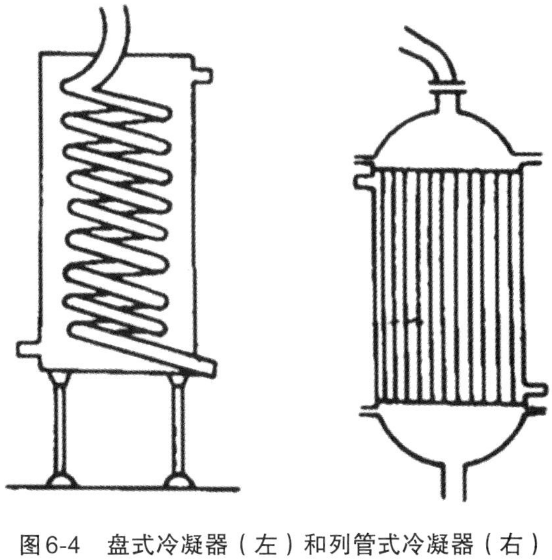

图6-4　盘式冷凝器（左）和列管式冷凝器（右）

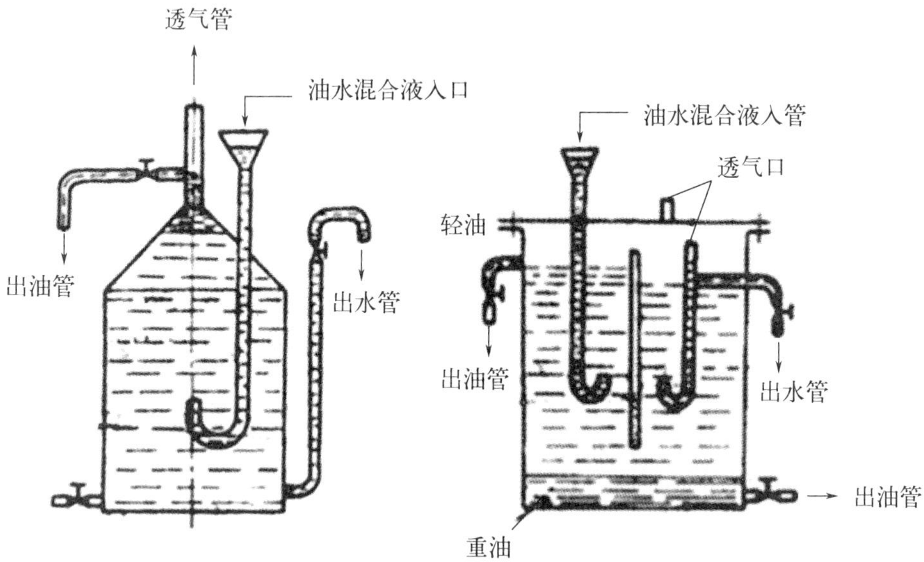

图6-5　轻油油水分离器（左）和重油油水分离器（右）

③ 蒸馏终点。当蒸出总精油量的90%～95%时，此时刻就作为蒸馏结束的时间。

④ 冷凝。大多数要求冷却到室温，鲜花类精油宜冷却到室温以下，对黏度大、沸点高、容易冷凝的精油，一般保持在40～60℃。

⑤ 油水分离。馏出液在油水分离器中的动态分离时间以30～60分钟为宜。

⑥ 粗油精制。直接粗油和水中粗油都要分别进行净化精制处理。净化精制过程包括澄清、脱水和过滤3个步骤。

（3）精油生产实例——玫瑰油

① 植物原料：玫瑰的品种非常多，但能用于生产精油的只有少数几种。其中包括中国甘肃盛产的苦水玫瑰，北京、山东、河南盛产的重瓣玫瑰，均属蔷薇科，落叶灌木。

② 生产方法：常压回水式水中蒸馏法，得油率0.04%左右。

③ 工艺条件：a.装料要求，鲜花采摘后在2小时内加工处理，每立方米蒸馏器加入30千克玫瑰鲜花，120千克清水；b.蒸馏速度，每小时蒸出蒸馏器容积10%的蒸馏液；c.蒸馏时间为2小时；d.间歇放油，每30分钟放油一次。

④ 工艺流程如图6-6所示。

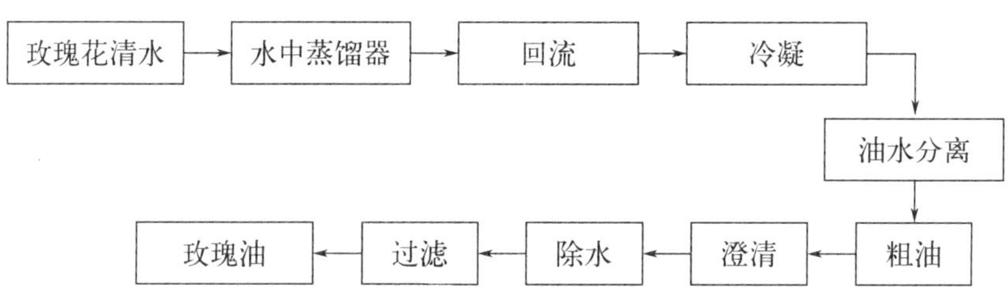

图6-6　玫瑰油制备工艺流程

⑤ 主要成分：有香茅醇、香叶醇、橙花醇、苯乙醇、芳樟醇、金合欢醇、丁香酚、丁香酚甲醚、玫瑰醚、橙花醚、玫瑰呋喃等。

⑥ 主要用途：在多种花香型香水、香皂、化妆品的香精中起主香剂和协调剂作用，也可用于糖果、烟草香精中。

6.4.2　溶剂提取法

低极性有机溶剂：石油醚、CS_2、CCl_4、C_6H_6等。

提取方法：回流、冷浸，浸提液减压回收溶剂得浸膏。

蜡质等杂质的去除：浸膏用热乙醇溶解，放冷，析出植物蜡等杂质，滤除，回收乙醇，得净油。

6.4.3　浸提法生产浸膏、酊剂

（1）浸提原理

浸提法亦称萃取法（固液萃取习惯称为浸取或浸提，液液萃取习惯称为萃取），是用挥发性有机溶液将原料中某些成分浸提出来。其特点是：浸提过程一般不需加热；既可提取挥发性成分，也可提取不挥发性成分。其生产的产品如图6-7所示。

原料溶剂 —浸提物→ 浸膏 —乙醇萃取（除蜡）→ 酊剂 —减压蒸馏→ 净油

图6-7　浸提法生产浸膏、酊剂

溶剂选择原则：① 毒性小，安全性好；② 沸点低，易回收；③ 应不溶于水，否则会稀释；④ 无色无味，化学稳定性好；⑤ 溶解芳香成分的能力强，选择性好。

（2）浸提方式及设备

① 固定浸提；② 搅拌浸提；③ 转动浸提；④ 逆流连续浸提。

（3）工艺要求

① 装料：物料不可太大，要使物料与溶剂有最大的接触面；料层不可太厚，要有利于溶剂的渗透和精油的扩散；对固定、搅拌、逆流浸提，装料系数为60%～70%，对转动浸提为80%～90%。

② 物料与溶剂比：固定、搅拌浸提一般为（1∶4）～（1∶5）（千克/升）；转动浸提一般为（1∶3）～（1∶3.5）（千克/升）；逆流浸提一般为1∶4（千克/升）。

③ 浸提温度：浸提温度提高，则浸出率增大，但浸提选择性差，杂质增多。

④ 浸提时间：浸提时间的长短主要取决于原料品种和原料组织情况，工业生产中一

般达到平衡时理论得率的80%～85%即停止浸提。

⑤ 浸液浓缩：两步蒸馏法（常压、减压）。

（4）工艺过程

① 浸膏生产工艺过程见图6-8。

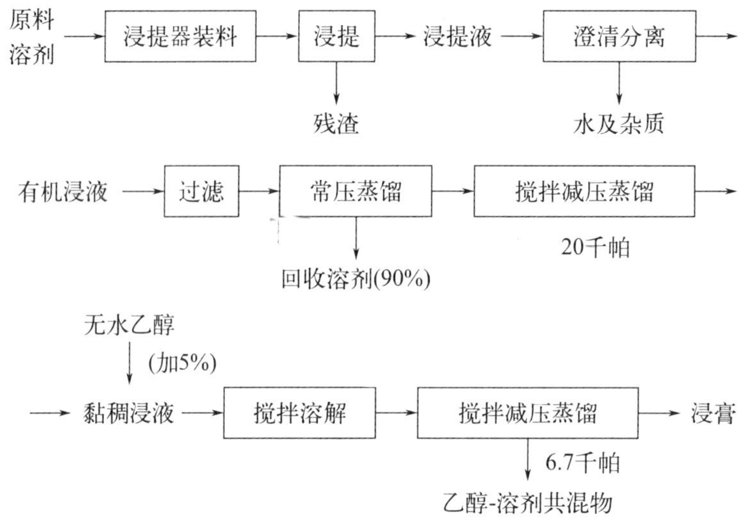

图6-8 浸膏生产工艺过程

② 净油制备工艺过程见图6-9。

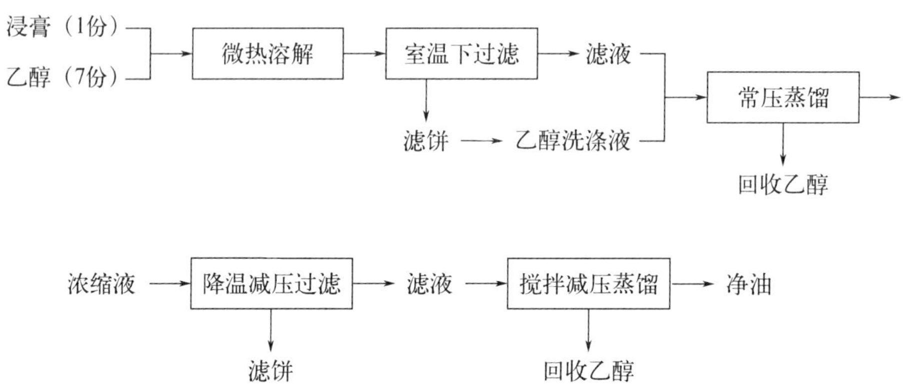

图6-9 净油制备工艺过程

③ 残渣处理。残渣中含有大量有机溶剂，其回收处理见图6-10。

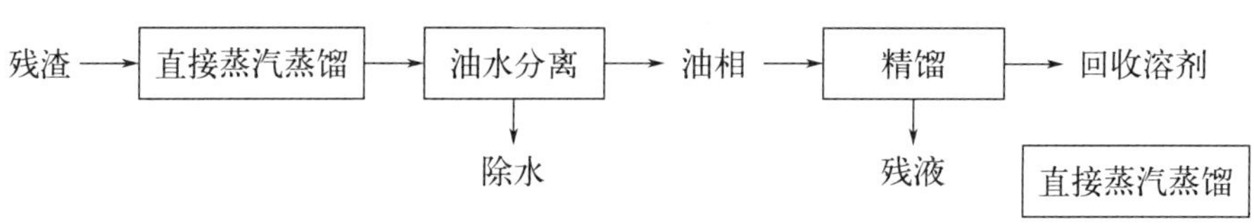

图6-10 残渣的回收处理

6.4.4　芳香油的制取方法——直接压榨法

直接压榨法适用于含挥发油较多的原料，如柑橘类。工艺流程为：切块→捣碎→冷压→静置→分层。

优点：保持原有新鲜香味。

缺点：杂质多，可能溶出不挥发性物质，如柠檬油的中溶解叶绿素使柠檬油呈绿色。

特点是生产过程在室温下进行，确保精油的香气逼真。其分类见图6-11。

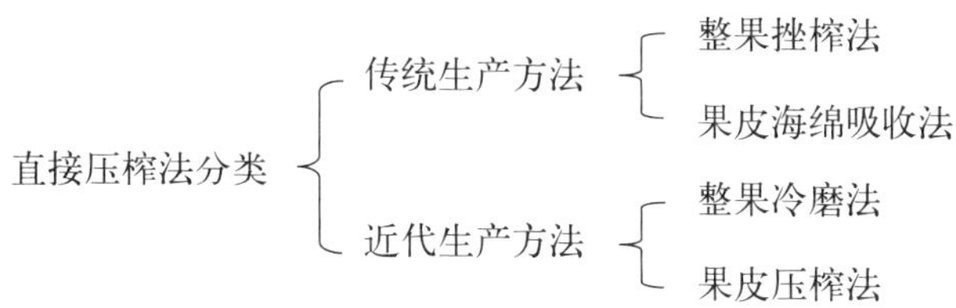

图6-11　直接压榨法的分类

（1）传统生产方法

① 整果挫榨法生产工艺流程如图6-12所示。

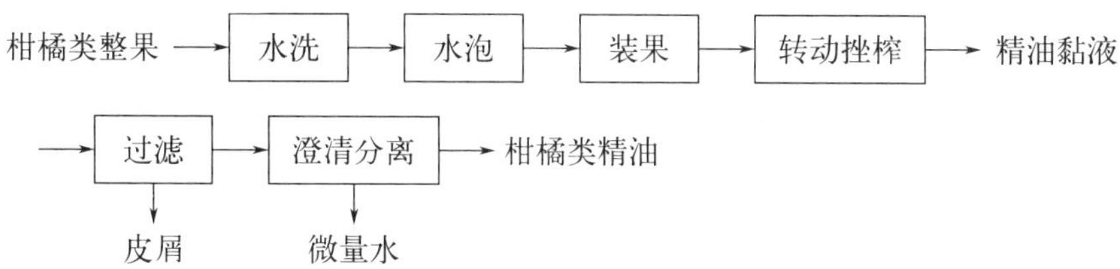

图6-12　整果挫榨法生产工艺流程

② 果皮海绵吸收法。生产工艺流程如下：柑橘皮→水洗→水泡→装料→转动挤压→海绵吸收→挤出油液→过滤→澄清分离→柑橘类精油。

（2）近代生产方法

① 整果冷磨法。工艺要求：a.原料的浸泡，清水浸泡，浸泡剂一般用石灰水；b.装料；c.喷淋；d.过滤；e.离心分离；f.静止分离；g.精油除萜，减压蒸馏，乙醇萃取。生产工艺流程如图6-13所示。

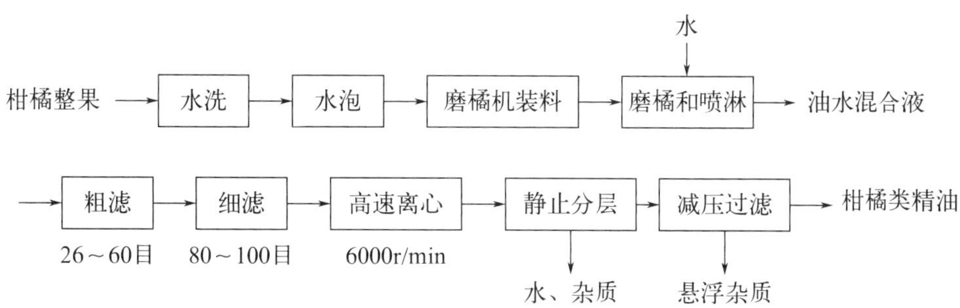

图6-13　整果冷磨生产工艺流程

② 果皮压榨法生产工艺流程如图6-14所示。

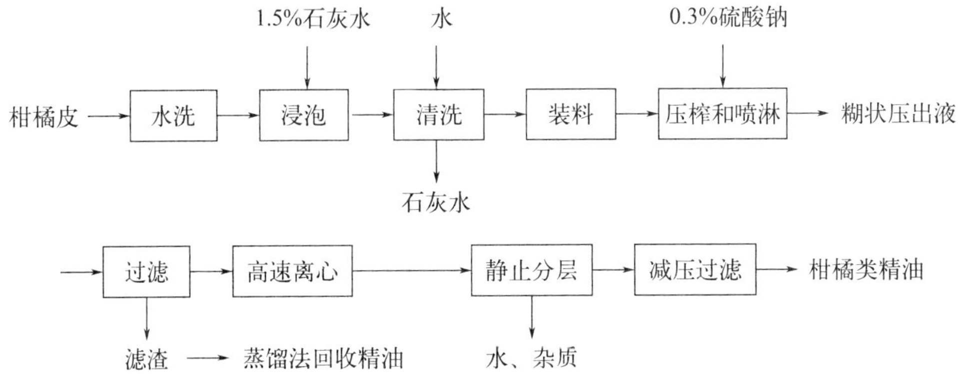

图6-14 果皮压榨生产工艺流程

6.4.5 吸收法生产香脂

生产特点：加工过程温度低，芳香成分不易破坏，产品香气质量最佳。但手工操作多，生产周期长，生产效率低。

生产方式：非挥发性溶剂吸收法和固体吸附剂吸收法两种。

（1）非挥发性溶剂吸收法

① 温浸法工艺流程见图6-15。

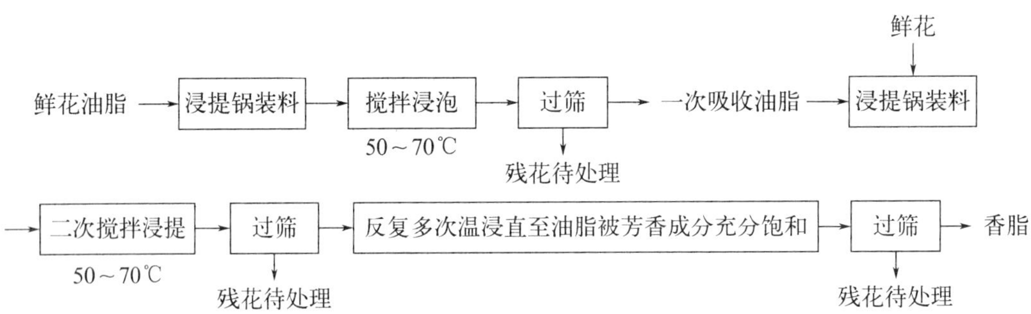

图6-15 温浸法生产工艺流程

② 冷吸收法，以茉莉香脂生产为例。

a. 植物原料：茉莉花。

b. 生产方法：冷吸收法，采用猪油2份与牛油1份混合制得的脂肪基。

c. 主要成分：乙酸苄酯等。

d. 主要用途：膏状香脂、高级化妆品香料。

冷吸收法工艺流程见图6-16。

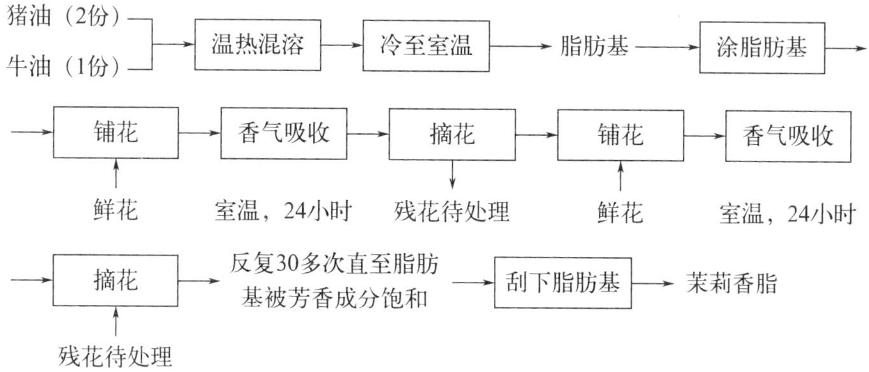

图6-16　冷吸收法工艺流程图

（2）固体吸附剂吸收法

以大花茉莉精油的制备为例。

① 植物原料：大花茉莉花。

② 生产方法：活性炭吸收法，石油醚洗涤脱附。

③ 主要成分：乙酸苄酯等。

④ 主要用途：高级化妆品香料。

固体吸附法工艺流程见图6-17。

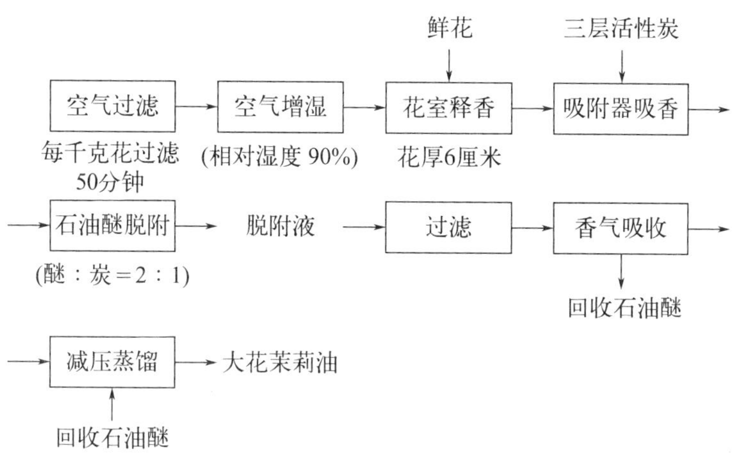

图6-17　固体吸附法工艺流程

6.4.6　超临界萃取方法

超临界流体萃取（supercritical fluid extraction）技术定义：以CO_2等超临界流体作为萃取剂，从液体或固体中萃取出特定成分，以达到某种分离目的的一种分离技术。

超临界流体：当物质处于其临界温度和临界压力以上时（表6-1），即使继续加压，也不会液化，只是密度增加而已，但它具有类似液体的性质，同时还保留了气体的性质，这种状态的流体被称为超临界流体。

（1）超临界流体的特性

① 密度比气体大数百倍，与液体的密度接近。

② 黏度比液体小得多，接近气体的黏度。

③ 压力的细微变化可导致其密度的显著变动。

④ 压力或温度的改变均可导致相变。

表6-1 部分物质的临界点数据

物质名称	临界温度/℃	临界压力/兆帕	临界密度/［克/（厘米）^{3}］
二氧化碳	31.06	7.39	0.448
氨	132.3	11.28	0.24
丙烷	32.4	4.89	0.203
丙烯	92	4.67	0.23
一氯三氟甲烷	28.8	3.95	0.58
六氟化硫	45	3.76	0.74
水	374.2	22.0	0.344

（2）萃取用超临界流体的选择原则

① 较大的临界点密度有利于溶解其他物质。

② 接近室温的临界温度有利于操作和物质稳定。

③ 较低的临界压力有利于降低超临界流体发生装置的成本并提高安全性。

（3）超临界流体萃取的主要影响因素

① 压力：随着压力的增加，超临界流体密度增加，对所有物质溶解度增加。

② 温度：超临界流体的溶解能力随温度的升高先降低后提高。温度升高，超临界流体密度降低，溶解能力降低，温度进一步升高，被萃取物质蒸气压升高，使物质在临界流体中的溶解度增加。

③ 超临界流体物质与被萃取物质的极性：符合相似相溶原理，如非极性的CO_2对低极性化合物溶解性好，对极性强的氨基酸、糖等溶解性差。

④ 提携剂：向非极性的超临界CO_2中加入极性溶剂（如甲醇），可使超临界CO_2对极性物质的萃取能力大大增强。提携剂的加入量为1%～5%，常用的提携剂有甲醇、乙醇、丙酮、乙腈、乙酸乙酯等。

6.4.7 微波辐照诱导萃取法

（1）工作原理

微波辐照过程是微波射线自由透过对微波透明的萃取介质，到达植物物料的内部维管束和腺细胞系统。由于吸收微波能，物料内部温度突然升高，在天然物料的维管束和腺细胞系统升温更快，保持此温度直至其内部压力超过细胞壁膨胀的能力，细胞破裂。位于细胞内的香料物质从细胞壁自由流出，传递转移至萃取介质周围，在较低的温度下被萃取介质捕获并溶解其中。

（2）特点

① 具有反应的高效性和强选择性；

② 提取率高，质量优，萃取时间短；

③ 操作简便、副产物少、产物易分离提纯；

④ 操作成本低，减少原料预处理费用，对环境无害。

（3）实验步骤

① 物料切碎，便于吸收微波能；

② 选用对微波透明的或部分透明的萃取剂接触物料；

③ 物料与萃取剂混合，置于微波发生器接受辐照；

④ 从萃取相分离出残渣；

⑤ 回收萃取物。

6.4.8　超声波提取方法

（1）超声波提取工作原理

超声波是一种弹性波，其振动能产生强大的能量，给予媒质点以很大的速度和加速度，加速度随着声波频率的增大而增大，声波在植物组织细胞里，比电磁波穿透更深，停留时间也较长。大能量的超声波作用于液体使其被撕裂成很多小空穴，小空穴闭合时可产生高达几千个大气压的瞬时压力作用于叶肉组织，可加速植物中有效成分的提取率。超声波还具有机械振动、乳化、扩散、击碎等多级效应，有利于使植物中有效成分转移，并充分和溶剂混合，促进提取的进行。

（2）超声波提取特点

① 提取温度低；

② 速度快；

③ 产率高；

④ 设备简单。

（3）应用

① 测量：测量声学。

② 金属探伤：超声波的穿透能力很强，能透过几米厚的金属。利用超声波的穿透能力和反射，可以制成超声波探伤仪，探查金属内部的缺陷。

③ 医学：超声波诊断、碎石、除垢。

④ 农业：处理种子。

⑤ 军事：仿生——蝙蝠的超声定位系统，用仅几克重的超声定位器代替几十吨重的无线电定位器——雷达。

⑥ 化学反应与分离：声化学——加快反应速度或破坏植物的细胞膜。

例如：超声波用于催化剂的制备和再生，增加活性组分的渗透性，使其均匀分散；增加催化剂的比表面，提高催化剂活性；清洗催化剂表面的覆盖物，使之再生。

（4）超声空化（其部分性质与光类似）

超声空化概念：液体中的微小泡核在超声波作用下被激活，表现为泡核的振荡、生长、收缩及崩溃等一系列动力学过程（类似于激光）。

特点：波长短、束射性强、易于聚焦集中能量。

超声空化效应：液体声空化的过程是集中声场能量并迅即释放的过程。空化泡崩溃时，极短时间在空化泡周围的极小空间内，产生5000开尔文以上的高温和大约1800atm（1atm=101.325千帕）的高压，温度变化率高达10^9开尔文/秒，并伴生强烈的冲击波和时速达400千米的射流（伸手入内感觉像针刺）。

6.4.9 膜分离技术

膜分离技术是近几十年来发展迅速的新兴分离技术，与传统分离技术相比，它具有设备简单、操作方便、分离效率高和节能等优点，已在许多领域得到了广泛应用，被认为是“20世纪到21世纪中期最具有发展前途的高新技术之一”。随着超滤技术的发展，其在天然物提取中的应用也越来越广泛。

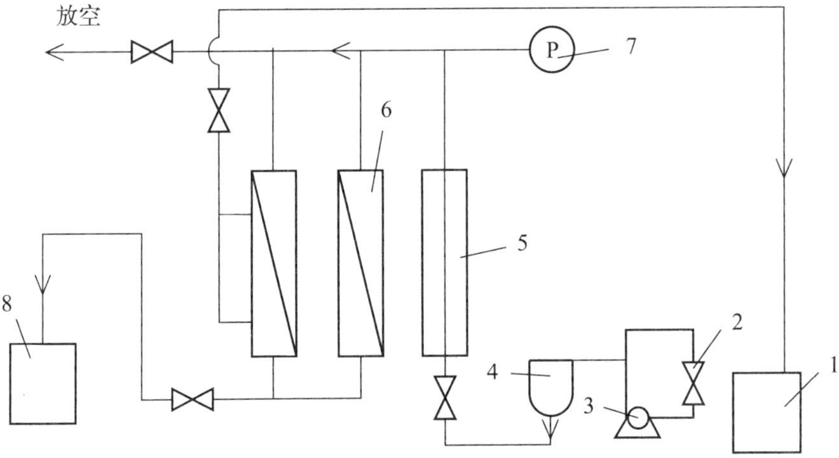

图6-18 超滤膜分离工艺流程

1—提取液；2—球阀；3—泵；4—过滤器；5—预处理组件；6—超滤膜；7—压力表；8—超滤液

超滤膜工艺的原理：超滤过程是以膜两侧的压力差为驱动力，靠压力差来促使有效成分分离的过程。使用压力通常为0.1～0.5兆帕，筛分孔为1纳米。超滤膜分离工艺流程见图6-18。

6.5　主要香料植物资源

6.5.1　百里香

【植物名】

百里香（*Thymus mongolicus*），别名麝香草，唇形科植物。

【形态特征】

半灌木。茎多数，匍匐或上升；不育枝从茎的末端或基部生出，匍匐或上升，被短柔毛；花枝高2～10厘米，在花序下密被向下曲或稍平展的疏柔毛，下部毛变短而疏，具2～4对叶片，基部有脱落的先出叶。叶为卵圆形，长4～10毫米，宽2～4.5毫米，先端钝或稍锐尖，基部楔形或渐狭，全缘或稀有1～2对小锯齿，两面无毛，侧脉2～3对，在下面微突起，腺点多少有些明显，叶柄明显，靠下部的叶柄长约为叶片的1/2，在上部则较短；苞叶与叶同形，边缘在下部1/3具缘毛。花序头状，多花或少花，花具短梗。花萼管状钟形或狭钟形，长4～4.5毫米，下部被疏柔毛，上部近无毛，下唇较上唇长或与上唇近相等，上唇齿短，齿不超过上唇全长1/3，三角形，具缘毛或无毛。花冠紫红、紫或淡紫、粉红色，长6.5～8毫米，被疏短柔毛，冠筒伸长，长4～5毫米，向上稍增大。

【分布习性】

主要产地为法国、西班牙等地中海国家和埃及。我国多产于黄河以北地区，特别是西北地区。分布于非洲北部、欧洲及亚洲温带地区，中国分布在甘肃、陕西、青海、山西、河北、内蒙古等地。

百里香适宜在光照充足和干燥温暖的环境里生长。对土壤条件的要求不多，只需土质疏松、排水性较好的石灰质土壤即可。百里香多生长在海拔1100～3600米的斜坡、山地、山谷和杂草丛里。

【化学成分】

百里香中含有挥发油、黄酮类化合物、单萜糖苷、三萜类化合物、有机酸和微量元素等。其中挥发油是百里香的主要成分，挥发油的主要成分有百里香酚、对-聚伞花素、γ-松油烯、β-甜没药烯和香芹酚等，不同产地百里香挥发油成分有较大不同，但其主要成分中基本都有百里香酚，百里香酚的含量可作为评价百里香挥发油品质的重要依据。

【综合利用】

生态价值：百里香的环境适应能力很强，并且能抵抗大多的病虫害，还有着开花多、气味香和花期长等特点，是现在园林绿化中常见的地被植物，还被广泛运用在土壤退化较为严重的地区发挥重要的生态功能。

药用价值：百里香早在中国的北宋时期就已经开始入药使用，有很多中医典籍对其功效进行了记录。具有温中散寒、祛风止痛、止咳化痰、利尿缓解痛经、健胃发汗、和胃等作用，外用能杀虫、辅助治疗足癣等。

食用价值：百里香气味甜而香浓，是一种已经被使用了很长时间的天然调味香料。在烹饪的时候可以加入百里香粉除腥增味。

6.5.2 缬草

【植物名】

缬草（*Valeriana officinalis*）是一种多年生草本植物，属于忍冬科，缬草属，富含150多种化学成分，具有多种药理作用。

【形态特征】

根茎肥厚，肉质，直径达2厘米，伸长而分枝。茎基部伏地，上升，高30～120厘米，基部径2.5～3毫米，钝四棱形，具细条纹，近无毛或被上曲至开展的微柔毛，绿色或带紫色，自基部多分枝。

叶坚纸质，披针形至线状披针形，长1.5～4.5厘米，宽0.5～1.2厘米，顶端钝，基部圆形，全缘，上面暗绿色，无毛或疏被贴生至开展的微柔毛，下面色较淡，无毛或沿中脉疏被微柔毛；叶柄短，长2毫米，腹凹背凸，被微柔毛。

花序在茎及枝上顶生，总状，长7～15厘米，常于茎顶聚成圆锥花序；花梗长3毫米，与花序轴均被微柔毛；苞片下部者似叶，上部者远较小，卵圆状披针形至披针形，长4～11毫米，近于无毛。小坚果卵球形，高1.5毫米，径1毫米，黑褐色，花期7～8月，果期8～9月。

【分布习性】

分布于中国东北至西南的广大地区，在西藏可分布至海拔4000米。欧洲和亚洲西部也广为分布。各地药圃常有栽培。生于山坡草地、林下、沟边，海拔2500米以下，性喜湿润，宜选地下水位高或低洼地种植，并要有良好的灌溉条件，耐短期涝渍，也较耐旱。土壤以中性或弱碱性的砂质壤土为好。

【化学成分】

缬草富含多种化学成分，分别有挥发油、黄酮、生物碱、环烯醚萜、木脂素等。

（1）挥发油类

挥发油的主要成分有缬草酮、缬草烯酸等多种物质，均具有生物活性。缬草一般含

0.5%～2%挥发油，少数为0.03%。缬草中挥发油含量受土壤、品种、地理环境、收获季节、存放时间等因素的影响。

（2）黄酮类

黄酮类物质主要有槲皮素、芹菜素、刺槐素、木犀草素、金合欢素、毛地黄黄酮等。黄酮类物质主要存在于缬草的花、果、茎、叶部分。花、果中黄酮含量与叶中黄酮相比较高。

（3）生物碱类

缬草中的生物碱含量约为1%，经分离得到猕猴桃碱、缬草碱A、缬草碱B、缬草碱、缬草宁碱等多种生物碱，约有19种，主要分为阿朴啡类生物碱、单萜型生物碱2类。阿朴啡类生物碱的化学结构极其复杂；单萜型生物碱包括吡啶类生物碱，吡啶类生物碱包括缬草碱、猕猴桃碱、缬草宁碱等。

（4）环烯醚萜类

环烯醚萜类物质主要有缬草三酯、乙酸缬草三酸酯、双氢缬草三酸酯、异缬草三酸酯。缬草属植物中具有多种类型的环烯醚萜，有双烯开环、单烯开环、单烯闭环、双烯闭环等几类。

（5）木脂素和其他

从缬草属植物中分离得到2种木脂素，木脂素大多数为双环氧型和单环氧型2类。木脂素中有微量的具有拮抗腺苷受体的活性成分。此外，缬草属植物中不仅含有多种有机酸（如绿原酸、咖啡酸等），还含有18种氨基酸（如精氨酸、酪氨酸等）。

【综合利用】

（1）观赏

缬草是中国、欧洲和北美地区的传统观赏植物。

（2）经济

缬草的须根蒸馏可得到草油，具有特殊香气，在香料工业上可用于配制香精。

（3）药用

缬草性温，味辛、苦。归心、肝经，有安心神、祛风湿、行气血、止痛等功效，可用于辅助治疗情志内郁所致心神不安、心悸失眠，风湿痹痛，脘腹胀痛，痛经，经闭，跌打损伤。近年来研究发现其在抗菌、抗病毒及保肝护肾方面也有疗效。

6.5.3　铃兰

【植物名】

铃兰（*Convallaria keiskei*）是天门冬科铃兰属草本植物。

【形态特征】

多年生草本宿根，须根系植物，根状茎粗短且具1～2条细长的匍匐茎；植株高18～30厘米，叶片通常2枚，少数有3枚，长7～20厘米，宽3～8厘米，无毛、椭圆形；花葶生于叶丛中，高15～30厘米，稍外弯；顶生总状花序具6～9朵花，苞片呈披针形；花梗长0.6～1.5厘米，近顶端有关节，果成熟时呈红色球形，浆果从关节处脱落，铃兰一般生长在林地中，在4月下旬至5月，铃兰植株的空中梢（鞘叶）伸长并长出地面，其具有两种截然不同的营养性空中芽，常具一片叶子或两片叶子。铃兰花期在5～6月，花白色，呈钟状，长和宽均5～7毫米，俯垂偏向一侧，花朵具有微弱的香气；果期在7～9月，种子扁圆形或双凸镜状，有网纹，径3毫米。铃兰有两种繁殖方式：营养繁殖和种子繁殖。由鞘翅目和双翅目的昆虫进行传粉，种子通过小型哺乳动物进行传播。

【分布习性】

铃兰属植物广泛分布于北温带阔叶林带，生于海拔850～2500米。自欧洲的环波罗的海周边国家和地区，亚洲的东亚地区（中国、俄罗斯、朝鲜、韩国、日本）至北美洲的美国等国家和地区。在我国铃兰主要生长区为东北和华北地区，东北的长白山分布较为广泛。

【化学成分】

（1）黄酮类

铃兰叶及花中含有多种黄酮类物质。

（2）强心苷类

已有的铃兰化学成分研究表明，除了没有种子的成熟浆果外，铃兰的所有组织中都含有强心苷。铃兰中主要含有铃兰毒苷、葡萄糖铃兰毒原苷、铃兰毒原苷、铃兰毒醇苷等成分，铃兰毒苷是从铃兰全草中提取得到的强心苷元，其化学结构和药理特性与毒毛旋花子苷相似，故作毒毛旋花子苷的替代品。

（3）挥发油

铃兰花中含有挥发油和苯乙醇、苯甲醇等芳香化合物，其含量达到0.4%～0.6%，可制成高级香水。铃兰花经浸提浓缩，溶解过滤得到的精油，作为一种高级香料可应用于食品及日用化学用品，在国际上已被列入上等香料。

【综合利用】

药理作用如下。

① 强心作用：铃兰叶、茎或全草浸液，全草的醇提取液皆有洋地黄样作用，对冷血及温血动物均能加强心肌收缩力，它能减慢心率，抑制传导，表现强心苷的作用特点。铃兰叶的总苷制剂称为柯尔格利康，可供注射，作用与毒毛旋花子苷相似，但作用较弱，毒性较小。

② 利尿作用：铃兰有明显的利尿作用。对心力衰竭患者的利尿效果优于洋地黄及毒毛旋花子苷，后两者不能消退的水肿，用铃兰制剂常可得到较满意的效果。

③ 镇静作用：铃兰在临床上能使患者安静，改善睡眠，减少不安情绪。

④ 对代谢的影响：铃兰毒苷能增加正常的或心肌炎的大鼠、猫的心肌糖原含量，在心肌缺氧时，铃兰毒苷能增强同化过程；铃兰叶总苷能增强心脏磷化合物的代谢，这些都有益于心肌的能源供应。铃兰毒苷还可增进肺循环，增加麻醉犬动脉血中的氧合血红蛋白，增加脑组织氧的摄取及骨骼肌的氧张力。

⑤ 其他作用：柯尔格利康在中毒剂量下可收缩冠状血管。去葡萄糖墙花毒苷对离体冠状血管、兔耳、肾灌流时，均表现出收缩血管的作用。日本产铃兰的浸出液可使离体肠管收缩，钙可协同，而镁则能拮抗此作用。

6.5.4　薄荷

【植物名】

薄荷（*Mentha canadensis*），又名夜息香，是唇形科薄荷属的一种多年生草本植物。

【形态特征】

薄荷植株较为低矮，株高在30～60厘米之间。根茎横生地下，其茎为方形，主茎通常直立挺拔，下部数节具有纤细的须根及水平生长的匍匐根状茎。上部被倒向微柔毛，下部仅沿棱上被微柔毛，多分枝。花萼管状钟形，长约2.5毫米，外被微柔毛及腺点，内面无毛。雄蕊4，前对较长，长约5毫米，均伸出于花冠之外，花丝丝状，无毛，花药卵圆形，2室，室平行。花柱略超出雄蕊，先端近相等2浅裂，裂片钻形。花盘平顶。开花后结暗棕色的细小果实。小坚果卵珠形，黄褐色，被洼点，具小腺窝。花期7～9月，果期10月。

【分布习性】

薄荷是一种生命力非常顽强的植物，每逢盛夏，到处都能见到野生薄荷的身影。它的根耐寒，因此对温度适应能力强，既能在高温环境中快速生长，也能在低温的情况下通过根茎宿存安全越冬。其最佳生长温度为25～30℃。薄荷对土壤环境要求不高，只要不是过酸或过碱的土壤，一般都能良好栽培，以砂质土壤、河流冲积土为好。该种植物喜光照，日照能促进薄荷生长、开花，有利于形成薄荷醇。因此，要想养出翠绿喜人、芬芳四溢的薄荷，最好让它待在温暖湿润、阳光充足的地方。薄荷对环境条件适应能力较强，在海拔2100米以下地区可生长，若生于水旁潮湿地，海拔可高达3500米。

薄荷广泛分布于北半球的亚热带和温带地区。中国各地均有分布且各地多有栽培，其中江苏、安徽为传统道地产区，但栽培面积日益减少。缅甸、泰国、老挝、柬埔寨、越南、马来西亚、朝鲜、日本等亚洲国家，俄罗斯西伯利亚地区、北美洲（南达墨西哥）也有分布。

【化学成分】

薄荷的化学成分主要包括挥发油类、黄酮类、萜类、酚酸类、醌类、苯丙素类等，其中挥发油类成分是薄荷的特征性成分。

① 挥发油类成分：目前薄荷挥发油类成分主要包括薄荷醇、薄荷酮、异薄荷酮、胡薄荷酮、异胡薄荷醇、胡椒酮、桉油精、芳樟醇、香芹酮、香芹酚、柠檬烯、3-辛醇、3-辛酮、*α*-蒎烯、*β*-蒎烯、*α*-松油醇、乙酸松油酯、乙酸薄荷酯等。

② 黄酮类成分：黄酮类成分也是薄荷的主要成分之一，主要有刺槐素、白杨素、橙皮素、橙皮苷、蒙花苷、柚皮苷、藿香苷、田蓟苷、香蜂草苷、香叶木苷、木犀草素、香叶木素、栀子黄素B、橙皮素-7-*O*-*β*-D-葡萄糖苷、木犀草素-7-*O*-芸香糖苷、芹菜素-7-*O*-芸香糖苷等。

③ 萜类成分：薄荷中萜类成分主要包括单萜类和五环三萜类两大类，主要有齐墩果酸、熊果酸、桦木酸等。

④ 酚酸类成分：薄荷酚酸类成分主要有苯甲酸、根皮酸、龙胆酸、琥珀酸、咖啡酸、丁香酸、原儿茶醛、原紫草酸、紫草酸、紫草酸乙酯、迷迭香酸、迷迭香酸甲酯、迷迭香酸乙酯、丹参素、丹酚酸B、丹酚酸G、丹酚酸E、反式桂皮酸等。

⑤ 醌类成分：研究发现薄荷中含有大黄酸、大黄酚、大黄素、大黄素甲醚、芦荟大黄素、丹参酮Ⅰ、丹参酮ⅡA、二氢丹参酮Ⅰ、亚甲基丹参醌、1,2-二氢丹参醌等醌类化合物。

⑥ 苯丙素类化合物：薄荷中有多种苯丙素类成分，如1-羟基松脂酚等。

⑦ 其他成分：除上述成分外，薄荷中还含有大量的氨基酸，如谷氨酸、天冬氨酸、苏氨酸、亮氨酸等。同时薄荷中还测定出丰富的微量元素，如铁（Fe）、钙（Ca）、锌（Zn）。另外薄荷中也存在棕榈酸、油酸等脂肪酸类成分。

【综合利用】

① 食用价值：主要食用部位为茎和叶，也可榨汁服。在食用上，薄荷既可作为调味剂，又可作香料，还可配酒、冲茶等。

② 药用价值：薄荷是常用中药之一，主要用于辅助治疗风热感冒、咽喉肿痛、隐疹不透等。现代药理学研究表明，薄荷的化学成分具有抗炎、抗氧化、抗菌、保肝利胆等多种药理活性。

6.5.5 暴马丁香

【植物名】

暴马丁香（*Syringa reticulata* subsp. *amurensis*）是木樨科丁香属植物。

【形态特征】

暴马丁香是落叶小乔木或大乔木，高4 ～ 10米，可达15米，具直立或开展枝条；

树皮紫灰褐色，具细裂纹。枝灰褐色，无毛，当年生枝绿色或略带紫晕，无毛，疏生皮孔，二年生枝棕褐色，光亮，无毛，具较密皮孔。叶片厚纸质，宽卵形、卵形至椭圆状卵形，或为长圆状披针形，先端短尾尖至尾状渐尖或锐尖，基部常圆形，或为楔形、宽楔形至截形，上面黄绿色，干时呈黄褐色，侧脉和细脉明显凹入使叶面呈皱缩状，下面淡黄绿色，秋时呈锈色，无毛，稀沿中脉略被柔毛，中脉和侧脉在下面凸起；叶柄长1～2.5厘米，无毛。

【分布习性】

暴马丁香原产于中国，主要分布于黑龙江、吉林和辽宁等地，在俄罗斯和朝鲜也有分布。生于山坡灌丛或林边、草地、沟边，或针、阔叶混交林中，海拔10～1200米。暴马丁香喜光，喜温暖、湿润环境，耐寒性和耐旱力强，稍耐阴，耐瘠薄，喜肥沃、排水良好的土壤，忌在低洼地种植。

【化学成分】

暴马丁香中含有丰富的化学成分，主要含有环烯醚萜类、苯丙素类、黄酮类、三萜类等化学成分。

① 环烯醚萜类化合物：暴马丁香中含有丰富的环烯醚萜类化合物，国内外专家已从暴马丁香中分离得到了8个环烯醚萜苷类化合物。

② 苯丙素类化合物：包括木脂素、香豆素以及苯丙酸类。截至目前，从丁香属植物中分离得到的香豆素类化合物包括蒿属香豆素、七叶亭等。还从丁香属植物中分离得到丁香苷、阿克替苷、洋丁香苷、松脂素苷、松柏苷、连翘苷等多种类型的木脂素活性成分。

③ 黄酮类化合物：目前从暴马丁香中已报道的黄酮类化合物包括芦丁、山柰酚、槲皮素等。

④ 三萜类化合物：目前从暴马丁香中分离得到的三萜类化合物有齐墩果酸、熊果酸及其糖苷等。此外，从丁香属植物中分离出了羽扇豆烷型等三萜类化合物。

【综合利用】

① 药用价值：现代药理研究表明，暴马丁香具有很多功效，如具有镇咳祛痰、抗氧化、抗菌抗炎和保肝等辅助作用，市场用树皮提取物紫丁香苷生产的芩暴红止咳片和芩暴红止咳胶囊，对于治疗慢性支气管炎有辅助疗效。

② 经济价值：暴马丁香木材材质坚实致密，结构均一，具有清香气味，可作建筑、器具、家具及细木工用材，尤宜作茶叶筒、食具等；暴马丁香还可作栲胶原料；其根可作熏香原料，花又可调制各种香精，种子可榨取供工业用。可见暴马丁香是个综合利用价值非常高的树种，具有广阔的市场前景。

③ 园林价值：暴马丁香花序大，花期长，树姿美观，花香浓郁，为绿化观赏树种之一。

6.5.6 玫瑰

【植物名】

玫瑰（*Rosa rugosa*）是蔷薇科蔷薇属多种植物和培育花卉的通称。

【形态特征】

直立、蔓延或攀援灌木，多数被有皮刺、针刺或刺毛，稀无刺，有毛、无毛或有腺毛。叶互生；花单生；花托球形、坛形至杯形；花瓣倒卵形，重瓣至半重瓣，花瓣5枚，野生型单瓣，栽培种多为重瓣开展，覆瓦状排列，白色、黄色，粉红色至红色；花柱顶生至侧生，外伸，离生或上部合生；枝条较为柔弱软垂且多密刺。

【分布习性】

玫瑰喜阳光充足环境，耐寒、耐旱，喜排水良好、疏松肥沃的壤土或轻壤土，在黏壤土中生长不良，开花不佳。宜栽植在通风良好、离墙壁较远的地方，以防日光反射，灼伤花苞，影响开花。玫瑰为阳性植物，日照充分则花色浓，香味亦浓。生长季节日照少于8小时则徒长而不开花。对空气湿度要求不甚严格，气温低、湿度大时发生锈病和白粉病；开花季节要求空气有一定的湿度；高温干燥时产油率则会降低。玫瑰对土壤的酸碱度要求不严格，微酸性土壤至微碱性土壤均能正常生长。冬季有雪覆盖的地区能忍耐–40 ～ –38℃的低温，无雪覆盖的地区也能耐–30 ～ –25℃的低温，但不耐早春的旱风。土壤尚未解冻而地面风大的地区，枝条往往被风吹干；若土壤已解冻，根部不断向茎输送水分和养分，风不能造成严重危害。干燥度大于4的地区需要有灌溉条件才能正常发育。

【化学成分】

① 玫瑰精油：玫瑰花的多种化学成分中，精油是其主要成分，玫瑰精油的成分有丁香油酚、苯乙醇、*β*-香茅醇、香茅醇甲酸酯、芳樟醇甲酸酯、芳樟醇、牻牛儿醇和柠檬烯等。

② 黄酮类：黄酮是玫瑰花的主要化学成分之一，主要为黄酮苷和黄酮醇类，玫瑰花中常见且重要的花色苷是矢车菊素-3,5-二葡萄糖苷，中国的玫瑰花品种中还含有葡萄苷。迄今为止，从玫瑰花中共分离并检测到了30余种黄酮类成分。

③ 多糖：已有专家学者从玫瑰花中分离得到了糖蛋白复合物，分子质量约为150千道尔顿。

④ 酚酸类：玫瑰花主要含有的酚酸类物质有咖啡酸、香豆酸、没食子酸、原儿茶酸、香草酸、阿魏酸、龙胆酸、绿原酸和对羟基肉桂酸等。

⑤ 色素类：分离玫瑰得到矢车菊素-3-葡萄糖苷等；分离野玫瑰得到芍药色素-3-葡萄糖苷和飞燕草素-3-*O*-芸香糖苷。

⑥ 其他类：玫瑰花含有天冬氨酸、齐墩果酸、苏氨酸、丙氨酸、亮氨酸、谷氨酸、胱氨酸、*β*-谷甾醇和果酸等化合物。

【综合利用】

① 观赏价值：玫瑰花朵艳丽，有很高的观赏价值，可作庭院观赏花卉。

② 药食用价值：玫瑰初开的花朵可入药，有理气、活血等作用，主治月经不调、跌打损伤、肝气胃痛、乳痈肿痛等；玫瑰果的果肉，可制成果酱，具有特殊风味，果实含有丰富的维生素C等，可预防急、慢性传染病等；玫瑰精油，可以改善皮肤质地，促进血液循环及新陈代谢；从蒸馏玫瑰油后的花残渣中提取玫瑰红色素，用于食品着色。用红玫瑰花作酸性食品的红色色素时，其营养成分未被破坏。

③ 市场价值：玫瑰为香料植物，从玫瑰花中提取的香料——玫瑰油，在国际市场上价格昂贵；玫瑰油成分纯净、气味芳香，一直是世界香料工业不可取代的原料，多用于高级香水等的制作；从玫瑰油废料中开发抽取的玫瑰水，因其不加任何添加剂和化学原料，是纯天然护肤品，具有极好的延缓衰老和止痒作用；此外，玫瑰的根皮可作为绢丝等物的黄色染料。

6.5.7 杜香

【植物名】

杜香（*Rhododendron tomentosum*）为杜鹃花科杜鹃花属下的一个种。别名：细叶杜香、狭叶杜香、绊脚丝。

【形态特征】

杜香为常绿小灌木，直立或茎下部俯卧，高达50厘米以上，多分枝。单叶互生，叶柄长2～5厘米，叶片质稍厚，有强烈香味。伞房花序生于枝的顶端，花梗细，长1～2厘米，密生锈褐色茸毛；花多数，小形，白色；萼片5，圆形，尖头，宿存；花冠5深裂，裂片长卵形；雄蕊10，子房上位，5室；花柱宿存。蒴果卵形，生有褐色细毛，种子细小。花期6～7月，果期7～8月。

【分布习性】

生长于海拔400～1400米的落叶松林、樟子松林、云杉林或针阔叶混交林下，常为灌木层、草本层的建群种或优势种，也见于山麓泥炭藓沼泽地边或高山草甸沼泽。生于河谷或苔藓沼泽地，常成片生长。

【化学成分】

杜香中主要含有挥发油、黄酮、三萜、香豆素等化合物，其中杜香挥发油中已鉴定的化合物占总挥发油含量的71.7%，单萜及其衍生物的相对含量较高，主要有间伞花烃、对甲基苯异丙醇、乙基环己酮、α-侧柏醛、桃金娘烯醛等，占总挥发油含量的40.26%。分离得到9种三萜类化合物，分别鉴定为2α-羟基-9（11）-羊齿烯-3-酮、熊果醇、羽扇豆酮、α-香树脂酮、熊果酸、羽扇豆醇、α-香树脂醇、2α,3β-二羟基-9（11）-羊齿烯、羊齿烯醇。

【综合利用】

医学价值：以挥发油入药，可单独使用或与其他中药配合使用，具有扩张血管、止咳、平喘、抑制真菌、止痒及降压等功效。

6.5.8 兴安杜鹃

【植物名】

兴安杜鹃（*Rhododendron dauricum*）为杜鹃花科杜鹃花属植物。

【形态特征】

半常绿灌木，高0.5～2米，分枝多。幼枝细而弯曲，被柔毛和鳞片。叶片近革质，椭圆形或长圆形，长1～5厘米，宽1～1.5厘米，两端钝，有时基部宽楔形，全缘或有细钝齿，上面深绿，散生鳞片，下面淡绿，密被鳞片，鳞片不等大，褐色，覆瓦状或彼此邻接，或相距为其直径的1/2或1.5倍；叶柄长2～6毫米，被微柔毛。

花序腋生枝顶或假顶生，1～4花，先叶开放，伞形着生；花芽鳞早落或宿存；花梗长2～8毫米；花萼长不及1毫米，5裂，密被鳞片；花冠宽漏斗状，长1.3～2.3厘米，粉红色或紫红色，外面无鳞片，通常有柔毛；雄蕊10，短于花冠，花药紫红色，花丝下部有柔毛；子房5室，密被鳞片，花柱紫红色，光滑，长于花冠。蒴果长圆形，长1～1.5厘米，径约5毫米，先端5瓣开裂。花期5～6月，果期7月。

【分布习性】

分布于中国黑龙江（大兴安岭）、内蒙古（锡林郭勒盟、满洲里）、吉林。蒙古、日本、朝鲜、俄罗斯有分布。生于山地落叶松林、桦木林下或林缘。

【化学成分】

叶含多种黄酮成分：金丝桃苷、山柰酚、杨梅皮素、杜鹃醇、香草酸、挥发油、白桦醇等。

【综合利用】

① 园林观赏：目前在园林中应用很少，大多处于野生状态，应充分利用杜鹃开花早、色泽艳、整株姿态优美的特点进行园林绿化，可修剪成花篱或栽植在疏林下、假山石缝中构成各种园景。

② 开发研制中草药：兴安杜鹃以根、叶及花入药。根主治风湿性关节炎、跌打损伤，外用可辅助止血。叶、花可辅助治疗慢性支气管炎，外用可缓解皮肤瘙痒。含毒性成分，需遵医嘱使用。

③ 提取高级芳香精油：兴安杜鹃叶的芳香精油含量可达0.94%。通过合理利用可提取作为化妆品工业使用的芳香精油。

6.5.9 柠檬桉

【植物名】

柠檬桉（*corymbia citriodora*）为桃金娘科伞房桉属植物。

【形态特征】

大乔木，高28米，树干挺直；树皮光滑，灰白色或红灰色，大片状脱落。幼态叶片披针形，有腺毛，基部圆形，叶柄盾状着生；成熟叶片狭披针形，宽约1厘米，长10～15厘米，稍弯曲，两面有黑腺点，揉之有浓厚的柠檬气味；过渡性叶阔披针形，宽3～4厘米，长15～18厘米；叶柄长1.5～3厘米。

圆锥花序腋生；花梗长3～4毫米，有2棱；花蕾长倒卵形，长6～7毫米；萼管长5毫米，上部宽3毫米；帽状体长1.5毫米，比萼管稍宽，先端圆，有1小尖突；雄蕊长6～7毫米，排成2列，花药椭圆形，背部着生，药室平行。蒴果壶形，长1～1.2厘米，宽8～10毫米，果瓣藏于萼管内。花期4～9月。

【分布习性】

柠檬桉喜高温多湿气候，但不耐严寒，适生于年平均气温18℃以上，绝对最低气温0℃以上，全年无霜或基本无霜；4～9月平均气温在21℃以上，相对湿度80%左右；在北回归线两侧，年积温6500℃以上、年均气温21℃以上等温线范围内。

柠檬桉对土壤要求不严，喜湿润、深厚、疏松的土壤。在土层深厚疏松的酸性（pH 4.5～6.0）红壤、砖红壤、黄壤和冲积土上均生长良好。

【化学成分】

① 柠檬桉叶化学成分：主要成分为香茅醇、香茅醛、乙酸香茅酯等，柠檬桉叶中单宁为鞣花单宁类物质。

② 柠檬桉果实化学成分：柠檬桉果实中有单宁和皂苷，且单宁和皂苷纯化品均有较强的抗氧化能力。

③ 柠檬桉树皮化学成分：有效成分是单宁，有关柠檬桉树脂有效成分研究的报道较少。

④ 柠檬桉树脂化学成分：树脂水提物含有高浓度酚类和黄酮类化合物，还有部分挥发性的萜类化合物。

【综合利用】

① 经济价值：柠檬桉枝叶含芳香油，是香料工业中重要的原料之一，可用于香皂、香水、化妆品香精。柠檬桉木材纹理较直，易加工，质稍脆，伐后经水浸渍，能抗虫害蛀食；用于造船；耐海水浸渍，能防止船蛆附蚀，是造船的好木材；树皮可提制栲胶和阿拉伯胶。

② 药用价值：柠檬桉叶有消肿散毒功能，可用于辅助治疗腹泻腹痛及风湿骨痛。

③ 园林用途：有观赏作用。

6.5.10 花椒

【植物名】

花椒（*Zanthoxylum bungeanum*）是芸香科，花椒属多年生植物。

【形态特征】

花椒是落叶小乔木；高3～7米，茎杆上的刺常早落，枝有短刺，小枝上的刺基部为宽而扁且劲直的长三角形，当年生枝被短柔毛。小叶有5～13片，叶轴常有甚狭窄的叶翼；小叶对生，无柄，卵形，椭圆形，稀披针形，位于叶轴顶部的较大，近基部的有时圆形，长2～7厘米，宽1～3.5厘米，叶缘有细裂齿，齿缝有油点。其余无或散生肉眼可见的油点，叶背基部中脉两侧有丛毛或小叶两面均被柔毛，中脉在叶面微凹陷，叶背干后常有红褐色斑纹。

花序顶生或生于侧枝之顶，花序轴及花梗密被短柔毛或无毛；花被片6～8片，黄绿色，形状及大小大致相同；雄花的雄蕊5枚或多至8枚；退化雌蕊顶端叉状浅裂；雌花很少有发育雄蕊，有心皮2或3个，间有4个，花柱斜向背弯。果紫红色，单个分果瓣径4～5毫米，散生微凸起的油点，顶端有甚短的芒尖或无；种子长3.5～4.5毫米。花期4～5月，果期8～9月或10月。

【分布习性】

产地北起东北南部，南至五岭北坡，东南至江苏，西南至西藏；见于平原至海拔较高的山地。耐旱，喜阳光。

【化学成分】

① 挥发油：花椒挥发油中主要含有柠檬烯、桉树脑、水芹烯、β-月桂烯、α-蒎烯、桧萜、松油烯、桧烯、罗勒烯、侧柏烯、丁香烯、芳樟醇乙酸酯、芳樟醇、松油醇、沉香醇、胡椒酮和薄荷酮等，另外，还有醛类、环氧化合物、酯类和芳烃类化合物。

② 生物碱：生物碱是花椒中普遍含有的一类物质，按母核可将花椒中的生物碱分为异喹啉衍生物碱类、喹啉衍生物碱类、苯并菲啶衍生物碱类和喹诺酮衍生物碱类，这些生物碱以游离态或季铵盐的形式存在。

③ 黄酮及其苷类：黄酮类物质在花椒中发挥着重要的作用。花椒中黄酮种类丰富，近年来从花椒果皮中分离萃取主要得到的化合物有壬酸、桉树脑、桉油醇、α-松油醇、石竹烯氧化物。

④ 苯丙素类：花椒中主要含有的苯丙素类有绿原酸、芝麻素、桉脂素等。

⑤ 其他成分：花椒中还有一些肽类、甾醇类、烯醇类化合物。

【综合利用】

药理作用：

① 抗炎、镇痛的作用。花椒具有抗炎镇痛的作用，可用于辅助治疗牙疼等。

② 杀虫、止痒的作用。花椒杀虫作用广泛，对于人体部分寄生虫及仓储害虫均具有良好的消杀作用。花椒挥发油中所含的桉树脑、β-水芹烯、萜品油烯等化合物的协同作用杀虫作用较好，可用于玉米象、赤拟谷盗及人体螨虫的抑杀。

③ 对心血管系统的影响。花椒水提物和醚提物具有抗血栓、减少心肌内酶消耗、缓

解心脏损伤等作用，对心血管系统的影响主要表现在抗主动脉粥样硬化形成、降血脂、抗血栓等，但人类临床试验不足。

④ 抗氧化的作用。花椒中的挥发油、黄酮类酰胺、多酚类等成分具抗氧化作用，另外，花椒油树脂也具有较强的抗氧化活性。

⑤ 抑菌的作用。花椒可对炭疽杆菌、枯草芽孢杆菌和金黄色葡萄球菌等多种病菌产生完全抑制作用，其中花椒中的挥发油、生物碱类成分的抑菌效果较好。

⑥ 其他。近年来国内外研究还发现花椒可能具有除皱、祛风、除湿等作用，但相关研究较少，具体作用机制有待进一步研究。

思考题

① 精油的提取方法有哪些?

② 说一说香料在食品中的应用。

第7章

野菜植物资源

野菜是世界植物资源中极其珍贵的部分，因其具有较高的营养与保健价值，在国内外备受欢迎。

野菜是一种宝贵的植物资源，有很高的开发利用价值。然而大多数野菜资源未被开发利用，即使少量被利用，其利用率也甚低。随着市场经济的发展和人们膳食结构的改善，天然无公害的野菜食品必将受到人们的青睐，野菜资源的开发利用具有极大的潜力和广阔前景，山野菜是产品是国内外公认的天然绿色食品。

我国山野菜产业发展方兴未艾，自20世纪80年代开始，我国的蕨菜、桂皮紫萁（薇菜）、蹄盖蕨菜（猴腿蕨）、大叶芹（山芹菜）、辽东楤木嫩芽（刺嫩芽）等山野菜就已出口到日本、韩国、欧洲、东南亚等地。

山野菜产品在国际市场上颇受欢迎，尤其以东北地区山野菜质量为优，东北地区也是我国山野菜出口量最大的地区，各类野菜年出口20万吨左右，创汇2亿元以上。

近些年来，从事山野菜科研、生产和加工的单位不断增加，已具有相当规模的人工栽培面积，东北地区人工栽培面积已超过100万亩。

外商对我国的山野菜食品颇感兴趣，纷纷到中国投资建厂，如黑龙江省尚志市与日本合资兴建的山野菜加工厂，生产出的保鲜薇菜、蕨菜等多种野菜食品畅销国内外市场。

据不完全统计，黑龙江省大兴安岭、小兴安岭地区与张广才岭地区山野菜加工厂多达八十家。开发功能多样、即食即用的山野菜精深加工产品，利用林下特殊环境建立相应山野菜原料基地，不断提升企业经营规模是今后开发山野菜资源的重要任务。

7.1　野菜植物的特点

（1）营养价值高，且无公害

野生蔬菜生长在自然环境中，不受或极少受农药、化肥污染，基本无公害，是真正的绿色食品。它富含人体所必需的各种矿物质元素、维生素、蛋白质、氨基酸、碳水化合物等多种营养成分，尤其是维生素、矿物质元素含量较为突出，含量比一般蔬菜高出许多倍。

马齿苋中ω-3脂肪酸含量丰富，高于绝大多数蔬菜，是菠菜的6～7倍；蕨菜中富含各种氨基酸，相对于一般蔬菜其营养价值较高。可见，野菜的营养价值明显高于普通的栽培蔬菜。

（2）具有医疗、保健功能

许多野菜都具有医疗保健价值，含有治病的活性成分，在中药学中占有重要地位。

野菜丰富的膳食纤维能刺激肠道蠕动，促进消化腺分泌，对糖尿病、肥胖症、高血压等多种疾病有预防作用和辅助疗效。

茵陈蒿能辅助治疗肝炎；蒲公英抗菌消炎、清热解毒，可用其辅助治疗乳腺炎、肝炎等；马齿苋可以清热解毒，可用其辅助治疗糖尿病、胃炎等。

（3）种类多，分布各具特色

野生菜用植物资源达7000余种，而有开发潜力且品质优良的常见种在全国有200余种。

有的野菜分布范围极广，如蒲公英、苣荬菜等；有的则具有较强的地域性，如松茸、蜂斗菜等。

（4）风味独特，食用方法多样，具有很高的商品价值

由于野生蔬菜生长在野外环境，故能给人以“野味”“新奇”的感受，相比于栽培蔬菜，野菜使人耳目一新、食欲大振。特殊的生长环境，使野菜有了独特的清香风味，因此，无论炒食、凉拌、做馅、做汤还是鲜食、干制，口感都很好。如蒲公英、马齿苋、苣荬菜适合鲜食，而香椿芽、苦笋适合炒食，蕨菜及薇菜干制口感更佳。

野菜是全天然绿色食品，具有广阔的消费市场，许多国家兴起了“野菜热”，对野菜的需求量与日俱增，导致货源紧缺的野菜价格不断上涨，如发菜、薇菜等已成为我国在国际市场上很有竞争力的蔬菜。

7.2 野菜植物资源开发利用现状

（1）目前开发利用中存在的问题

① 基础研究不足。我国野菜资源丰富，但缺乏对野生蔬菜的形态结构、营养成分和生理活性物质等方面的系统研究，使很多野生蔬菜的安全性未能确定以及对于营养价值高的种类未能发掘，这将影响资源的合理利用，降低其开发利用的广度和深度。如小蓟含生物碱、苷类等物质，常食可致人体脾胃虚寒、血瘀，过量则会中毒。

② 利用率和开发程度较低。目前对野生蔬菜的深加工技术开发不足，多数种类的利用仅停留在群众采食阶段，没有形成系列产品；由于采收技术不合理，缺乏统一管理，野生蔬菜资源遭到破坏性采收，不仅大大浪费了资源，而且对生态环境造成了严重破坏。

③ 生态环境保护不足，资源浪费严重。如我国东北地区的龙牙楤木，西北地区的发菜、蕨菜、薇菜等传统的野生蔬菜，都由于采摘过度，资源明显减少。

④ 保鲜技术差，加工技术落后。许多形佳味美的野生蔬菜如马齿苋、土人参等由于质嫩多汁而易腐变质，不耐贮运。

⑤ 野菜制品档次较低，科技含量不高。我国野生蔬菜加工有相当一部分属于家庭作坊式加工，生产规模较小，其产品多为半成品，且加工制品种类少、档次低、质量差，市场竞争力较弱，故难以满足市场需要，产品的市场占有率也较低。

（2）野菜植物资源综合开发思路

① 野生蔬菜资源的合理开发和保护，应有计划地开发与利用，同时应做到开发与保护并重。政府部门及相关企业人员应加大科技投入，深入进行资源调查，加强对野菜的营养成分和生理活性物质等的研究，以促进对野菜的进一步开发。同时还应增强野菜的后期处理技术，保证野菜的品质。

② 山野菜的加工应向功能性食品方向发展，充分发挥其药食两用的优越性。

③ 加强野生蔬菜驯化栽培，建立野生蔬菜原料基地和种苗繁育基地。规模化的原料基地是食品工业发展的后劲和基础。通过此途径可以使某些再生能力弱、资源相对不足的优质野菜得到驯化，从而在实现野菜市场化的同时保护了野菜资源。

④ 综合开发野生蔬菜资源，实行野生蔬菜精深加工，提高产品附加值。在原有的野菜加工技术（干制、盐渍、速冻等）上，开发脆片、浓缩汁、饮料等系列产品。同时还可根据其化学成分开发药食两用的产品，以适应市场的发展。

7.3　野菜资源的分类

全株类：在适宜的采收期食用其全株叶、茎等部位的野菜种类。如蒲公英、水芹、荠菜、苋菜、苣荬菜、野生韭菜等。

叶菜类：在适宜的采收期主要食用其幼苗、嫩芽、嫩茎叶的野菜种类，其中木本植物主要以嫩芽、嫩叶为食用对象。如薇菜、蕨菜、莼菜等。

树芽类：香椿芽、枸杞芽、珍珠菜、花椒芽、楤木芽等。

根菜类：食用器官为地下根、根茎、鳞茎或块茎的野菜种类。如桔梗、牛蒡等。

花菜类：在适宜的采收期食用其花序、花蕾或花瓣的野菜种类。如金针菜、槐花、紫藤花、菊花等。

果菜类：在适宜的采收期食用其果实或果仁的野菜种类。如榆钱、核桃仁、松子仁等。

其他菜类：此类是指可供食用的藻类等。

7.4　野菜的采集与贮藏

（1）采集要求与注意事项

① 适时采收是保证山野菜质量的关键；

② 择优而采，使资源永续利用；

③ 选择适宜采收工具，及时整理。

（2）贮藏原理

① 防止失水；

② 控制呼吸（气调贮藏、低温、防止机械损伤）；

③ 遏制褐变（抗坏血酸、亚硫酸盐）。

（3）贮藏方法

① 低温保藏。指低于15℃以下储藏山野菜的方法，一般温度范围：–30 ～ 15℃。

② 气调保藏法。指通过调节和控制山野菜环境的气体成分的储藏方法，一般是降低O_2含量，增加CO_2的含量。

③ 高温、高压杀菌保藏法。指用高温、高压的方法杀死微生物，使山野菜得以较长期保藏的方法。

④ 放射线、超声波、臭氧杀菌保藏。利用放射线、超声波、臭氧杀死微生物，使山野菜得以较长期保藏的方法。

⑤ 干燥和脱水保藏法。将山野菜所含水分降低到一定阈值后，微生物和酶由于缺水而无法生长和发生作用，达到保藏蔬菜的目的。

⑥ 化学保藏法。在山野菜保藏时加入化学消毒灭菌剂、生长抑制剂和保鲜剂，达到保藏山野菜的目的。

7.5 野菜植物的原料加工技术

（1）野菜原料加工品类型

① 盐渍加工原理与技术。盐渍品如蕨菜、香椿、各种野生和栽培蘑菇。

盐渍原理：盐渍就是利用高浓度的食盐溶液所产生的渗透压，杀死山野菜表面的各种腐败菌，并使山野菜本身所含水分外渗，降低其活性，从而达到防止山野菜腐烂变质的目的。

食盐浓度的确定：1%的食盐溶液，能使各种腐败微生物停止活动；15%的食盐溶液可使大部分有害微生物死亡。

② 干制加工原理与技术。干制品如蕨菜、金针菜、各种野生蘑菇。

干制原理：借助于热能和干燥介质的作用，排出原料中大部分的水分，提高其可溶性固形物浓度，达到微生物不能利用的程度，这样微生物因缺水不能进行正常生命活动，甚至死亡，另外蔬果中的酶活性也受到抑制，达到长期保存的目的。

水分：蔬果含水量达90%左右。

原料干制机理：干制过程中即干燥条件下水分蒸发，主要依赖两种作用即内外扩散作用。

（2）野菜储藏加工技术

工艺流程：原料→预处理（选择、预煮、冷却）→装瓶→灌汤汁→排气→真空密封→杀菌→冷却→成品贴标→外包装→质检→入库贮存。

（3）野菜制汁加工技术

工艺流程：原料选择→预处理（清洗、预热）→破碎→酶处理→榨汁→粗滤→脱气→均质→罐装→密封→杀菌→冷却→浑浊菜汁。

（4）野菜脆皮加工技术

工艺流程：原料分选→清洗→切片→杀青→真空调制→速冻→真空油炸→真空脱油→充氮包装。

（5）颗粒野菜加工技术

工艺流程：选料→清洗→打浆→细磨→均质→真空冷冻→干燥→磨细→绿色野菜粉→多种野菜粉→混合→造粒→干燥→过筛→杀菌→包装→检验→成品。

7.6 主要野菜植物资源

7.6.1 香椿

【植物名】

香椿（*Toona sinensis*），楝科植物。

【形态特征】

树皮粗糙，深褐色，片状脱落。叶具长柄，偶数羽状复叶，长30～50厘米或更长；小叶16～20，对生或互生，纸质，卵状披针形或卵状长椭圆形，长9～15厘米，宽2.5～4厘米，先端尾尖，基部一侧圆形，另一侧楔形，不对称，边全缘或有疏离的小锯齿，两面均无毛，无斑点，背面常呈粉绿色，侧脉每边18～24条，平展，与中脉几成直角开出，背面略凸起；小叶柄长5～10毫米。圆锥花序与叶等长或更长，被稀疏的锈色短柔毛或有时近无毛，小聚伞花序生于短的小枝上，多花；花长4～5毫米，具短花梗；花萼5齿裂或浅波状，外面被柔毛，且有睫毛；花瓣5，白色，长圆形，先端钝，长4～5毫米，宽2～3毫米，无毛；雄蕊10，其中5枚能育，5枚退化；花盘无毛，近念珠状；子房圆锥形，有5条细沟纹，无毛，每室有胚珠8颗，花柱比子房长，柱头盘状。

【分布习性】

原产于中国中部和南部。东北自辽宁南部，西至甘肃，北起内蒙古南部，南到广东、广西，西南至云南均有栽培。其中尤以山东、河南、河北栽植最多。河南信阳地区有较大面积的人工林。陕西秦岭和甘肃小陇山有天然分布。垂直分布在海拔1500米以下的山地和广大平原地区，最高达海拔1800米，耐寒区位6～11。

香椿喜温，适宜在平均气温8～10℃的地区栽培，抗寒能力随苗树龄的增加而提高。用种子直播的一年生幼苗在–10℃左右可能受冻。香椿喜光，较耐湿，适宜生长于河边、宅院周围肥沃湿润的土壤中，一般以砂壤土为好。适宜的土壤酸碱度为pH 5.5～8.0。

【化学成分】

① 挥发油类：三萜类化合物是香椿中主要化学成分，目前已经从香椿的根、树皮、叶等部位分离到93个三萜类化合物。

② 生物碱：目前，从香椿已分离到8个柠檬苦素类化合物，包括2个完整的柠檬苦素型和6个D环开环的柠檬苦素型。

③ 黄酮类：黄酮类化合物是香椿中另一类主要化学成分，从香椿的各个部位中分离到21个黄酮及其苷类化合物。

④ 木脂素和香豆素类：从香椿根、皮、叶子和果实中分离到6个木脂素类化合物和3个香豆素类化合物，其中有降木脂素类化合物。

⑤ 酚酸类：从香椿中已分离鉴定出8个鞣质类化合物。

⑥ 甾体类化合物：目前已在香椿子中发现了β-谷甾醇、豆甾醇、7β-羟基谷甾醇、豆甾烷-3,6-二酮、豆甾-4-烯-3-酮、6-羟基豆甾-4-烯-3-酮、豆甾-4-烯-3β，6β-二醇和过氧化麦角甾醇。

⑦ 还含有二萜类、二十碳酸乙酯和正二十六烷醇等。

【综合利用】

① 药用价值：香椿的根、茎、叶、果实均可入药，具有抗炎、镇痛等作用。

② 食用价值：香椿叶厚芽嫩，绿叶红边，香味浓郁，营养丰富，可用于制作香椿炒鸡蛋、香椿竹笋、香椿拌豆腐、煎香椿饼、椿苗拌三丝、椒盐香椿鱼、香椿鸡脯、香椿豆腐肉饼、香椿皮蛋豆腐、香椿拌花生等。

7.6.2 桔梗

【植物名】

桔梗（*Platycodon grandiflorus*）为桔梗科植物。

【形态特征】

茎高20～120厘米，通常无毛，偶密被短毛，不分枝，极少上部分枝。叶全部轮生，部分轮生至全部互生，无柄或有极短的柄，叶片卵形，卵状椭圆形至披针形，长2～7厘米，宽0.5～3.5厘米，基部宽楔形至圆钝，急尖，上面无毛而绿色，下面常无毛而有白粉，有时脉上有短毛或瘤突状毛，边顶端缘具细锯齿。

花单朵顶生，或数朵集成假总状花序，或有花序分枝而集成圆锥花序；花萼钟状五裂片，被白粉，裂片三角形，或狭三角形，有时齿状；花冠大，长1.5～4.0厘米，蓝色、紫色或白色。蒴果球状，或球状倒圆锥形，或倒卵状，长1～2.5厘米，直径约1厘米。花期7～9月。

【分布习性】

产于中国东北、华北、华东、华中各省以及广东、广西、贵州、云南东南部（蒙自、砚山、文山）、四川（平武、凉山以东）、陕西。朝鲜、日本、俄罗斯西伯利亚地区的南部也有。模式标本采自俄罗斯的西伯利亚。

喜凉爽气候，耐寒、喜阳光。宜栽培在海拔1100米以下的丘陵地带，半阴半阳的砂质壤土中，在富含磷钾肥的中性夹砂土中生长较好，种子寿命为1年，在低温下贮藏，能延长种子寿命。0～4℃干贮种子18个月，其发芽率比常温贮藏提高3.5～4倍。种子发芽率70%，在温度18～25℃，有足够湿度的条件下，播种后15天出苗。

【化学成分】

① 桔梗皂苷：桔梗皂苷作为桔梗的主要活性成分之一，其为齐墩果烷型五环三萜衍生物。桔梗皂苷的母核主要为齐墩果酸型并含双糖链。根据桔梗皂苷苷元的类型主要分为3类，即远志酸类、桔梗酸类（桔梗皂苷衍生物）及桔梗二酸型。

② 黄酮类：桔梗的黄酮类成分主要存在于其地上部分，它主要包含黄酮、二氢黄酮、黄酮苷类等物质。

③ 其他成分：桔梗中还含有酚酸类、聚炔类、脂肪酸（亚油酸、棕榈酸等）、多糖类、甾醇类、微量元素（如镁、锌）等成分。

【综合利用】

① 药理作用：桔梗的化学成分丰富，药理活性广泛，具有抗氧化、抗菌和抗炎等作用。

② 经济价值：100亩三年生鲜桔梗年产量200吨，因桔梗周期性强，所以价格波动较大。一般每千克桔梗（鲜品）价格为5.5元。

③ 食用价值：市场常见桔梗食用形式为腌制和非腌制两种，桔梗泡菜是典型的腌制产品，桔梗拌菜则是非腌制的代表。

7.6.3　蒲公英

【植物名】

蒲公英（*Taraxacum mongolicum*）为菊科蒲公英属植物。

【形态特征】

蒲公英是多年生草本植物，叶为倒卵状披针形、倒披针形或长圆状披针形，叶柄及主脉常带红紫色；花为黄色，花的基部淡绿色，上部紫红色；内层为线状披针形；瘦果为暗褐色倒卵状披针形，冠毛为白色，长约6毫米；花期为4～9月，果期为5～10月。

【分布习性】

广泛生于中、低海拔地区的山坡草地、路边、田野、河滩。蒲公英在全国大部分地区均可见。

【化学成分】

① 黄酮类成分：蒲公英中富含黄酮类物质，且黄酮是蒲公英中研究较为普遍的功效成分。

② 多糖类成分：多糖也是蒲公英中一种重要的功效成分。

③ 酚酸类成分：蒲公英中含有多种酚酸，包括绿原酸、咖啡酸、原儿茶酸、对羟基苯甲酸、阿魏酸、香荚兰酸、对香豆酸、对羟基苯乙酸、丁香酸、酒石酸等。目前的研

究结果表明，蒲公英酚酸类物质中咖啡酸和绿原酸是最主要的抗菌成分。

④ 植物甾醇类成分：蒲公英甾醇是蒲公英的功效成分之一，国内外学者从蒲公英中分离出近10种植物甾醇，包括谷甾醇、豆甾醇、环木菠萝醇等。

⑤ 萜类成分：蒲公英含有的萜类物质主要是倍半萜和三萜类，倍半萜成分包括蒲公英素B等，三萜类成分常见的有伪蒲公英甾醇棕榈酸酯和伪蒲公英甾醇乙酸酯、蒲公英甾醇、山金车烯二醇、羽扇豆醇等。

⑥ 其他成分：国内外学者从蒲公英中分离出来的成分还包括色素、矿物质、生物碱、糖蛋白、低聚糖、香豆素、氨基酸、脂肪酸、木质素等。

【综合利用】

① 观赏价值：花期长，具有观赏价值。

② 食用价值：蒲公英富含维生素A、维生素C及钾，也含有铁、钙、维生素B_2、维生素B_1、镁、维生素B_6、叶酸及铜。可生吃、炒食、做汤，是药食兼用的植物。

③ 药用价值：蒲公英功能作用明确，其含的黄酮和多酚类物质抗氧化作用显著，低聚糖对常见致病菌有一定的抵抗作用，阿魏酸和甾醇具有明显的消炎作用。

7.6.4　枸杞

【植物名】

枸杞（*Lycium chinense*）为茄科枸杞属植物。

【形态特征】

多年生木本植物，枝条细弱，弓状弯曲或俯垂，淡灰色；叶片呈卵形；花长在长枝上单生或双生于叶腋；果实为卵状，浆果红色；花期为6～7月；果期为8～10月。

【分布习性】

枸杞起源于中国，多分布于温带和亚热带地区，中国北方多数地区都有栽培，常生于山坡、路旁或村边。枸杞喜光，喜冷凉气候，耐寒；抗旱能力较强，在干旱荒漠地仍能生长，耐盐碱，多生长在碱性土和砂质壤土上，最适合在土层深厚、肥沃的壤土上栽培。枸杞一般通过种子或者扦插繁殖。

【化学成分】

① 多糖类：枸杞多糖（lycium barbarum polysaccharide，LBP）作为枸杞的主要活性成分，具有免疫调节、延缓衰老、降糖调脂等药理作用。

② 黄酮类：黄酮类衍生物是枸杞的主要化学成分之一，也是枸杞中重要的质量标志物。黄酮类化合物是一类重要的天然有机化合物，主要存在于枸杞的果实中。

③ 花色苷：是一类广泛分布于植物花瓣、果实中的水溶性色素，其具有黄酮类化合物特有的C_6-C_3-C_6骨架结构，是枸杞重要的有效成分，由花青素（即花色苷的苷元）与糖类（如葡萄糖、鼠李糖、阿拉伯糖等）通过糖苷键结合而成，主要包括锦葵色素-3,5-

二葡萄糖苷、飞燕草素-3-*O*-葡萄糖苷、矮牵牛素-5-*O*-葡萄糖苷、芍药素-3-*O*-葡萄糖苷等。

④ 花青素类：花青素又称花色素，是广泛存在于植物中的天然色素，枸杞中的花青素类成分主要包括锦葵素、矢车菊素、天竺葵素、芍药色素、飞燕草素、矮牵牛素等。

⑤ 原花青素类：枸杞中合成原花青素的主要成分包括原花青素B_1、原花青素B_2、儿茶素、表儿茶素等。

⑥ 生物碱类：枸杞中的生物碱是一类含氮的有机化合物，存在于枸杞的果实中，具有多种生物学活性，主要包括胆碱、甜菜碱、莨菪碱、荞麦碱等。

⑦ 酚酸类：枸杞中的酚酸类化合物主要有绿原酸、没食子酸、对香豆酸、香草酸、对羟基苯甲酸、阿魏酸等，其中绿原酸在黑果枸杞中含量最高。

⑧ 类胡萝卜素类化合物：类胡萝卜素是枸杞色素的主要成分之一，是枸杞呈色的物质基础，其含量和组成与枸杞外观颜色密切相关。枸杞中的类胡萝卜素类化合物主要包括玉米黄素、叶黄素、β-胡萝卜素、β-隐黄素等。

⑨ 其他：除以上几种主要成分外，枸杞中还含有许多其他化合物，如维生素、脂肪酸、氨基酸、无机盐、酶类等。

【综合利用】

① 药理作用：枸杞有免疫调节作用、抗氧化作用、延缓衰老作用、降糖调脂作用等。

② 观赏价值：宁夏枸杞树形婀娜，叶翠绿，花淡紫，果实鲜红，是很好的盆景观赏植物，但由于其耐寒、耐旱、不耐涝，所以在江南多雨多涝地区很难种植宁夏枸杞。

7.6.5　黄花菜

【植物名】

黄花菜（*Hemerocallis citrina*）为阿福花科萱草属植物。

【形态特征】

黄花菜为被子植物，植株一般较高大；根近肉质，中下部常有纺锤状膨大。叶绿色，7～20枚，长50～130厘米，宽6～25毫米。花葶长短不一，一般稍长于叶，基部三棱形，上部多少圆柱形，有分枝；苞片披针形，下面的长可达3～10厘米，自下向上渐短，宽3～6毫米；花梗较短，通常不到1厘米长；花多朵，最多可达100朵以上；花被淡黄色，有时花蕾时顶端带黑紫色；花被管长3～5厘米，花被裂片长7～12厘米，内三片宽2～3厘米。蒴果钝三棱状椭圆形，长3～5厘米。种子20多个，黑色，有棱；从开花到种子成熟需40～60天，花果期5～9月。

【分布习性】

黄花菜原产于中国，分布于中国秦岭以南各地区（包括甘肃和陕西的南部，不包括云南）以及河北、山西和山东等地，日本和东南亚地区也有分布。生于海拔2000米以下的山坡、山谷、荒地或林缘。主要产区有湖南、江苏、陕西、四川、甘肃等省，尤其湖南的邵东和祁东最多，占中国产量一半以上，四川的渠县、陕西的大荔等也很有名。黄花菜性耐寒，耐干旱，耐半阴；对土壤要求不严，地缘或山坡均可生长，砂土、黏土、平川、山地均可种植，但以红黄土壤最好，忌土壤过湿或积水。黄花菜对光照适应范围广。黄花菜地上部不耐寒，地下部耐–10℃低温。叶片生长适温为15 ～ 20℃；开花期要求较高温度，20 ～ 25℃较为适宜。

【化学成分】

① 黄酮类：目前已分离得到的包括黄酮苷元和黄酮苷。

② 蒽醌类：蒽醌类化合物含量比较丰富，主要从该属的根部分离得到。

③ 萜类：目前已分离得到7个已知的三萜类化合物、2个单萜衍生物和一个新型的二萜类化合物。

④ 甾体类：已分离得到2种甾体皂苷并命名为萱草苷A与萱草苷B，在根中分离得到3种甾体皂苷元。

⑤ 芳香族化合物：已分离得到一个二萘酚化合物——萱草素（hemerocallin）。

⑥ 其他类：萱草属植物含有人体所需的多种矿质元素，如钙、磷、钠、钾、锰等；同时还含有脂肪酸、磷脂等营养成分。Lin等人从萱草花中分离得到2个其他类化合物。

【综合利用】

① 观赏价值：黄花菜春季萌发早，绿叶丛生美观，花色鲜艳美丽，是花卉园艺方面的珍品，有一定的观赏价值，是布置树丛中的草地或花境等地的材料，也可做切花。

② 药用食用：黄花菜有清热利尿、凉血止血的作用，主治尿血、便血、月经不调，在《本草纲目》中有记载。黄花菜营养价值丰富，富含蛋白质、脂肪、糖类等，人们食用后常有舒畅安逸的感觉，因此有人还将黄花菜称作“安神菜”。但黄花菜鲜花含有多种生物碱，不宜多食，否则会引起腹泻等现象。

③ 固土保水：由于黄花菜适应性广、耐瘠薄、抗干旱，对土壤、水肥要求不严格，耐低温，对光照适应范围广，在整个生育期内病虫害又较少，技术要求不高，因此，用于环境绿化栽植后不需要精细管理就能生长良好。

7.6.6 蕨

【植物名】

蕨（*Pteridium aquilinum* var. *latiusculum*）是碗蕨科蕨属欧洲蕨的一个变种。

【形态特征】

蕨菜植株高可达1米。根状茎长而横走，密被锈黄色柔毛，以后逐渐脱落。叶远生；

柄长20～80厘米，基部粗3～6毫米，褐棕色或棕禾秆色，略有光泽，光滑，上面有浅纵沟1条。叶干后近革质或革质，暗绿色，上面无毛，下面在裂片主脉上多少被棕色或灰白色的疏毛或近无毛。叶轴及羽轴均光滑，小羽轴上面光滑，下面被疏毛，少有密毛，各回羽轴上面均有深纵沟1条，沟内无毛。

【分布习性】

蕨生长于海拔200～830米的山地阳坡及森林边缘阳光充足的地方。耐高温也耐低温，32℃仍能生长，–35℃下根茎能安全越冬。在地温12℃、气温15℃时嫩茎叶片开始迅速生长。蕨菜的抗逆性很强，适应性很广，喜欢湿润、凉爽的气候条件，要求有机质丰富、土层深厚、排水良好、植被覆盖率高的中性或微酸性土壤。分布于中国各地，但主要产于长江流域及以北地区；也广布于世界其他热带及温带地区。

【化学成分】

① 萜类：蕨菜中萜类物质主要是倍半萜，包括蕨素和蕨苷两大类，二者均是1-茚酮衍生物。

② 黄酮类：蕨菜中的黄酮类物质有紫云英苷、银椴苷、山柰酚、异槲皮素、槲皮素、原儿茶醛、芦丁等。

③ 甾体类：蕨菜中甾体类物质为β-谷固醇、4-豆甾烯-3-酮、豆甾烯-3,6-二酮、坡那甾酮A、松甾酮苷A、牛膝甾酮、胡萝卜苷。

④ 有机酸及其他：蕨菜中的有机酸主要是苯甲酸、3-对香豆酰基奎宁酸，还含有少量的半乳糖、甘露糖、鼠李糖及阿拉伯糖；另外，蕨菜中还含有腺嘌呤核苷和三种对羟基苯乙烯糖苷。

【综合利用】

药食价值：蕨菜是一种纯天然、无污染的药食两用植物，作为滋补食品历史悠久。可提取蕨粉为滋补食品，蕨的根茎还可供药用，具有清热、滑肠、降气、化痰、治食膈、治气膈、治肠风热毒、舒筋活络等功效。

7.6.7　藿香

【植物名】

藿香（*Agastache rugosa*）是唇形科藿香属的多年生草本植物。

【形态特征】

藿香茎部细柔毛，下部无毛；叶心状卵形或四棱形，花冠呈淡紫蓝色，果成熟后呈现坚果卵状长圆形。

【分布习性】

中国各地广泛分布，主产于四川、江苏、浙江、湖南、广东等地，俄罗斯、朝鲜、日本及北美洲有分布。喜高温、阳光充足环境，在荫蔽处生长欠佳，年平均气温19～26℃的地区较宜生长，温度高于35℃或低于16℃时生长缓慢或停止。苗期喜阴，需搭棚或盖草，成株可在全光照下生长。根比较耐寒，在北方能越冬，次年返青长出藿香；地上部不耐寒，霜降后大量落叶，逐渐枯死。

对土壤要求不严，一般土壤均可生长，但以土层深厚肥沃而疏松的砂质壤土或壤土为佳。怕积水，在易积水的低洼地种植，根部易腐烂而死亡。种子寿命2～4年，故隔年籽可以播种，种子萌发需要光照条件，发芽适温18～22℃，发芽天数7～10天。

【化学成分】

① 挥发油类成分：藿香中存在大量的挥发油类成分，主要为萜类（单萜、倍半萜）、酮类、酚类、醇类、醚类、酯类等化合物。

② 非挥发油类成分：目前，从藿香中提取分离的非挥发油类成分主要包括黄酮类、萜类（二萜和三萜）、酚酸类、苯丙素类、醌类、甾体等化学成分。

a.黄酮类化合物：藿香中含有黄酮类化合物，主要为黄酮类和黄酮醇类。

b.萜类化合物：藿香中除了挥发油类成分有以单萜和倍半萜为主的萜类化合物外，在非挥发油类成分中还发现了二萜和三萜类化合物。

c.酚酸类化合物：藿香中分离确定的酚酸类成分主要有迷迭香酸、原儿茶酸、绿原酸、新绿原酸等。

d.醌类和苯丙素类化合物：从藿香中分离得到的醌类成分和苯丙素类化合物较少，目前已确定的醌类化合物为藿香醌。

【综合利用】

① 园林价值：因为藿香全株都具有香味，所以常常将藿香与其他具有芳香味的植物进行搭配，运用到一些盲人服务绿地，可以提高盲人对植物界的认识。藿香绿化带多用于花径、池畔和庭院成片栽植。

② 食用：藿香的食用部位一般为嫩茎叶，其嫩茎叶为野味之佳品。可凉拌、炒食、炸食，也可做粥。藿香亦可作为烹饪佐料或材料。因其具有健脾益气的功效，是一种既是食品又是药品的烹饪原料。

③ 药理作用：传统中医药认为藿香具有芳香化浊、开胃止呕、解表消暑等功效，这些功效正逐渐被现代药理学的科学评价所证实。藿香所具有的调节消化系统、抗病原微生物、抗炎和抗氧化等药理作用，与其所含的挥发油类、黄酮类、酚酸类等多种化学成分有密切关系。

7.6.8 菊芋

【植物名】

菊芋（*Helianthus tuberosus*）为菊科向日葵属多年宿根性草本植物。

【形态特征】

高1～3米，有块状的地下茎及纤维状根。茎直立，有分枝，被白色短糙毛或刚毛。叶通常对生，有叶柄，但上部叶互生；下部叶卵圆形或卵状椭圆形。头状花序较大，少数或多数，单生于枝端，有1～2个线状披针形的苞叶，直立，舌状花通常12～20个，舌片黄色，开展，长椭圆形，管状花花冠黄色，长6毫米。瘦果小，楔形，上端有2～4个有毛的锥状扁芒。花期8～9月。

【分布习性】

原产于北美洲，经欧洲传入中国，现中国大多数地区有栽培。耐寒抗旱，块茎在–30℃的冻土层中可安全越冬。早春幼苗能忍受轻霜，秋季成叶能忍受短期–4～5℃的气温。温带18～22℃，光照12小时，有利于块茎形成。耐瘠薄，对土壤要求不严，除酸性土壤、沼泽和盐碱地带不宜种植外，一些不宜种植其他作物的土地，如废墟、宅边、路旁都可生长。

该物种生长高度位于海平面和海拔1000米之间。野生种群最常见于受干扰的栖息地，例如路边、田野、草地、潮湿的河流和溪流岸以及荒地。

【化学成分】

① 菊糖：菊糖是菊芋块茎中的主要成分，其中菊芋干物质中约80%为菊糖，鲜块茎中菊糖含量占15%～18%。

② 脂肪酸：植物脂肪酸可以用于食品，也可以用于油酸、润滑剂和生物柴油等的生产。菊芋中含量最多的脂肪酸为C_{16}：0（十六碳饱和脂肪酸）。

③ 萜类：菊芋中萜类主要为倍半萜类化合物，具有抗炎、抗肿瘤等多种生物活性，可用于抗肿瘤药物及多种保健功能食品的开发。

④ 酸类：菊芋中含有的酸可以分为两大类：有机酸和酚酸。

⑤ 甾体类：现代研究发现菊芋中含有丰富的甾醇，已有学者分离提取出β-谷甾醇、豆甾醇、7α-羟基豆甾醇、7α-羟基谷甾醇。

⑥ 黄酮类：菊芋叶片和花中含有丰富的黄酮成分，已分离出异鼠李素-*O*-葡萄糖苷、山柰酚葡萄糖醛酸苷、山柰酚-3-*O*-葡萄糖苷、儿茶素和表儿茶素等。

⑦ 其他：菊芋中还含有丰富的氨基酸、香豆素类和聚乙炔类化合物。

【综合利用】

① 药理作用：菊芋中含有的菊糖具有一定辅助糖尿病管理的作用；菊芋中含有的物质部分有抗氧化性效果和抑菌效果。

② 产业价值：生产菊粉及果糖、柠檬；菊芋是我国优先发展的能源植物之一；开发菊芋资源可以缓解能源紧张问题；我国发酵菊芋生产研究主要集中在发酵菌株的筛选和生产工艺上，目前已经有研究投入工业生产中；生产动物饲料和叶蛋白。

③ 观赏价值：用于园林景观。

7.6.9 黄精

【植物名】

黄精（*Polygonatum sibiricum*）为天门冬科黄精属多年生草本。

【形态特征】

黄精茎为根状；节膨大，节间一头粗、一头细，粗头有短分枝；叶4～6枚轮生，线状披针形，先端拳卷或弯曲；花序常具2～4花，呈伞状，花序梗长，俯垂；苞片生于花梗基部，膜质，钻形或线状披针形，花被乳白或淡黄色并且筒中部稍缢缩；浆果成熟时为黑色。花期5～6月，果期8～9月。

【分布习性】

分布于中国、朝鲜、蒙古和俄罗斯西伯利亚东部地区；在中国分布于黑龙江、吉林、辽宁、河北、山西、陕西、内蒙古、宁夏、甘肃（东部）、河南、山东、安徽（东部）、浙江（西北部）、江西（铜鼓）等地。生长于海拔800～2800米的林下、灌丛或山坡阴处。适宜凉爽、潮湿、荫蔽的生长环境；土壤为透气、疏松、肥沃的砂壤土；耐严寒。

【化学成分】

① 多糖类：黄精多糖是黄精的主要活性成分，由不同比例单糖组成，主要包括甘露糖、半乳糖、葡萄糖、木糖、鼠李糖、阿拉伯糖、葡萄糖醛酸和半乳糖醛酸8种。

② 甾体皂苷类：甾体皂苷是由甾体皂苷元与糖缩合而成，苷元部分主要为薯蓣皂苷元，糖基部分主要有葡萄糖、半乳糖、鼠李糖、阿拉伯糖、木糖和岩藻糖。目前从黄精中共分离出甾体皂苷化合物57种，其中呋甾烷醇型15种，螺甾烷醇型与异螺甾烷醇型42种。

③ 氨基酸及矿物质：黄精作为药食同源的药材，富含人体所需的各种氨基酸和矿物质。研究表明，黄精中含有6种人体必需氨基酸，游离氨基酸总量达到256.67微克/克，苏氨酸和丙氨酸含量较多；8种人体必需的微量元素，其中镁含量达到754.00毫克/千克。

④ 其他类：黄精化学成分还包括生物碱类、黄酮类、木脂素类、蒽醌类等。

【综合利用】

① 药理价值：具有抗氧化、延缓衰老、辅助降血糖、增强免疫力等作用。

② 食用价值：肉质根茎可以糖渍后生食，脆嫩甘甜，食用爽口，还可以炒食、煲汤、蒸食、熬粥、泡酒、做药膳等。嫩叶也可以焯水后拌成凉菜食用。黄精在太行山区多有分布，当地老百姓称其为“鸡头参”。

7.6.10 刺槐

【植物名】

刺槐（*Robinia pseudoacacia*）是豆科刺槐属落叶乔木。

【形态特征】

刺槐树皮灰褐色，深纵裂，稀光滑。枝上有刺，叶为羽状复叶，椭圆形或卵形。花芳香，花柱钻形，花期4～6月。荚果线状长圆形，褐色或具红褐色斑纹，果期8～9月。种子近肾形，种脐圆形，偏于一端。

【分布习性】

原产于美国。北纬23°～46°、东经86°～124°都有栽培。17世纪传入欧洲及非洲。中国于18世纪末从欧洲引入青岛栽培，中国各地广泛栽植；在黄河流域、淮河流域多集中连片栽植；甘肃、青海、内蒙古、新疆、山西、陕西、河北、河南、山东等地均有栽培。抗风性差，在冲风口栽植的刺槐易出现风折、风倒、倾斜或偏冠的现象。萌芽力和根蘖性都很强。

【化学成分】

① 挥发油：挥发油又称精油，是一类存在于植物中的具有挥发性、可随水蒸气蒸馏但又与水不相混溶的油状液体。槐花挥发油的主要成分为萜类、酯类、醇、酮、醛及少量的长链烷烃。

② 黄酮类：黄酮类化合物是一类以2-苯基色原酮为母核的三环化合物，是植物自身产生的次生代谢产物。黄酮类化合物具有多种生物活性，是药用植物中主要的活性成分之一。

③ 皂苷类：皂苷是一类比较复杂的化合物，因水溶液振荡时能产生大量持久的蜂窝状泡沫，与肥皂相似故名皂苷。皂苷是糖的衍生物，主要是由糖的半缩醛羟基与非糖结合的化合物，非糖部分称为苷元，又称为配糖体。刺槐花中含有一定种类的皂苷类化合物，通过比色法对刺槐花提取物中的总皂苷含量进行测定，结果显示刺槐花提取物中的总皂苷平均含量为2.18%。刺槐花中含有的皂苷类化合物包括槐二醇以及一些三萜皂苷，包括赤豆皂苷Ⅰ、Ⅱ、Ⅴ，大豆皂苷Ⅰ、Ⅲ以及槐花皂苷Ⅰ、Ⅱ、Ⅲ等。

【综合利用】

现代临床研究表明，刺槐花具有抗氧化、保护肠胃等广泛的药理活性，是一种兼具食用价值和药用价值的植物资源。同时，我国刺槐种植面积广、刺槐花资源丰富，具有坚实的开发基础。

思考题

① 野菜可开发哪些产品增加其附加值？

② 说一说你感兴趣的一种野菜植物的形态特征、化学成分以及工业化制作方法。

第8章

果树植物资源

果树植物指一些能够提供人类食用的鲜、干果品和饮料、食品等加工原料的经济植物。我国有果树种类1282种，81科，223属，其中野生果树种类为1076种，73科，173属，野生果树种类占果树种类总数的83.93%。

野生果树在不同植物类群中分布不均匀。在种子植物两大类群中，97.5%的野生果树属于被子植物，双子叶植物占99.21%，蔷薇目野生果树最为丰富。

8.1 果树资源的分类

仁果类食用部分主要是由花萼筒和花托发育而成的肉质部分，如苹果、梨、山楂等。

核果类食用部分主要是由子房发育而成的肉质中果皮部分，如桃、李、梅等。

浆果类食用部分为内果皮，果实柔软多汁，种子小而多数，如猕猴桃等。

坚果类食用部分多系种仁，果实外部多具坚硬或革质的外壳，如板栗、核桃等。

柑果类食用部分主要为果实内的多汁肉质瓤瓣。

热带及亚热带果树类主要是指根据生态条件划分的产于热带和亚热带的果树。

8.2 野果植物资源的特点

① 数量庞大，种类繁多，遗传多样性丰富。

② 纯天然，无公害。

③ 营养丰富，口味独特。

④ 长期适应环境，具有较强的抗逆性。

⑤ 具有广泛的综合利用价值。

8.3　我国野生果树资源开发利用现状及前景

果树几乎是人类开发利用最早的植物资源之一。目前人们对野生资源的基本情况缺乏研究，且科研滞后于生产；缺乏科学化管理，致使生产效率低下，造成资源的极大浪费；对野生果树资源的保护不够，破坏严重。应做好野生果树资源的普查工作，掌握我国野生果树资源概况；做到资源的开发利用与保护并重，保证野生果树资源的可持续发展和利用；加大科研投入；因地制宜，走综合开发的道路；发挥野生果树资源优势，打造绿色品牌，带动产业发展。

8.4　野果的采收及贮运

（1）野果的采收

① 采收期的确定：野果的采收期主要取决于它们的成熟度，而采收成熟度又要根据野果的种类、生物学特性、用途、运输加工条件等综合因素来决定。

② 采收方法：人工采收；化学采收；机械采收。

（2）野果的贮运

① 贮运前的准备工作。做好分级、包装、预冷等。

② 野果的运输。应遵循快装、快运、轻装轻卸、防热防冷的原则。

③ 野果的贮藏。野果采收后仍是活的有机体，各种代谢活动仍在进行，贮藏时应注意保持野果的生命，最大限度地降低呼吸作用，延缓衰老，延长贮藏时间。

8.5　野果的加工利用

（1）野果的预处理

① 原料的选择；

② 原料的洗涤；

③ 原料的去皮、去核、去心、分切与破碎；

④ 热烫。

（2）野果的加工

① 野果罐藏：预处理→装罐→排气→杀菌→冷却，以长期保存。分别有糖水野果罐头、糖浆罐头、果汁罐头、果酱罐头四类。

② 野果制汁：野果经挑选、洗净、榨汁、浸取等办法制成汁液，包装，密封杀菌，以长期保存。可分为原果汁、浓缩果汁、果饴、果汁粉四类。

③ 野果干制：采用一些干燥措施将鲜果中的大部分水分排出，使其可溶性物质浓度提高到微生物难以利用的程度，以长期保存。

④ 果酒酿造：果酒是以果实为原料酿制而成，色香味俱佳且营养丰富的含醇饮料。分为发酵果酒、蒸馏果酒、配制果酒、气泡果酒四类。

⑤ 野果糖制：利用高浓度糖液的渗透脱水能力，将果品加工成糖制品的加工工艺。有果脯蜜饯和果酱两大类。

8.6 我国主要野果植物资源

8.6.1 山荆子

【植物名】

山荆子（*Malus baccata*）别称林荆子、山定子、山丁子。

【形态特征】

山荆子为乔木，高达10～14米，树冠广圆形，幼枝细弱，微屈曲，圆柱形，无毛，红褐色，老枝暗褐色；冬芽卵形，先端渐尖，鳞片边缘微具茸毛，红褐色。叶片椭圆形或卵形，长3～8厘米，宽2～3.5厘米，先端渐尖，稀尾状渐尖，基部楔形或圆形，边缘有细锐锯齿，嫩时稍有短柔毛或完全无毛；叶柄长2～5厘米，幼时有短柔毛及少数腺体，不久即全部脱落，无毛；托叶膜质，披针形，长约3毫米，全缘或有腺齿，早落。

伞形花序，具花4～6朵，无总梗，集生在小枝顶端，直径5～7厘米；花梗细长，1.5～4厘米，无毛；苞片膜质，线状披针形，边缘具有腺齿，无毛，早落；花直径3～3.5厘米；萼筒外面无毛；萼片披针形，先端渐尖，全缘，长5～7毫米，外面无毛，内面被茸毛，长于萼筒；花瓣倒卵形，长2～2.5厘米，先端圆钝，基部有短爪，白色；雄蕊15～20，长短不齐，约等于花瓣之半；花柱5或4，基部有长柔毛，较雄蕊长。

果实近球形，直径8～10毫米，红色或黄色，柄洼及萼洼稍微陷入，萼片脱落；果梗长3～4厘米。花期4～6月，果期9～10月。

出种率4.4%。种子小，千粒重6.7克，每千克14万～15万粒。

【分布习性】

产自中国辽宁、吉林、黑龙江、内蒙古、河北、山西、山东、陕西、甘肃。生长在山坡杂木林中及山谷阴处灌木丛中，海拔50～1500米。也分布于蒙古、朝鲜、俄罗斯西伯利亚等地。

喜光，耐寒性极强（有些类型能抗–50℃的低温），耐瘠薄，不耐盐，深根性，寿命长，多生长于花岗岩、片麻岩山地和淋溶褐土地带海拔800～2550米的山区。山荆子在不同的生态条件下，各地有各地的适宜类型，如山西省太原地区及上党盆地适用沁源山荆子，晋南地区适用蒲县山荆子，陕西省榆林地区适用黄龙山荆子。

【化学成分】

山荆子花和叶的三十多种挥发性成分，主要包括2，6-二叔丁基对甲酚、正十九烷、正二十一烷、法呢烯和罗勒烯等成分。山荆子果实中包含多酚及黄酮类成分，总酚酸中的主要化学成分包括绿原酸、原花青素C1、槲皮素-3-半乳糖苷、槲皮素-3-葡萄糖苷、槲皮素-3-木糖苷/阿拉伯糖苷、根皮素-2-木糖葡萄糖苷、槲皮素-3-鼠李糖苷和根皮苷等。

【综合利用】

① 营养价值：山荆子作为珍贵的野生果树资源，其果实、叶含有丰富的营养成分，果实含有丰富的微量元素、萜类、酯类、烯烃类、多酚类物质及黄酮等成分，营养价值高于苹果，可以用于辅助治疗肠道疾病和各种感染。在食品工业中是酿酒和调制纯绿色饮品的原料，可用于加工果脯、蜜饯和清凉饮料等。

② 园林方面：幼树树冠圆锥形，老时圆形，早春开放白色花朵，秋季结成小球形红黄色果实，经久不落，十分美丽，可作庭院观赏树种。

③ 药用价值：现代药理学研究表明，山荆子果实具有抗氧化等作用。叶的主要成分为多酚类和黄酮类化合物，在很多地区将其煮茶用于减肥，其减肥作用可能与抑制脂肪酸合酶相关，山荆子叶醇提物可能具有抗氧化、降糖降脂以及护肝作用。

8.6.2 火棘

【植物名】

火棘（*Pyracantha fortuneana*）别称赤阳子、火把果、救军粮、红子刺。

【形态特征】

火棘，常绿灌木或小乔木，高可达3米，通常采用播种、扦插和压条法繁殖。火棘树形优美，夏有繁花，秋有红果，果实存留枝头甚久，在庭院中可作为绿篱以及园林造景材料，在路边用作绿篱可美化、绿化环境；具有良好的滤尘效果，对二氧化硫有很强的吸收和抵抗能力。以果实、根、叶入药，性平，味甘、酸，叶能清热解毒，外敷治疮疡肿毒，是一种极好的春季看花、冬季观果植物。

【分布习性】

主要分布于中国黄河以南及广大西南地区。全属10种，中国产7种。国外已培育出许多优良栽培品种。产于陕西、江苏、浙江、福建、湖北、湖南、广西、四川、云南、贵州等地区。喜强光，耐贫瘠，抗干旱，不耐寒；黄河以南露地种植，华北需盆栽，塑料棚或低温温室越冬，温度可低至0℃。对土壤要求不严，而以排水良好、湿润、疏松的中性或微酸性壤土为好。

【化学成分】

火棘果实含有丰富的淀粉、有机酸、蛋白质、氨基酸、维生素和多种矿物质元素，可鲜食，也可加工成各种饮料。其果实秋季成熟，似火把，可作行道树或庭院栽植。其根皮、茎皮、果实含丰富的单宁，可用来提取鞣料。台湾红果火棘红中透亮、玲珑如珠，因味似苹果又被称为“袖珍苹果”“微果之王”。一颗如珠的台湾红果火棘维生素C的含量相当于一个大苹果，是营养极高的保健型水果。

其鲜果中含水分77%，可溶性糖含量为10%～13%，以果糖、葡萄糖、蔗糖为主。总酸为0.84%～0.86%，主要为酒石酸和苹果酸；富含多种维生素和胡萝卜素。氨基酸为18种，其中8种为人体必需的氨基酸，人体必需氨基酸与总氨基酸比值达0.4以上；矿质元素18种，其中含有铁、锌、钪、钼等多种重要微量元素，还含有适量的淀粉、果胶、纤维素。火棘种子含有较多的亚麻酸、亚油酸，火棘的可溶性糖含量与苹果、猕猴桃接近，维生素C含量低于猕猴桃，其他成分如胡萝卜素、维生素B_1、维生素B_2、维生素PP、铁、锌含量以及氨基酸种类和必需氨基酸种类均高于苹果、猕猴桃。

【综合利用】

火棘是一种兼具药品、食品、观赏等多种用途的植物。除果实外，它的根、叶、花等都能入药，其药用价值始载于《滇南本草》的“其根、果、叶性平，味酸甜苦涩”。在中医中火棘被称为赤阳子，根在冬末春初挖出晒干备用或鲜用，可辅助治疗胸中痞块、食积、崩漏、产后瘀血等症，还有明目、驱虫等功效；叶随用随采，具有健脾消积、生津止渴、清热解毒、行气活血之功效；火棘籽可以用于提取纯度较高的亚油酸，是研究共轭亚油酸的基础材料，共轭亚油酸具有抗动脉粥样硬化的潜力。火棘果不仅没有毒性而且还是特别的天然色素和果胶资源，可用于化妆品、药品、食品的着色。

8.6.3 山楂

【植物名】

山楂（*Crataegus pinnatifida*），又名红果。

【形态特征】

山楂为蔷薇科山楂属，落叶乔木，高可达6米。核果类水果，核质硬，果肉薄，味微酸涩。

山楂树皮粗糙，暗灰色或灰褐色；刺长1～2厘米，有时无刺；小枝圆柱形，当年生枝紫褐色，无毛或近于无毛，疏生皮孔，老枝灰褐色；冬芽三角卵形，先端圆钝，无毛，紫色。

叶片宽卵形或三角状卵形，稀菱状卵形，长5～10厘米，宽4～7.5厘米，先端短渐尖，基部截形至宽楔形，通常两侧各有3～5羽状深裂片，裂片卵状披针形或带形，先端短渐尖，边缘有尖锐稀疏不规则重锯齿，上面暗绿色有光泽，下面沿叶脉有疏生短柔毛或在脉腋有髯毛，侧脉6～10对，有的达到裂片先端，有的达到裂片分裂处；叶柄长2～6厘米，无毛；托叶草质，镰形，边缘有锯齿。

伞房花序具多花，直径4～6厘米，总花梗和花梗均被柔毛，花后脱落，减少，花梗长4～7毫米；苞片膜质，线状披针形，长6～8毫米，先端渐尖，边缘具腺齿，早落；花直径约1.5厘米；萼筒钟状，长4～5毫米，外面密被灰白色柔毛；萼片三角卵形至披针形，先端渐尖，全缘，约与萼筒等长，内外两面均无毛，或在内面顶端有髯毛；花瓣倒卵形或近圆形，长7～8毫米，宽5～6毫米，白色；雄蕊20，短于花瓣，花药粉红色；花柱3～5，基部被柔毛，柱头头状。

果实近球形或梨形，直径1～1.5厘米，深红色，有浅色斑点；小核3～5，外面稍具棱，内面两侧平滑；萼片脱落很迟，先端留一圆形深洼。花期5～6月，果期9～10月。

【分布习性】

在山东、陕西、山西、河南、江苏、浙江、辽宁、吉林、黑龙江、内蒙古、河北等地均有分布。山楂适应性强，喜凉爽湿润的环境，既耐寒又耐高温，在–36～43℃之间均能生长。喜光也能耐阴，一般分布于荒山秃岭、阳坡、半阳坡、山谷，坡度以15°～25°为好。耐旱，水分过多时，枝叶容易徒长。对土壤要求不严格，但在土层深厚、质地肥沃、疏松、排水良好的微酸性砂壤土生长良好。

【化学成分】

山楂中包含黄酮及其苷类化合物、黄烷及其聚合物、三萜类化合物、甾体类化合物、有机酸以及其他含氮化合物。

① 黄酮及其苷类化合物是山楂中的主要化学成分，主要是以芹菜素和木犀草素为苷元的一系列苷类，该类化合物一般是由2个苯环通过中央三碳链相互联结而成的一系列C_6-C_3-C_6化合物，绝大多数为羟基衍生物，有的还有甲氧基或萜类侧链等其他取代基。糖和苷元大多以C—C键直接相连成碳苷类化合物，以芹菜素为苷元的苷类有牡荆素、异牡荆素等，木犀草素的碳苷类则主要为荭草素和异荭草素。山楂还含有一定量的黄酮醇及苷类，其中以槲皮素为主，还含有山柰酚及它们的苷等。糖和苷元大多以C—O键相连成氧苷类化合物。槲皮素的氧苷类有芦丁和金丝桃苷等。

② 黄烷及其聚合物在山楂中含量也比较高，基本单元为儿茶素、表儿茶素和白矢车菊素，聚合物则是以这三者相互聚合的一系列化合物。

③ 山楂中三萜类化合物有乌苏烷型、环阿屯烷型、齐墩果烷型、羊毛脂烷型和羽扇豆烷型5种。乌苏烷型有熊果酸、科罗索酸；环阿屯烷型有环阿屯；齐墩果烷型有β-香树脂、熊果醇、齐墩果酸、山楂酸；羊毛脂烷型有牛油树醇、24,25-二氢羊毛甾醇；羽扇豆烷型有白桦醇。

④ 甾体类化合物主要有β-谷甾醇、β-胡萝卜苷、豆甾醇等。

⑤ 有机酸：山楂果中的有机酸主要有柠檬酸及甲酸、山楂酸、齐墩果酸、油酸、亚麻酸和琥珀酸等，其中大部分为不饱和脂肪酸。山楂富含多种有机酸，能使山楂中的维生素C在加热情况下也不致被破坏。

【综合利用】

① 药用作用：消食健胃，散瘀止痛，驱绦虫。主治肉食积滞、胃脘胀满、泻痢、瘀血经闭、产后瘀阻、疼痛（包括腰痛、疝气痛、产后儿枕痛）、痰饮、痞满、吞酸、高脂血症及小儿乳食停滞，并能促进恶露排出。

② 食疗作用：开胃、消食、活血化瘀。

8.6.4 覆盆子

【植物名】

覆盆子（*Rubus idaeus*）是一种蔷薇科悬钩子属的木本植物，是一种水果，果实味道酸甜，植株的枝干上长有倒钩刺。覆盆子有很多别名，例如悬钩子、覆盆、覆盆莓、树梅、树莓、野莓、木莓等。

【形态特征】

覆盆子系灌木，高1～2米；枝褐色或红褐色，幼时被茸毛状短柔毛，疏生皮刺。小叶3～7枚，花枝上有时具3小叶，不孕枝上常5～7小叶，长卵形或椭圆形，顶生小叶常卵形，有时浅裂，长3～8厘米，宽1.5～4.5厘米，顶端短渐尖，基部圆形，顶生小叶基部近心形，上面无毛或疏生柔毛，下面密被灰白色茸毛，边缘有不规则粗锯齿或重锯齿；叶柄长3～6厘米，顶生小叶柄长约1厘米，均被茸毛状短柔毛和稀疏小刺；托叶线形，具短柔毛。

花生于侧枝顶端成短总状花序或少花腋生，总花梗和花梗均密被茸毛状短柔毛和疏密不等的针刺；花梗长1～2厘米；苞片线形，具短柔毛；花直径1～1.5厘米；花萼外面密被茸毛状短柔毛和疏密不等的针刺；萼片卵状披针形，顶端尾尖，外面边缘具灰白色茸毛，在花果时均直立；花瓣匙形，被短柔毛或无毛，白色，基部有宽爪；花丝宽扁，长于花柱；花柱基部和子房密被灰白色茸毛。

果实近球形，多汁液，直径1～1.4厘米，红色或橙黄色，密被短茸毛；核具明显洼孔。花期5～6月，果期8～9月。

【分布习性】

主要分布于中国辽宁、吉林、内蒙古、福建、河北、河南、山东、山西、江苏、安徽、云南、浙江、江西、湖南（炎陵县山区最多）、湖北、广西、广东、陕西、贵州、四川、重庆、甘肃、新疆等地区。日本、西伯利亚、中亚、北美洲、欧洲也有分布。

覆盆子生于山地杂木林边、灌丛或荒野，海拔500～2000米。在山坡、路边阳处或阴处灌木丛中常见。通常生于山区、半山区的溪旁、山坡灌丛、林边及乱石堆中，在荒坡油桐、油茶林下生长茂盛，性喜温暖湿润，要求光照良好的散射光，对土壤要求不严格，适应性强，但以土壤肥沃、保水保肥力强及排水良好的微酸性土壤至中性砂壤土及红壤、紫色土等为好。

覆盆子是小灌木，结果早，易进入盛果期，一般栽后2年见果，3年丰产，4～5年时产量最高，盛果期可长达15年左右。覆盆子根系浅，不耐旱，水分不足会抑制生长和结果，花期4～5月，结果期为6～7月。

覆盆子为喜光树种，没有2年半以上的茎，地上部分由1年生枝和2年生枝组成。花芽在新梢叶腋中形成，下面的后备芽发枝较弱，在主芽死后，后备芽可代替主芽结果，但后备芽的产量少。覆盆子的根系发达，由根状茎和侧生根组成，根状茎上长出的侧生不定根有多数，不定根的远端易萌生新的基生枝。

【化学成分】

覆盆子中的主要化学成分有二萜（苷）、三萜（苷）、黄酮（苷）、甾体、香豆素类、酚酸类和有机酸类生物碱等。

【综合利用】

覆盆子具有降血糖血脂、抗氧化、抗炎等作用。药用研究较多，保健食用及其他研究较少，尤其在保鲜加工利用方面很少。茎、皮含鞣质、纤维，叶可代茶、做甜味剂、药用，也含鞣质，花是重要的蜜源植物，果可食用、药用、加工饮料、做果酱、酿酒、熬糖、制醋、制果汁等供应国内外，种子可药用、榨油，根部可药用，根皮含鞣质，全株可入药、做绿化观赏树种等。近年来已作为一种绿色新型第三代水果进入消费市场。

8.6.5　毛樱桃

【植物名】

毛樱桃（*Prunus tomentosa*）别名山樱桃、梅桃、山豆子、樱桃。

【形态特征】

落叶灌木，一般株高2～3米，冠径3～3.5米，有直立型、开张型两类，为多枝干形，干径可达7厘米，单枝寿命5～15年。叶芽着生枝条顶端及叶腋间，花芽为纯花芽，与叶芽复生，萌芽率高，成枝力中等，隐芽寿命长。花芽量大，花先叶开放，白色至淡粉红色，萼片红色，坐果率高，花期4月初，果实发育期45～55天，5月下旬至6月初成熟。核果圆或长圆，鲜红或乳白，味甜酸，是早熟的水果之一。

【分布习性】

生于山坡林中、林缘、灌丛中或草地，海拔100～3200米。产于中国黑龙江、吉林、辽宁、内蒙古、河北、山西、陕西、甘肃、宁夏、青海、山东、四川、云南、西藏等地。

毛樱桃是喜光、喜温、喜湿、喜肥的果树，适合在年均气温10～12℃、年降水量600～700毫米、年日照时数2600～2800小时以上的气候条件下生长。在日平均气温高于10℃的时间在150～200天，冬季极端最低温度不低于–20℃的地方都能生长良好，正常结果。若当地有霜害，樱桃园地可选择在春季温度上升缓慢、空气流通的西北坡。考虑到毛樱桃根系分布浅、易风倒，园地以在不受风害地段为宜，土壤以土质疏松、土层深厚的砂壤土为佳。适宜在土层深厚、土质疏松、透气性好、保水力较强的砂壤土或砾质壤土上栽培。在土质黏重的土壤中栽培时，根系分布浅，不抗旱，不耐涝也不抗风。毛樱桃树对盐渍化的程度反应很敏感，适宜的土壤pH值为5.6～7，因此盐碱地区不宜种植毛樱桃。

【化学成分】

毛樱桃含有丰富的蛋白质和还原糖、微量的粗脂肪以及62.07%的水分。从毛樱桃中检出棕榈酸、硬脂酸、油酸、亚油酸，其中油酸、亚油酸和棕榈酸含量较高。毛樱桃中所含氨基酸中有4种是必需氨基酸，占氨基酸总量的2.9%，脯氨酸含量最多。

【综合利用】

① 营养价值：毛樱桃果实成熟早，果形小，状似珍珠，色泽艳丽，味鲜美，主要用于鲜食。果实营养价值极高，其中含有胡萝卜素、维生素B_1、维生素B_2、维生素C、维生素D、维生素PP、维生素E等。

② 药用保健价值：毛樱桃味甘，性温，入脾经；有补中益气、健脾祛湿的功效；可辅助改善病后体虚、倦怠少食、风湿腰痛、四肢不灵、贫血等，外用可辅助治冻疮、汗斑。毛樱桃还有药用价值，其根、枝、叶、核、鲜果皆可入药，能预防多种疾病。

③ 栽培价值：毛樱桃抗逆性强、易于繁殖，根系非常发达，并且具有极强的抗寒性能以及抗贫瘠能力，适宜生长的范围广，从而能够在我国不同地理环境的地方生存。毛樱桃自花结实能力强，并且结果量多，成熟期基本一致，具有抗裂果的优良特性。毛樱桃果实营养丰富、味美可口，无“三废”污染，是食品加工的良好原料。果实以鲜食为主，也可加工果汁、发酵酒，做果露酒、果酱、可乐饮料等系列产品。毛樱桃繁殖容易，采用播种、嫁接、分株均可；生长强健，管理简单。毛樱桃树结果期早，花朵繁

密，气味芬芳，是优良的蜜源植物。

④ 砧木价值：国内外生产上多利用毛樱桃做李树矮化砧木，具有良好的亲和性。栽培李树用毛樱桃作砧木具有矮化控冠、早果早丰的作用。毛樱桃也是中国栽培甜樱桃常用砧木之一。

⑤ 绿化、观赏价值：毛樱桃品种的树形优美，花朵娇小，果实艳丽，是集观花、观果、观形为一体的园林观赏植物。毛樱桃分布广泛，寿命达5年，抗寒，耐旱，又不择土质，枝叶茂盛，根系发达，是适应性较强的灌木树种，具有良好的水土保持效果。可用于荒山绿化，防止水土流失。

⑥ 育种价值：毛樱桃在我国栽培历史已达3000余年，是我国最为重要和古老的栽培果树之一，是丰富的园林、庭院及盆栽观赏、食用、药用的果树种质资源。

8.6.6 山桃

【植物名】

山桃（*Prunus davidiana*）别名苦桃。

【形态特征】

乔木，高可达10米；树冠开展，树皮暗紫色，光滑；小枝细长，直立，幼时无毛，老时褐色。叶片卵状披针形，长5～13厘米，宽1.5～4厘米，先端渐尖，基部楔形，两面无毛，叶边具细锐锯齿；叶柄长1～2厘米，无毛，常具腺体。

花单生，先于叶开放，直径2～3厘米；花梗极短或几无梗；花萼无毛；萼筒钟形；萼片卵形至卵状长圆形，紫色，先端圆钝；花瓣倒卵形或近圆形，长10～15毫米，宽8～12毫米，粉红色，先端圆钝，稀微凹；雄蕊多数，几与花瓣等长或稍短；子房被柔毛，花柱长于雄蕊或近等长。

果实近球形，直径2.5～3.5厘米，淡黄色，外面密被短柔毛，果梗短而深入果洼；果肉薄而干，不可食，成熟时不开裂；核球形或近球形，两侧不压扁，顶端圆钝，基部截形，表面具纵、横沟纹和孔穴，与果肉分离。花期3～4月，果期7～8月。

【分布习性】

产于山东、河北、河南、山西、陕西、甘肃、四川、云南等地。主要分布于我国黄河流域、内蒙古及东北南部，多生于向阳的石灰岩山地。

喜光，耐寒，对土壤适应性强，耐干旱、瘠薄，怕涝。山桃原野生于各大山区及半山区，对自然环境适应性很强，一般土质都能生长。对土壤要求不严。

【化学成分】

桃肉含蛋白质、脂肪、碳水化合物、粗纤维、钙、磷、铁、胡萝卜素、维生素B_1、有机酸（主要是苹果酸和柠檬酸）、糖分（主要是葡萄糖、果糖、蔗糖、木糖）和挥发油。

【综合利用】

① 经济价值：本种抗旱耐寒，又耐盐碱土壤，在华北地区主要作桃、梅、李等果树的砧木，也可供观赏。木材质硬而重，可作各种细工及手杖。果核可做玩具或念珠。种仁可榨油供食用。

② 观赏园林：山桃花期早，开花时美丽可观，并有曲枝、白花、柱形等变异类型。园林中成片植于山坡并以苍松翠柏为背景，可充分显示其娇艳之美。在庭院、草坪、水际、林缘、建筑物前零星栽植也很合适。山桃在园林绿化中的用途广泛，绿化效果非常好，深受人们的喜爱。山桃的移栽成活率极高，恢复速度快。

③ 药用价值：山桃花可供观赏，它的种子、根、茎、皮、叶、花、桃树胶均可药用。山桃花的种子，中药名为桃仁，性平，具有活血、润肠通便的功能，可用于辅助治疗跌打损伤、瘀血肿痛、肠燥便秘。山桃花的根、茎、皮性平，味苦，具有清热利湿、活血止痛、截疟杀虫的功能，可用于辅助治疗风湿性关节炎、腰痛、跌打损伤、丝虫病。孕妇忌服。

桃叶性平，味苦。具有清热解毒、杀虫止痒的功能。

桃花性平，味苦。具有泻下通便、利水消肿的功能。可用于辅助治疗水肿、腹水、便秘。

瘪桃干，中药名为桃奴，性平，味苦。具有止痛、止汗功能，可用于辅助治疗胃痛、疝痛、盗汗。

8.6.7 枇杷

【植物名】

枇杷（*Eriobotrya japonica*）别名金丸、芦橘、芦枝。

【形态特征】

常绿乔木，高可达10米；小枝粗壮，棕黄色，密生锈色或灰棕色茸毛。

叶片革质，披针形、倒披针形、倒卵形或椭圆长圆形，长12～30厘米，宽3～9厘米，先端急尖或渐尖，基部楔形或渐狭成叶柄，上部边缘有疏锯齿，基部全缘，上面光亮，多皱，下面密生灰棕色茸毛，侧脉11～21对；叶柄短或几无柄，长6～10毫米，有灰棕色茸毛；托叶钻形，长1～1.5厘米，先端急尖，有毛。

圆锥花序顶生，长10～19厘米，具多花；总花梗与花梗密生锈色茸毛；花梗长2～8毫米；苞片钻形，长2～5毫米，密生锈色茸毛；花直径12～20毫米；萼筒浅杯状，长4～5毫米，萼片三角卵形，长2～3毫米，先端急尖，萼筒及萼片外面有锈色茸毛；花瓣白色，长圆形或卵形，长5～9毫米，宽4～6毫米，基部具爪，有锈色茸毛；雄蕊20枚，远短于花瓣，花丝基部扩展；花柱5枚，离生，柱头头状，无毛，子房顶端有锈色柔毛，5室，每室有2胚珠。

果实卵状或近似球状，直径2～5厘米，橙色或黄色，外有锈色柔毛，不久脱落；种子1～5粒，球形或扁球形，直径1～1.5厘米，褐色、光亮，种皮纸质。

【分布习性】

枇杷原产于中国江苏、安徽、浙江、江西、福建、台湾、湖北、湖南、四川、云南、贵州、广东、广西；各地广泛栽培，湖北、四川有野生种群；日本、越南、印度、缅甸、泰国、印度尼西亚也有栽培。

枇杷适宜温暖湿润的气候，在生长发育过程中要求较高温度，年平均温度12～15℃，冬季不低于–5℃，花期及幼果期不低于0℃为宜，其主要产区年平均雨量多在1000毫米以上，但春季雨水过多，易使枝条徒长，故在多雨地区适宜在排水良好的缓坡山地生长。

枇杷对土壤适应性强，但以土层深厚、土质疏松、含腐殖质多、保水保肥力强且不易积水、pH值为6左右的砂质壤土为佳。枇杷在平原、缓坡、山地均可生长，适宜在山地与丘陵生长。

【化学成分】

枇杷富含碳水化合物、蛋白质、脂肪、纤维素、氨基酸、果胶、鞣质、无机盐（钙、钾、钠和铁等元素）以及大量的维生素B_1和维生素C。枇杷所含的胡萝卜素主要有玉米黄质、紫黄质和叶黄素等。枇杷富含山梨糖醇，果实成熟后其一部分转变为蔗糖，另一部分则成为葡萄糖和果糖。枇杷的果实中富含各种有机酸，如苹果酸、柠檬酸以及未成熟果实中的酒石酸。枇杷果肉中还储存有8种人体必需氨基酸及10种非必需氨基酸。枇杷中的胡萝卜素种类繁多、营养丰富，少量类胡萝卜素如六氢番茄红素等是增强人视力的重要物质。

【综合利用】

枇杷的药用价值很高，其叶、花、果实均可入药，均有着相当好的功效。其主要功效为润肺止咳、清热健胃。

（1）枇杷叶

枇杷叶味苦，性微寒，归肺、胃经，具有清肺止咳、和胃降逆的功效，可用于辅助治疗肺热咳嗽、胃热呕逆等。枇杷叶具镇咳、平喘和祛痰之功效，若用蜜炙，则可加强润肺作用，而用姜汁炙，可加强和胃降逆作用；枇杷叶内含苦杏仁苷，经人体作用可分解为氢氰酸和苯甲醛，有止咳作用，其挥发油具有祛痰与平喘作用；现代研制的枇杷膏、枇杷浆均取自枇杷叶，可辅助缓解肺热所致咳嗽、咽痛声嘶、痰中带血等症状，服用方便，枇杷叶中的熊果酸、山楂酸等具有抗炎作用，其煎剂与乙酸乙酯提取物对白色葡萄球菌、金黄色葡萄球菌和肺炎链球菌有明显抑制作用。实验证明，枇杷叶提取分离的多个组分，对鼠耳肿胀法所致炎症及SO_2刺激法引发的小鼠咳嗽均有明显抑制作用。枇杷叶与其他药物调和，还能辅助缓解感冒、暑热等。另外，枇杷叶还具有辅助缓解关节炎及全身性荨麻疹的作用。据日本美容专家报道，枇杷叶可以辅助改善皮肤状态，是护肤良方。

（2）枇杷花

枇杷花淡黄色，气味香醇独特，沁人心脾。枇杷在冬季开花，花期长，因而是良好的秋冬蜜源植物。枇杷蜜润肺止咳，是蜜中的上品。枇杷花性温，含挥发油和低聚糖，可入肺散寒，化痰止咳，也可辅助治疗伤风感冒、头疼等症。

（3）枇杷果

枇杷果是一种营养丰富的水果。枇杷果多汁爽口，风味独特，多食防病，主供鲜食，也可加工成罐头和蜜饯等。枇杷果性凉，味甘酸，具有润肺、止咳、生津、和胃等功效。

（4）枇杷核

枇杷核性平，味苦，归肺、肝经，含苦杏仁苷、氨基酸和脂肪酸，可用于辅助缓解咳嗽。

8.6.8 银杏

【植物名】

银杏（*Ginkgo biloba*）别称白果、公孙树、鸭脚树、蒲扇。

【形态特征】

银杏为落叶大乔木，胸径可达4米，幼树树皮近平滑，浅灰色，大树之皮灰褐色，不规则纵裂，粗糙；有长枝与生长缓慢的距状短枝。

幼年及壮年树冠圆锥形，老则广卵形；枝近轮生，斜上伸展（雌株的大枝常较雄株开展）；一年生的长枝淡褐黄色，二年生以上变为灰色，并有细纵裂纹；短枝密被叶痕，黑灰色，短枝上亦可长出长枝；冬芽黄褐色，常为卵圆形，先端钝尖。

【分布习性】

银杏最早出现于3.45亿年前的石炭纪。曾广泛分布于北半球的欧洲、亚洲、美洲，中生代侏罗纪银杏曾广泛分布于北半球，白垩纪晚期开始衰退。至50万年前，发生了第四纪冰川运动，地球突然变冷，绝大多数银杏类植物濒于绝种，在欧洲、北美和亚洲绝大部分地区灭绝，只有中国自然条件优越，才奇迹般地保存下来。所以，银杏被科学家称为“活化石”“植物界的熊猫”。

银杏寿命长，中国有3000年以上的古树。适于生长在水热条件比较优越的亚热带季风区。土壤为黄壤或黄棕壤，pH值5～6。初期生长较慢，萌蘖性强。雌株一般20年左右开始结实，500年生的大树仍能正常结实。一般3月下旬至4月上旬萌动展叶，4月上旬至中旬开花，9月下旬至10月上旬种子成熟，10月下旬至11月落叶。

【化学成分】

银杏叶中的有效成分为黄酮类，可用于辅助治疗冠状动脉粥样硬化。银杏叶含有3种双黄酮，为银杏黄素、异银杏黄素及白果黄素。此外，还分离出异鼠李黄素、山柰黄素等，它们可能以苷类结合状态存在。

银杏的果皮和果肉中除含有鞣质、糖等成分外，还有多种酚酸，如白果酸、氢化白果酸、氢化白果亚酸等，以及酚类成分，如白果酚、银杏酚等。

银杏叶中含有多种苦味素，称银杏内酯A、B、C以及白果内酯，银杏内酯属于二萜类衍生物，而白果内酯属倍半酯类。银杏的根、皮中除含有银杏内酯A、B、C外，还有银杏内酯M。

【综合利用】

① 食用价值：银杏果俗称白果，它由肉质外种皮、骨质中种皮、膜质内种皮、种仁组成，大量进食后可引起中毒。

② 食疗作用

a.银杏果中含有的白果酸、白果酚，经实验证明有抑菌和杀菌作用，可用于预防呼吸道感染性疾病。

b.银杏果味甘苦涩，具有敛肺气、定喘咳的功效，对于肺虚久咳患者有辅助食疗作用。

c.银杏果外种皮中所含的白果酸及白果酚等，可能抑制结核分枝杆菌生长。

d.银杏果可止带浊，缩小便。

e.银杏叶中含有银杏双黄酮、异银杏双黄酮、甾醇等，对预防高血压及冠心病、心绞痛、脑血管痉挛、血清胆固醇过高等都有一定效果。

8.6.9 桑

【植物名】

桑（*Morus alba*）别称桑树。

【形态特征】

乔木或为灌木，高3～10米或更高，胸径可达50厘米，树皮厚，灰色，具不规则浅纵裂；冬芽红褐色，卵形，芽鳞覆瓦状排列，灰褐色，有细毛；小枝有细毛。叶卵形或广卵形，长5～15厘米，宽5～12厘米，先端急尖、渐尖或圆钝，基部圆形至浅心形，边缘锯齿粗钝，有时叶为各种分裂，表面鲜绿色，无毛，背面沿脉有疏毛，脉腋有簇毛；叶柄长1.5～5.5厘米，具柔毛；托叶披针形，早落，外面密被细硬毛。

花单性，腋生或生于芽鳞腋内，与叶同时生出；雄花序下垂，长2～3.5厘米，密被白色柔毛，雄花。花被片宽椭圆形，淡绿色。花丝在芽时内折，花药2室，球形至肾形，纵裂；雌花序长1～2厘米，被毛，总花梗长5～10毫米，被柔毛，雌花无梗，花被片倒卵形，顶端圆钝，外面和边缘被毛，两侧紧抱子房，无花柱，柱头2裂，内面有乳头状突起。

聚花果卵状椭圆形，长1～2.5厘米，成熟时红色或暗紫色。花期4～5月，果期5～8月。

【分布习性】

该种原产于中国中部和北部，现东北至西南、西北直至新疆均有栽培。朝鲜、日本、蒙古、中亚各国、俄罗斯等以及印度、越南亦有栽培。

桑树喜光，幼时稍耐阴。喜温暖湿润气候，耐寒。耐干旱，耐水湿能力极强。对土壤的适应性强，耐瘠薄和轻碱性，喜土层深厚、湿润、肥沃土壤。根系发达，抗风力强。萌芽力强，耐修剪。有较强的抗烟尘能力。

【化学成分】

（1）生物碱类化合物

桑树中含有多种生物碱类化合物，其中，1-脱氧野尻霉素（1-deoxynojirimycin，DNJ）作为桑树生物碱中的一种代表性物质，在降血糖、抗病毒和抗肥胖等方面具有重要的作用。

（2）黄酮类化合物

研究者们从桑白皮、桑叶及桑葚中也发现并鉴别出了多种黄酮类化合物，桑树中的黄酮类化合物主要可分为黄酮类、黄酮醇类、二氢黄酮类、二氢黄酮醇类、黄烷类、黄烷醇类以及花色素。

（3）其他化合物

桑树中还含有许多重要的活性成分，包括苯并呋喃类、萜类、酚酸类、芪类、香豆素类等。

【综合利用】

（1）药理作用

桑树中的生物碱类化合物1-脱氧野尻霉素不仅可以抑制α-葡萄糖苷酶的活性，导致寡糖的分解效率降低，还能够结合葡萄糖淀粉酶并抑制其活性，调节肝脏内葡萄糖的代谢过程，从而降低机体内的血糖水平。桑叶和桑葚中所含有的黄酮类化合物也具有降血糖作用。

（2）降血脂作用

桑白皮中提取出的桑根酮C和桑根酮D在体外可有效抑制胰脂肪酶的活性。桑树多糖也具有降血脂作用。

（3）抗炎作用

从桑白皮中提取的桑根酮和阿尔本酚B（Albanol B）在体外可减少脂多糖（LPS）诱导的RAW264.7巨噬细胞中肿瘤坏死因子-α（TNF-α）和白细胞介素-6（IL-6）等促炎症细胞因子的产生，并降低诱导型一氧化氮合酶（iNOS）和环氧合酶-2的表达，显示出一定的抗炎症作用。

（4）抗肿瘤作用

从桑白皮中分离出的桑辛素在体外试验中能抑制乳腺癌、前列腺癌等恶性肿瘤细胞系的生长，其潜在机制主要在于桑辛素能够通过调节肿瘤细胞中转移相关蛋白EGFR和VEGF、细胞凋亡相关蛋白Bax和Survivin以及细胞增殖与代谢相关蛋白C/EBPβ和PPARγ等多种蛋白的表达来抑制肿瘤细胞转移、诱导肿瘤细胞发生自噬甚至死亡。

8.6.10 无花果

【植物名】

无花果（*Ficus carica*）别称阿驵、阿驿、映日果、优昙钵、蜜果、文仙果。

【形态特征】

落叶灌木，高3～10米，多分枝；树皮灰褐色，皮孔明显；小枝直立，粗壮。叶互生，厚纸质，广卵圆形，长宽近相等，10～20厘米，通常3～5裂，小裂片卵形，边缘具不规则钝齿，表面粗糙，背面密生细小钟乳体及灰色短柔毛，基部浅心形，基生侧脉3～5条，侧脉5～7对；叶柄长2～5厘米，粗壮；托叶卵状披针形，长约1厘米，红色。

雌雄异株，雄花和瘿花同生于一榕果内壁，雄花生内壁口部，花被片4～5，雄蕊3，有时1或5，瘿花花柱侧生，短；雌花花被与雄花同，子房卵圆形，光滑，花柱侧生，柱头2裂，线形。

榕果单生叶腋，大而梨形，直径3～5厘米，顶部下陷，成熟时紫红色或黄色，基生苞片3，卵形；瘦果透镜状。花果期5～7月。

【分布习性】

原产于地中海沿岸。分布于土耳其至阿富汗。中国唐代即从波斯传入，现南北均有栽培，新疆南部尤多。喜温暖湿润气候，耐瘠，抗旱，不耐寒，不耐涝。以向阳、土层深厚、疏松肥沃、排水良好的砂质壤土或黏质壤土栽培为宜。

【化学成分】

无花果叶中富含糖类、黄酮和维生素等有效化学物质。无花果叶的化合物中主要为醛、醇和酯类化合物，相对含量较高的有呋喃甲醇、苯甲醇、愈创木酚和对羟基苯甲醛等，并具有一定抗白血病细胞株的功能。新鲜的无花果叶中含芳香类物质。无花果叶挥发油中主要成分是香豆素类和檀香萜醇类，香豆素类化合物含有内酯环。无花果叶中黄酮类化合物含量为0.64%，比银杏叶中的黄酮类化合物含量高。无花果各器官中黄酮类化合物含量以鲜叶中最高。无花果叶还含有生物碱类、苷类。

【综合利用】

（1）药用价值

① 抗氧化、清除自由基的作用：无花果多糖可使荷S180小鼠（接种了S180肉瘤细胞的小鼠）血清中脂质氧化的产物丙二醛（MDA）含量降低，并使血清中超氧化物歧化酶（SOD）和谷胱甘肽过氧化物酶（GSH-Px）活性升高。

② 抗肿瘤作用：在动物实验中，无花果多糖对移植性S180（一种通过体外融合鼠乳腺上皮细胞与骨肉瘤组织而获得的裸鼠移植性肿瘤株）和EAC（在动物体内形成的具有实体瘤特征的艾氏腹水癌肿瘤）实体瘤有一定抑制作用，并能使小鼠的溶血素生成量增加，增强小鼠的免疫功能。

③ 抗菌、抗病毒、降血糖、降血脂等作用。

（2）观赏价值

无花果树势优雅，是庭院、公园的观赏树木，一般不用农药，是一种纯天然无公害树木。其叶片大，呈掌状裂，叶面粗糙，具有良好的吸尘效果，如与其他植物配置在一起，还可以形成良好的防噪声屏障。无花果树能抵抗一般植物不能忍受的有毒气体和大气污染，是化工污染区绿化的优良树种。此外，无花果适应性强，抗风、耐旱、耐盐碱，在干旱的沙荒地区栽植，可以起到防风固沙、绿化荒滩的作用。

（3）经济价值

无花果是目前世界上投产最快的果树之一，而且产量高，没有大小年，病虫害少，栽培管理容易。无花果当年栽苗当年挂果，管理得当株产可达2千克，亩产可达500千克。更为奇特的是，无花果扦插苗当年可结果，这在果树中是十分少见的。无花果的这一优异特性，使投资成本在极短的时间内收回，有利于调动广大果农的生产积极性，也有利于各地政府的产业化发展和满足国内大公司追求利润最大化的要求，是大资金投资农业的最优项目之一。第3～5年进入丰产期，丰产期亩产一般在2500千克以上，其中青皮无花果最高亩产在3500千克以上，而且没有大小年，病虫害也极少，特别有利于生产绿色果品，符合国际流行趋势。无花果大部分品种分夏秋两季结果，果实在6～11月陆续成熟。鲜果销售时间长、销售压力小，而且还大大延长了加工时间，有利于提高工厂设备利用率。无花果树寿命长，一般经济寿命为30～50年。

设计题

设计一种野果植物资源的综合开发利用方案。

第9章

甜味剂植物资源

甜味剂（sweetener）是指赋予食品或饲料以甜味的食物添加剂。天然甜味剂是指自然界存在于各种生物体内天然合成的一种成分，经加工提取而得的产品。能够提取各种天然甜味剂的植物称为甜味剂植物。体内富含甜味剂的植物称为甜味剂植物资源。

甜味剂的用途：①加入食品中增加甜味。②非糖类甜味剂添加于糖尿病等患者的食品。

9.1 植物甜味剂分类

目前世界上使用的甜味剂很多，有几种不同的分类方法。

① 按其来源可分为天然甜味剂和人工合成甜味剂。

② 按其营养价值分为营养性甜味剂和非营养性甜味剂。

③ 按其化学结构和性质分为糖类和非糖类甜味剂。糖类甜味剂主要为蔗糖、葡萄糖、果糖；非糖类甜味剂具有味甜、无毒的特点。

9.2 主要天然甜味剂种类

9.2.1 非洲竹芋甜素（索马甜）

非洲竹芋甜素是从竹芋科植物翅果竹芋（*Thaumatococcus daniellii*）的果实假种皮

中提取出的具甜味的蛋白质化合物。自1972年被分离纯化研究以来未发现激素样活性，也没有致突变和致畸性，而且其代谢产物均为正常机体成分且无过敏原等。非洲竹芋甜素分子质量约22kDa，由单条多肽链组成，易溶于水，60%的乙醇溶液中溶解度降低，其等电点为11.8～12.3，在pH 2～10范围内稳定，非洲竹芋甜素虽是蛋白质，但由于其带正电荷，即使在酸性范围内也不发生凝聚。其甜度为蔗糖的3000～5000倍，且甜味爽口、持续时间长而无异味。另外，该甜味剂如与糖质或其他甜味剂并用，具有相乘作用及改善味性的效果，并有增强食品原料的香味，遮盖和减弱食品的苦、涩、咸、酸等不适味的效果，因此它既是天然甜味剂又是风味改良剂，有很宽的应用领域。

9.2.2 甘草甜素

甘草甜素是豆科多年生草本植物甘草根中含有的4%～8%的甜味成分，自古以来甘草根在医药及食品领域就被用作甜味剂。甘草甜素易溶于热水，加约5倍的水煮沸，过滤抽提液即析出弱酸性的甜味成分。甘草甜素属三萜烯类配糖体，其甜度约为蔗糖的250倍，热量值为零且甜味残留时间长，安全性高。甘草甜素的甜味出现慢，且带甘草特有的口味，在口中残留有微苦的感觉，但它具有掩盖由咸味引起的盐涩效果，适于和食盐并用加工食品。若和柠檬酸等一起使用会出现呈味的相乘效果，和甜菊苷、柠檬酸钠配合在一起能使后味得到相当大的改良，和同是甜味剂的蔗糖、果糖、葡萄糖、饴糖、甘氨酸等配合使用具有增益效果。甘草甜素产品有两种形式：一种为经抽提的浸膏形式，系天然物；另一种为经精制后做成的钠盐，有甘草酸二钠和甘草酸三钠两种类型，为淡黄至白色的粉末，系食品添加剂。前者可用于各种浸渍物调味料、糕点类、水果罐头等，而后者只限用于酱油及各种酱类制品。

2023年，日本国内需求量约为180吨/年（日本甜味剂工业协会统计），较2010年下降60%。这种减少的原因一是甘草甜素以前用于咸味食品的量多，而近年来的低盐化倾向及酱油、酱等需求量停滞不前，导致需求量减少；二是其他甜味剂，如甜菊苷的兴起，夺走了部分市场，但近年来已趋于稳定。目前，日本的甘草甜素用于食品类的占70%、医药化妆品占26%、烟草及其他占4%。在美国，甘草甜素一般用作增香剂和风味增强剂，只需很少量就能符合要求。目前，我国研制出的甘草酸、甘草酸钾、甘草酸钠、甘草酸铵等系列产品，已在国内推广使用。

9.2.3 甜菊糖苷（甜叶菊苷）

甜菊糖苷是从原产于南美洲的菊科植物甜叶菊（*Stevia rebaudiana*）中提取的一种强甜度（为蔗糖的300倍）、低热值（蔗糖的1/300）的天然甜味剂。该甜味剂易溶于水，耐热，在95℃下加热处理2小时甜度不变，即使加热8小时甜度降低也很少。在pH值

3～9范围内稳定，100℃下热处理1小时也无变化。耐盐性良好，无褐变现象，不为微生物同化和发酵，纯品的稀释性也很小，和糖类甜味剂并用显示大的相乘效果。热量极低，具有和白糖同样甜度的甜菊苷，其热量值基本接近零，产品的安全性已经试验验证可靠。目前甜菊糖苷已广泛用作低热量食品、清凉饮料、粉末果汁、渍物、酱类、冷糕点、水产加工品及各类罐头等的甜味剂。

我国1978年自日本引进甜叶菊，现主产区为江苏、山东、新疆。据报道，在日本通常的栽培中，平均1公顷土地产干叶1.5～2吨，干叶中甜味成分含量为10%～14%，若甜度倍数按150～200倍计，则所产甜菊糖苷按甜度计相当于20～50吨白砂糖，这与砂糖的每公顷6～7吨、果葡糖的每公顷5～6吨的生产率相比高出不少，所以它是极有前途的甜味资源。特别是近年来，世界很多国家如日本、欧洲诸国，出现了越来越多的人倾向于使用天然物的现象，更为甜菊糖苷提供了宽广的应用前景。目前，日本通过对甜叶菊品种改良，使甜叶菊叶中的甜菊糖苷含量大幅度提高，并使甜叶菊中的单葡糖基甜菊糖苷成分（较甜菊糖苷苦味小、甜度高，约为白糖的390倍）所占比例由原来的25%提高至80%。

9.2.4 甜茶素（甜茶悬钩子苷）

甜茶素是从蔷薇科悬钩子属植物甜茶（*Rubus chingii* var. *suavissimus*）中提取出来的一种低热量高甜味的二萜苷物质。甜茶素的口感极佳，甜味的纯正程度接近白糖，甜度相当于蔗糖的300倍。据广西甜茶植物园研究报道，甜茶是目前世界上天然的无毒、高甜度、低热能和具有保健功能的甜味植物，甜茶素是世界上发达国家正在寻找的一种糖类替代品。

9.2.5 莫奈林

莫奈林是从应乐果（*Dioscoreophyllum cumminsii* Diels）果实中提取出的一种两肽链的蛋白质类甜味剂，1972年由美国宾州Monell化学味觉中心分离纯化而得名。其呈淡黄褐色粉末或块状，甜度为蔗糖的1500～3000倍，但生理稳定性较差，因此它的应用受到限制。1989年Kim等在不改变其甜度前提下用蛋白质工程技术将两条肽链连接起来，提高了其稳定性从而增加了其实用性；还用重组大肠杆菌表达出与莫奈林相类似的甜蛋白，后者与天然产物具有一样强烈的甜味，而且在极热及酸性环境下具有稳定性。

9.2.6 马槟榔蛋白

马槟榔蛋白是从山柑科植物马槟榔（*Capparis masaikai*）的种子中分离得到的一种

能引起持久甜味的蛋白质。甜度是蔗糖的375倍。热稳定性较好，80℃保温48小时仍有甜味。此外，有待于开发利用的包括甜味是蔗糖2000倍的布那珍（brazzein）、甜度约为蔗糖500倍的培它丁（pentadin）、甜度约为蔗糖550倍的仙茅甜蛋白（curculin）等。

9.2.7 糖醇类

糖醇类包括木糖醇、甘露醇、山梨醇等，它们广泛存在于天然植物和食物中，其甜度和热量各有不同。英国Cerester公司利用水解发酵和酵母法生产出另一种低热值的糖醇类增效甜味剂——赤藓醇，目前已开始批量生产。据报道，该甜味剂有轻微爽口感，护齿，热值低，不会引起肠胃不适。

9.2.8 罗汉果甜苷

罗汉果甜苷是从葫芦科植物罗汉果（*Siraitia grosvenorii*）中提取的一种（约占1%）萜类天然甜味剂，白色晶体，无热量，不致龋，不褐变，甜度为蔗糖的200～300倍，具有甘草样后味，安全性高。

9.3 甜味剂植物开发利用

9.3.1 甜味剂植物开发利用的方向

① 向非营养、低热量和高甜度的方向发展。人们逐渐意识到要合理健康饮食，因此，从野生植物中提取出天然甜味剂理所当然也要朝着非营养、低热量、高甜度的方向来开发和利用。

② 向提高安全性的方向发展。投放于市场的非糖类天然甜味剂要具备用量少、甜度高、成本低但应用的安全性却要高的特点，这是新型非营养型天然甜味剂不断开发的永久动力。对联合国粮农组织/世界卫生组织食品添加剂联合专家委员会（JECFA）未建立ADI值的天然甜味剂要根据毒理试验结果尽快提出ADI值。

③ 结合国情综合发展。各国所处的地理条件不同，野生植物资源分布和可利用的情况不同，社会发展状况各异。我国人口众多，可以利用的野生植物资源比较丰富，应该可以考虑在我国现有的甜味剂工业基础上向复配型甜味剂发展。天然甜味剂在甜度、口感及稳定性方面各有优缺点，复配可以相辅相成，可改善其口感和风味，减少后味，提高甜度，从而提高经济效益等。从植物体内开发提取的理想的非营养型天然甜味剂应具备生理安全性；有清爽、纯正、似糖的甜味；低热量，高甜度；化学和生物稳定性高；不会引

起人体代谢或营养类疾病；对人体有保健和增强免疫功能；投放市场价格合理等特点。

9.3.2　植物体内非糖类甜味剂开发利用的途径

① 规划性地开发利用。在摸清天然甜味剂的提取植物资源的种类、贮量、分布规律、生态条件和可利用性的基础上，尊重科学并结合市场需求，制定开发利用规划。

② 保护与开发利用并举。天然甜味剂的提取和植物资源的开发利用应在依法保护好资源的基础上有限度地进行，并要发展植物资源以保证资源的可持续利用，如可在其原产地或最适生长区域，结合生态建设，建立母本园，进行人工繁殖和驯化栽培，再建成高标准生产园，实现无公害化生产，提供优质的原料，从源头上解决开发利用的安全问题。

③ 提高资源的综合利用率。一种植物其用途具有多样性的特点，把它当作单一产品利用将造成资源的浪费。联合多领域进行科技研究，开发植物的系列产品是提高资源的综合利用率并拓宽产品市场空间的重要途径。

④ 提高产品的科技附加值。不同的天然甜味剂其组成成分和生理特性也不同，要研究最佳的非营养天然甜味剂的提取工艺流程，开发实用的加工机械，运用先进的加工方法，增加产品的科技含量，最大限度地提高产品的附加值。

9.4　甜味剂提取工艺

水提醇沉法：

植物挑选除杂→粉碎→酸性水提取→过滤→真空浓缩→乙醇沉淀→调pH沉淀→重结晶→真空干燥→成品。

醇提水沉法：

植物干燥粉碎→乙醇提取→减压浓缩→水沉溶解→冷藏沉淀→过滤→脱色纯化→干燥→粗品。

9.5　主要甜味剂植物资源

9.5.1　沙棘

【植物名】

沙棘（*Hippophaer hamnoides*）别称醋柳、酸刺、达日布。

【形态特征】

落叶灌木或乔木，生长在高山沟谷中可高达18米，棘刺较多，粗壮，顶生或侧生；嫩枝褐绿色，密被银白色而带褐色鳞片或有时具白色星状柔毛，老枝灰黑色，粗糙；芽大，金黄色或锈色。单叶通常近对生，与枝条着生相似，纸质，狭披针形或矩圆状披针形，长30～80毫米，宽4～10（～13）毫米，两端钝形或基部近圆形，基部最宽，上面绿色，初被白色盾形毛或星状柔毛，下面银白色或淡白色，被鳞片，无星状毛；叶柄极短，几无或长1～1.5毫米。果实圆球形，直径4～6毫米，橙黄色或橘红色；果梗长1～2.5毫米；种子小，阔椭圆形至卵形，有时稍扁，长3～4.2毫米，黑色或紫黑色，具光泽。花期4～5月，果期9～10月。

【分布习性】

产于河北、内蒙古、山西、陕西、甘肃、青海、四川西部。常生于海拔800～3600米温带地区向阳的山脊、谷地、干涸河床地或山坡，多砾石或砂质土壤或黄土上。中国黄土高原极为普遍。

沙棘喜光、耐寒、耐酷热、耐风沙及干旱气候，对土壤适应性强。沙棘是阳性树种，喜光照，在疏林下可以生长，但对郁闭度大的林区不能适应。沙棘对于土壤的要求不很严格，在栗钙土、灰钙土、棕钙土、草甸土、黑护土上都有分布，在砾石土、轻度盐碱土、砂土甚至在砒砂岩和半石半土地区也可以生长，但不喜过于黏重的土壤。沙棘对降水有一定的要求，一般应在年降水量400毫米以上，如果降水量不足400毫米，河漫滩地、丘陵沟谷等地亦可生长，但不喜积水。沙棘对温度要求不很严格，极端最低温度可达–50℃，极端最高温度可达50℃，年日照时数1500～3300小时。沙棘极耐干旱，极耐贫瘠，极耐冷热，为植物之最。

【化学成分】

沙棘含有的化合物种类达百种以上，这些物质包含了人体必需但又不能自身合成的氨基酸、维生素、微量元素、生育酚、类胡萝卜素、多酚、黄酮等以及其他一些对身体有益的脂肪酸等活性物质。其中，黄酮类化合物在沙棘叶中含量最高，维生素、长链醇、酯类、甾醇类、五环三萜类化合物、挥发性单萜烯等在沙棘油里含量较高。

（1）黄酮

沙棘富含黄酮类成分，现已从沙棘植物中分离出49种黄酮类化合物（6种黄酮苷元、8种黄酮单糖苷、6种黄酮芸香糖苷、11种黄酮3,7-二糖苷、8种黄酮三糖苷、8种酰化黄酮糖苷类及2种黄烷-3-醇类），大部分以异鼠李素、槲皮素、山柰酚为母核。糖原为葡萄糖、鼠李糖、槐糖等。

（2）多酚

沙棘含有30余种多酚类化合物，它们主要以没食子酸、儿茶素为母核。同时，沙棘浆果和沙棘叶中含有没食子酸、芥子酸、龙胆酸、鞣花酸、水杨酸、咖啡酸、肉桂酸、原儿茶酸、对羟基苯甲酸等有机酸。

（3）维生素

沙棘有维生素“源”植物的美称，富含维生素C、维生素E、B族维生素、维生素K等。

（4）脂类

沙棘种子和沙棘果肉分别含有16%～18%和4.7%～8.2%的油脂，包含了大部分易被人体吸收的豆蔻酸、棕榈酸、硬脂酸、棕榈烯酸、油酸、亚油酸、亚麻油酸、花生酸等不饱和脂肪酸。沙棘果实类脂的含量约占果实总质量的0.5%，包含卵磷脂、脑磷脂、磷脂酰肌醇、磷脂酰甘油、磷脂酸等100多种脂质。

（5）其他活性成分

人们已从沙棘果实中提取出60多种挥发性成分，主要包括己酸乙酯、3-甲基丁酸甲酯、3-甲基丁烷酸等。另外，沙棘叶和沙棘浆果含有丰富的三萜类、甾醇类化合物以及多种人类需要的常量与微量元素，例如钾、钠、钙、锰、锶等。沙棘果肉中还含有以天冬氨酸为主的18种氨基酸，并且包含了8种人体必需氨基酸。

【综合利用】

（1）药用价值

止咳祛痰，消食化滞，活血散瘀。可用于辅助缓解咳嗽痰多、消化不良、食积腹痛、跌仆瘀肿、瘀血经闭等症。

（2）食疗价值

沙棘果实营养丰富，据测定其果实中含有多种维生素、脂肪酸、微量元素、亚油素、沙棘黄酮、超氧化物歧化酶等活性物质和人体所需的各种氨基酸。其中维生素C含量极高，每100克果汁中，维生素C含量可达到825～1100毫克，是猕猴桃的2～3倍。含糖7.5%～10%，含酸3%～5%。沙棘叶片含粗蛋白15.75%、粗脂肪9.48%、粗纤维14.04%、无氮浸出物54.84%，用沙棘叶可制作保健茶。

沙棘油中含有多种对人体有益的活性物质，如维生素E、维生素A、黄酮等，可能具有抗疲劳、辅助修复胃黏膜等作用。

（3）美容价值

沙棘在美容中起主要作用的是沙棘油，其富含维生素E、维生素A、黄酮和SOD活性成分，能够有效阻断或清除自由基以达到延缓衰老的作用，因此沙棘油被化妆品产业用作重要的高级化妆品原料，经过先进工艺提取的化妆品级沙棘油的纯度、活性都很高。其高温萃取物——果素，已经成为了祛痘精华液的主要成分，相比普通技术萃取的植物精华，有着更为丰富的营养护肤成分，其中含有多种维生素、脂肪酸、微量元素、维生素E等营养成分，并且高温萃取的沙棘果素中SOD活性达5623.0U/mL，其含量是人参的6倍之多，它可以阻断因肌肤内物质过氧化产生的自由基，阻止肌肤的过早老化，修复受损细胞组织，促进组织再生和上皮组织愈合。

果素具有定向渗透作用，含有从沙棘果中萃取的有效祛痘除印保湿因子，通过肌肤表层快速吸收，定向针对痤疮丙酸杆菌，抑制其感染、泛滥，修复受损肌肤，恢复肌肤正常的更新和循环系统。

（4）生态绿化、恢复植被

中国西北地区由于干旱少雨，土地瘠薄，大部分地区直接栽种乔木难于成活或成小老头树，植被恢复难度很大。而沙棘具有耐寒、耐旱、耐瘠薄的特点，因此一般每亩荒地只需栽种120～150棵，4～5年即可郁闭成林。并且沙棘的苗木较小，一般株高在30～50厘米，地径5～8毫米，栽种沙棘的劳动强度不大，一个普通劳力一天可以栽沙棘5～6亩。这对西北地区来讲，能够有效解决地广人稀的问题，便于进行大规模种植，快速恢复植被。

（5）减少泥沙

黄土高原水土流失严重，陡坡由于土地瘠薄，施工困难，是治理水土流失的一个薄弱环节。而沟道不仅是泥沙的主要产区，也是坡面泥沙的通道。沙棘的灌丛茂密，根系发达，形成“地上一把伞，地面一条毯，地下一张网”的生态景观。在一些陡险坡面上，沙棘利用其串根萌蘖的特性，可将这些人不可及的地段绿化。特别是沙棘在沟底成林后，抗冲刷性强，而且它不怕沙埋，根蘖性强，能够阻滞洪水下泄、拦截泥沙，提高沟道侵蚀基准面。黄土高原虽有千沟万壑，沙棘却有极强的生命力和快速的繁殖能力，是治理沟壑的“有效武器”。实践证明，沙棘是治理黄河泥沙的有效植物。

（6）恢复生物链

黄土高原大部分地区植被稀少，生态环境极为脆弱。以沙棘为先锋树种，不但能够快速恢复植被，而且能够尽快地恢复生物链。沙棘不但自身能够适应恶劣的自然环境，而且由于它的固氮能力很强，还能够为其他植物的生长提供养分，创造适宜生存的环境，是优良的先锋树种和混交树种。

（7）园林绿化

沙棘是防风固沙、保持水土、改良土壤的优良树种。

（8）经济价值

沙棘是经济植物，产品既可食用，又可药用。中国在沙棘产品开发方面发展也很迅速。内蒙古鄂尔多斯即将建成最大的沙棘种植园区，随着沙棘产业的深入发展，必将带动山区沙棘加工业的发展，农民就可以通过采收沙棘果、叶增加收入。沙棘是目前世界上含有天然维生素种类最多的珍贵经济林树种，其果实除鲜食外，还可加工成果汁、果酒、果酱、果脯、果冻、饮料、保健品等。

9.5.2 小粒咖啡

【植物名】

小粒咖啡（*Coffea arabica*）亦称阿拉比卡咖啡，是最传统的阿拉伯咖啡的核心物种。

【形态特征】

叶薄革质，矩圆形或披针形边缘波状或浅波状，托叶宽三角形。浆果椭圆形，种子含生物碱，可药用或作饮料。灌木或乔木；枝略呈圆柱形，顶部略压扁。叶对生，极少3枚轮生，膜质或薄革质，无柄或具柄；托叶阔，生于叶柄间，不脱落。花通常芳香，无梗或具短梗，簇生于叶腋内成球形或排成腋生少花的聚伞花序，偶有单生；苞片常常合生；萼管短，近管形或陀螺形，顶部截平或4～6齿裂，里面常具腺体，宿存；花冠白色或浅黄色，罕有呈玫瑰红色，高脚碟形或漏斗形，喉部无毛或被长柔毛，顶部5～9裂，极少4裂，裂片开展，花蕾旋转排列；雄蕊4～8枚，生于冠管喉部，花丝短或缺，花药近基部背着，线形，突出或内藏；花盘肿胀；子房2室，花柱线形，稍粗，柱头2裂；胚珠每室1颗。浆果球形或长圆形，干燥或肉质，有小核2颗；小核革质或肉质，背部凸起，若为革质时腹面有纵槽，膜质时则无纵槽；种子腹面凹陷或具纵槽；胚根圆柱形，向下。

【分布习性】

原产于非洲利比里亚、刚果热带地区，是海南岛主要辅助蜜粉源植物之一。其抗逆性较强，适生于高温、阴凉、多湿的气候环境以及年均温度21～27℃、年降雨量1000～1800毫米的区域。小粒咖啡在我国云南、广东、广西、台湾和海南均有分布（海南岛主要分布于西南部、中部、北部地区），在低丘、谷地、旷野和山坡成片散生，或与白背叶、油桐、油茶、波罗蜜等杂木林伴生其间。

【化学成分】

小粒咖啡果实含生物碱，其中最主要的是咖啡碱，其次是可可豆碱和茶碱。种子含油，其中甾醇成分有β-谷甾醇、豆甾醇、菜油甾醇、胆甾醇和微量的5-燕麦甾烯醇、7-燕麦甾烯醇、7-豆甾烯醇；又含类脂，其中脂肪酸成分有肉豆蔻酸、棕榈酸、硬脂酸、油酸、亚油酸、花生酸。根、茎、叶、苗中含咖啡碱、可可豆碱、茶碱、1,7-二甲基黄嘌呤、东莨菪素、对羟基苯甲酸、香草酸、对香豆酸、阿魏酸、绿原酸、咖啡酸。叶中还含熊果酸。

【综合利用】

（1）对中枢神经系统的作用

咖啡主要有效成分咖啡因和其结构类似物茶碱有很强的中枢兴奋作用。但茶碱较咖啡因作用更强，维持时间更长。人服用咖啡因或饮用含咖啡因的饮料常常表现为睡意消失、疲劳减轻、思维敏捷。剂量加大，中枢兴奋作用更加明显，易出现紧张、焦虑、不安、失眠、震颤等。更大剂量则会产生局部或全身痉挛。茶碱在这方面的作用明显强于咖啡因。咖啡因、茶碱等甲基黄嘌呤类化合物能增加呼吸中枢对CO_2的敏感性，对呼吸中枢也有兴奋作用，这种作用在潮式呼吸（cheyne-stokes respiration）和早产儿呼吸暂停等病理状态和用阿片类药物抑制呼吸的情况下更加明显。这类化合物可导致恶心和呕吐，这部分与其中枢作用有关。人服用85～250毫克咖啡因可使长时间脑力劳动工作能力增强，反应时间缩短，但涉及精巧肌肉协调和准确计时或算术的工作能力有所下降。有恐惧症的患者对甲基黄嘌呤类化合物尤其敏感，在一项研究中，大多数这类患者服用咖啡因血浆浓度达8微克/毫升时即表现焦虑、恐惧或其他恐惧症的典型症状。当中枢神经系统被用药物抑制时，低剂量的咖啡因等甲基黄嘌呤类化合物即可表现明显的中枢兴奋作用。小鼠鞘内注射不产生痛觉过敏（hyperalgesia）剂量的咖啡因即可提高吗啡止痛的半数有效量。但尚无资料表明酒精中毒时，咖啡因可提高大脑功能。研究表明，长期服用咖啡因可产生耐受性和药物依赖性。

（2）对心血管系统的作用

咖啡因、茶碱等甲基黄嘌呤类化合物对循环系统有明显的作用。但它们的作用是复杂的，有时是矛盾的。这在很大程度上取决于当时的机体状态、使用剂量以及之前是否服用过这类药物。从前未用过这类药物的人服用250～350毫克咖啡因可使心率稍有增加，同时收缩压和舒张压也有所上升。但上述剂量对长期服用咖啡因的人常常无任何作用。过去未服用过这类化合物的人服用咖啡因后引起的心率和血压升高是否与儿茶酚胺等化合物和血浆肾素活性升高有关还有待于进一步研究。可以认为对于长期服用者，上述物质体内浓度并无明显变化。在高剂量下，咖啡因和茶碱都可造成心跳过速。敏感患者可能出现期前收缩等心律失常现象。过量服用含咖啡因的饮料也可能出现心律失常，然而，对正常人而言，这种诱发心律失常的危险性很小，有缺血性心脏病或心室异位（ventricular ectopy）的患者通常也能耐受中等剂量的咖啡因。甲基黄嘌呤类化合物对脑血管有收缩作用，能使脑血管阻力上升，并伴有脑血流量和脑氧张力下降。

（3）对平滑肌的作用

甲基黄嘌呤类化合物可舒张各种平滑肌，其中最重要的是对气管平滑肌的舒张，尤其是在临床哮喘和实验中使用药物使气管平滑肌收缩的情况下作用尤为明显。此外，该类化合物尚能特异性地对抗阿片类药物对胃肠道的作用。

（4）其他作用

咖啡因有增强人骨骼肌工作能力的作用，也能增加猫间接刺激四头肌的抽搐张力。在治疗剂量下，咖啡因和茶碱均可提高人膈肌的收缩力，减轻膈肌疲劳。此外，甲基黄嘌呤类化合物，特别是茶碱有利尿作用，长期饮用咖啡可使血浆胆固醇浓度升高，但这并非由咖啡因所致，而与咖啡所含其他成分有关。

9.5.3　花楸树

【植物名】

花楸树（*Sorbus pohuashanensis*）别称百华花楸、马加木、红果臭山槐。

【形态特征】

落叶乔木，高达10米，小枝粗壮，花楸树圆柱形，灰褐色，具灰白色细小皮孔，嫩枝具茸毛，逐渐脱落，老时无毛，冬芽长大，长圆卵形，先端渐尖，具数枚红褐色鳞片，外面密被灰白色茸毛。奇数羽状复叶，连叶柄在内长12～20厘米，叶柄长2.5～5厘米；小叶片5～7对，间隔1～2.5厘米，基部和顶部的小叶片常稍小，卵状披针形或椭圆披针形，长3～5厘米，宽1.4～1.8厘米，先端急尖或短渐尖，基部偏斜圆形，边缘有细锐锯齿，基部或中部以下近于全缘，上面具稀疏茸毛或近于无毛，下面苍白色，有稀疏或较密集茸毛，间或无毛，侧脉9～16对，在叶边稍弯曲，下面中脉显著突起；叶轴有白色茸毛，老时近于无毛；托叶草质，宿存，宽卵形，有粗锐锯齿。

【分布习性】

性喜湿润土壤，多沿着溪涧山谷的阴坡生长。分布于我国东北、华北及甘肃、新疆等地。

【化学成分】

含挥发油，还含甾体、香豆精、黄酮苷、强心苷、皂苷。

【综合利用】

（1）制造价值

在适宜之地生长迅速，春日满树白花，秋冬英垂如豆，木材白色稍软，可做家具、制琴底。

（2）医学价值

果实（梓实）入药梓（含枸橼酸及对羟基苯甲酸0.1%～0.4%；种子含脂肪油10%；叶含对羟基苯甲酸2%），有显著利尿作用，可作利尿剂，可辅助治疗肾脏病、肾气膀胱炎、肝硬化、腹水。根皮（梓白皮）亦可入药，消肿毒，外用煎洗治疥疮。

9.5.4　柑橘

【植物名】

柑橘（*Citrus reticulata*）别称宽皮橘、蜜橘、黄橘、红橘、大红袍、大红蜜橘。

【形态特征】

小乔木。单身复叶，翼叶通常狭窄，或仅有痕迹，叶片披针形，椭圆形或阔卵形，大小变异较大，顶端常有凹口，中脉由基部至凹口附近成叉状分枝，叶缘至少上半段通常有钝或圆裂齿，很少全缘。花单生或2～3朵簇生；花萼不规则3～5浅裂；花瓣通常长1.5厘米以内；雄蕊20～25枚，花柱细长，柱头头状。柑橘枝干由主干、主枝、侧枝组成。

果形通常扁圆形至近圆球形，果皮甚薄而光滑，或厚而粗糙，淡黄色、朱红色或深红色，甚易或稍易剥离，橘络甚多或较少，呈网状，易分离，通常柔嫩，中心柱大而常空，稀充实，瓢囊7～14瓣，稀较多，囊壁薄或略厚，柔嫩或颇韧，汁胞通常纺锤形，短而膨大，稀细长，果肉酸或甜，或有苦味，或另有特异气味；种子或多或少数，稀无籽，通常卵形，顶部狭尖，基部浑圆，子叶深绿、淡绿或间有近于乳白色，合点紫色，多胚，少有单胚。花期4～5月，果期10～12月。

【分布习性】

柑橘果树生长发育、开花结果与温度、日照、水分（湿度）、土壤以及风、海拔、地形和坡向等环境条件紧密相关，这些条件影响最大的为温度。即使差0.5℃的气温有时也会出现截然不同的结果。柑橘生长发育要求12.5～37℃的温度。秋季花芽分化要求昼夜温度分别为20℃左右和10℃左右，根系生长的土温与地上部分大致相同。过低的温度会使柑橘受冻，甜橙–4℃、温州蜜柑–5℃时会使枝叶受冻，甜橙–5℃以下、温州蜜柑–6℃以下会冻伤大枝和枝干，甜橙–6.5℃以下、温州蜜柑–9℃以下会使植株冻死。

【化学成分】

（1）香豆素

柑橘中的香豆素类化合物多具有异戊烯取代的结构，其中部分化合物还进一步生成呋喃香豆素和吡喃香豆素。

（2）萜类化合物

目前从柑橘属中分离得到的萜类化合物主要为柠檬苦素类。

（3）生物碱类

生物碱类成分主要分布在柑橘属植物的根皮和茎皮中，以吖啶酮类生物碱为主。

（4）黄酮类

从柑橘中分离得到的黄酮类化合物主要为黄酮、二氢黄酮、查耳酮、花色素，此外还有少量的异黄酮。多聚甲氧基黄酮（如川陈皮素、橙皮苷、柚皮苷等）是柑橘属植物的特有成分。

（5）挥发油

柑橘挥发油主要成分为柠檬烯和β-蒎烯。

【综合利用】

（1）抗肿瘤活性

从柑橘属植物中分离得到的柠檬苦素类化合物，如柠檬苦素、诺米林等，显示出一定的抗肿瘤活性。

（2）抗氧化作用

陈皮提取物中总黄酮含量经测定达24.43%，且黄酮类化合物总抗氧化能力与其浓度有很强的量效关系，结果表明，陈皮黄酮类提取物具有较强的抑制有机自由基DPPH、羟自由基的抗氧化活性。

（3）抗炎作用

柑橘属植物的黄酮类成分具有抗炎作用，其抗炎机制为抑制环氧合酶（COX-2）、诱导型一氧化氮合酶（iNOS）的表达，以及阻断细胞因子介导的巨噬细胞RAW264.7内NF-KB和MAPK信号通路的转导。

（4）保肝、降压作用

柑橘提取物可能具有增强肝脏的抗氧化能力，降低肝细胞损伤的作用。

9.5.5 樱桃

【植物名】

樱桃（*Cerasus pseudocerasus*）别称莺桃、荆桃、楔桃、英桃、牛桃。

【形态特征】

乔木，高2～6米，树皮灰白色。小枝灰褐色，嫩枝绿色，无毛或被疏柔毛。冬芽卵形，无毛。叶片卵形或长圆状卵形，长5～12厘米，宽3～5厘米，先端渐尖或尾状渐尖，基部圆形，边有尖锐重锯齿，齿端有小腺体，上面暗绿色，近无毛，下面淡绿色，沿脉或脉间有稀疏柔毛，侧脉9～11对；叶柄长0.7～1.5厘米，被疏柔毛，先端有1个或2个大腺体；托叶早落，披针形，有羽裂腺齿。

花序伞房状或近伞形，有花3～6朵，先叶开放；总苞倒卵状椭圆形，褐色，长约5毫米，宽约3毫米，边有腺齿；花梗长0.8～1.9厘米，被疏柔毛；萼筒钟状，长3～6毫米，宽2～3毫米，外面被疏柔毛，萼片三角卵圆形或卵状长圆形，先端急尖或钝，边缘全缘，长为萼筒的一半或过半；花瓣白色，卵圆形，先端下凹或二裂；雄蕊30～35枚，栽培者可达50枚。花柱与雄蕊近等长，无毛。核果近球形，红色，直径0.9～1.3厘米。花期3～4月，果期5～6月。

【分布习性】

生于山坡向阳处或沟边，常栽培，海拔300～600米。樱桃是喜光、喜温、喜湿、喜肥的果树，适合在年均气温10～12℃，年降水量600～700毫米，年日照时数2600～2800小时以上的气候条件下生长。日平均气温高于10℃的时间在150～200天，冬季极端最低温度不低于–20℃的地方都能生长良好，正常结果。若当地有霜害，樱桃园地可选择在春季温度上升缓慢、空气流通的西北坡。考虑到樱桃根系分布浅、易风倒，园地以在不受风害地段为宜，土壤以土质疏松、土层深厚的砂壤土为佳。

【化学成分】

樱桃铁的含量较高。樱桃所含蛋白质、糖、磷、胡萝卜素、维生素C等均比苹果、梨高，此外，樱桃中含有丰富的花青素、花色素、维生素E等。

【综合利用】

（1）食用价值

樱桃味甘、酸，性微温。具有益脾胃、滋养肝肾、涩精、止泻之效。可用于辅助治疗脾胃虚弱，少食腹泻，脾胃阴伤，口舌干燥；肝肾不足，腰膝酸软，四肢乏力，遗精；血虚，头晕心悸，面色不华。

（2）缓解贫血

铁是合成人体血红蛋白的原料，樱桃可以缓解贫血，樱桃虽好，但也注意不要多吃。因为樱桃除了含铁多以外，还含有一定量的氰苷，若食用过多会引起铁中毒或氰化物中毒。

（3）祛风除湿

樱桃性温热，兼具补中益气之功，能祛风除湿，对风湿腰腿疼痛有良效。樱桃树根还具有很强的驱虫、杀虫作用，可驱杀蛔虫、蠕形住肠线虫（蛲虫）、绦虫等。

（4）养颜驻容

常用樱桃榨汁涂擦面部及皱纹处，可能会使面部皮肤红润嫩白，脸上的顽固性斑或雀斑淡化。用后放至冰箱贮藏即可，一般不超过两天存放期。

（5）缓解肌肉酸痛

樱桃中含有丰富的花青素、花色素、维生素E等，这些营养元素都是有效的抗氧化剂，对消除肌肉酸痛有一定功效。

（6）预防视力下降

人体中如果缺乏维生素A和相关营养素，会导致眼痛、视力下降、怕光等。每100克樱桃中维生素A的含量要比葡萄、苹果等水果高4～5倍，常食樱桃可以有效保护视力。

讨论题

探讨植物源甜味剂的分离纯化新方法和新工艺。

第10章

药食同源植物资源

药食同源植物是指既可食用又能作为中药材防病治病的植物。

10.1 药食同源植物资源研究范围

① 调查药食同源植物的种类、分布和蕴藏量，研究其更新、消长的动态规律，为合理开发利用提供科学依据。

② 研究药食同源植物资源的最佳收获期及合理采收方法。

③ 研究药食同源植物有效成分含量，有效成分的提取、分离、提纯技术，以及把药食同源植物资源的原料变为优质高效新产品或其他产品的工业技术。

④ 研究药用器官形成与更新，种群与群落的生境及演替规律，有效成分与生态因子的关系，道地药材的特点及其形成因素等药用植物资源的动态规律，保护与发展种质资源，提高科学的经营与管理方法。

⑤ 药用为主，多方面多层次合理利用。

⑥ 通过药食同源植物资源调查，从近缘植物和民族植物药中寻找与开发植物性药材的新品种与新资源。

10.2 药食同源植物资源的分类

（1）按食用部位不同分类

根及根状茎类：天麻、白茅、芍药、姜黄等。

嫩苗类：黄精、白鲜、车前、地肤、地黄、防风等。

叶类：桑叶、紫苏叶、蒲公英等。

花类：菊、番红花、香蒲等。

果实及种子类：豆蔻、缩砂密、益智、天名精等。

（2）按功能分类

具有免疫调节功能：枸杞子、大枣、桑葚等。

具有促进消化功能：山楂、麦芽、山药、莱菔子、扁豆、陈皮、大枣等。

具有改善记忆功能：黄精等。

对辐射危害具有辅助保护功能：枸杞子等。

具有通便功能：火麻仁、决明子、莱菔子、玉竹、芦荟、郁李仁等。

具有辅助降血脂功能：山楂、芦荟、决明子、荷叶等。

具有辅助降血糖功能：葛根、黄精、乌梅、决明子、山药、甘草、苦瓜、桑叶、百合等。

具有改善睡眠功能：酸枣仁、桑葚、枸杞子等。

具有辅助调节机体代谢功能：荷叶、决明子、山楂、香橼、菊花、海藻、莱菔子等。

具有辅助补充气血功能：桑葚、大枣、龙眼肉、陈皮、枸杞子等。

对化学性肝损伤具有辅助保护功能：山楂、桑葚、麦芽、葛根、黄精、大蒜、枸杞等。

具有促进泌乳功能：大枣等。

对胃黏膜损伤具有辅助保护功能：山楂、薏苡仁、陈皮、干姜、葛根等。

具有促进排铅功能：茶叶、猕猴桃等。

具有清咽润喉功能：菊花、桑叶、胖大海、薄荷、桔梗、金银花、乌梅、蒲公英等。

具有辅助降血压功能：决明子、茶叶、山楂、槐花、菊花等。

具有缓解视觉疲劳功能：枸杞子、越橘、菊花、决明子等。

具有改善痤疮功能：决明子、金银花、栀子、桑叶、马齿苋、鱼腥草、山楂、菊花等。

具有改善黄褐斑功能：枸杞、桃仁、桑葚、菊花、决明子、葛根、桑叶、干姜等。

具有改善皮肤水分功能：白芷、葛根、杏仁、乌梅、山药、枸杞、桑葚等。

（3）按治疗作用分

散风寒类（用于风寒感冒病症）食物：生姜、葱、芥菜、芫荽。

散风热类（用于风热感冒病症）食物：茶叶、豆豉、阳桃。

清热泻火类（用于内火病症）食物：茭白、蕨菜、苦菜、苦瓜、百合、西瓜。

清热生津类（用于燥热伤津病症）食物：甘蔗、番茄、柑、柠檬、苹果、甜瓜、甜橙、荸荠。

清热燥湿类（用于湿热病症）食物：香椿、荞麦。

清热凉血类（用于血热病症）食物：藕、茄子、蕹菜、向日葵子、芹菜、丝瓜。

清热解毒类（用于热毒病症）食物：绿豆、赤小豆、豌豆、苦瓜、马齿苋、荠菜、南瓜。

清热利咽类（用于内热咽喉肿痛病症）食物：橄榄、罗汉果、荸荠。

清热解暑类（用于暑热病症）食物：西瓜、绿豆、赤小豆、绿茶、椰汁。

清热化痰类（用于热痰病症）食物：白萝卜、冬瓜子、荸荠。

温化寒痰类（用于寒痰病症）食物：洋葱、杏子、芥子、生姜、佛手、香橼、桂花。

止咳平喘类（用于咳嗽喘息病症）食物：百合、梨、枇杷、落花生、杏仁、乌梅。

健脾和胃类（用于脾胃不和病症）食物：南瓜、包心菜、芋头、柚、木瓜、栗子、大枣、扁豆、玉米、无花果、胡萝卜、山药、芫荽。

健脾化湿类（用于湿阻脾胃病症）食物：薏苡仁、蚕豆、香椿、大头菜。

驱虫类（用于虫积病症）食物：榧子、大蒜、南瓜子、石榴、乌梅。

消导类（用于食积病症）食物：萝卜、山楂、茶叶、麦芽、薄荷叶。

温里类（用于里寒病症）食物：辣椒、胡椒、花椒、八角茴香、小茴香、丁香、干姜、蒜、葱、韭菜、刀豆、桂花。

祛风湿类（用于风湿病症）食物：樱桃、木瓜、五加皮、薏苡仁。

利尿类（用于小便不利、水肿病症）食物：玉米、赤小豆、黑豆、西瓜、冬瓜、葫芦、白菜。

通便类（用于便秘病症）食物：菠菜、竹笋、番茄、香蕉。

安神类（用于神经衰弱、失眠病症）食物：莲子、百合、酸枣仁、小麦。

行气类（用于气滞病症）食物：香橼、橙子、柑皮、佛手、荞麦、高粱米、刀豆、菠菜、白萝卜、韭菜、茴香菜、大蒜。

活血类（用于血瘀病症）食物：油菜、慈姑、茄子、山楂。

止血类（用于出血病症）食物：黄花菜、栗子、茄子、乌梅、枇杷、藕节、槐花。

收涩类（用于滑脱不固病症）食物：石榴、乌梅、芡实、高粱、林檎、莲子。

平肝类（用于肝阳上亢病症）食物：芹菜、番茄、绿茶。

补气类（用于气虚病症）食物：大麦、山药、莜麦、籼米、马铃薯、大枣、胡萝卜。

补血类（用于血虚病症）食物：桑葚、荔枝、松子、菠菜、胡萝卜。

助阳类（用于阳虚病症）食物：枸杞菜、枸杞子、核桃仁、豇豆、韭菜、丁香、刀豆。

滋阴类（用于阴虚病症）食物：大白菜、梨、葡萄、桑葚。

（4）按照保健作用

聪耳（增强或改善听力）类食物：荸荠。

明目（增强或改善视力）类食物：枸杞子。

生发（促进头发生长）类食物：白芝麻、核桃仁。

乌须发（使须发变黑）类食物：黑芝麻、核桃仁。

美容（使肌肤红润、光泽）类食物：枸杞子、樱桃、荔枝、黑芝麻、山药、松子。

健齿（使牙齿坚固、洁白）类食物：花椒。

轻身（消肥胖）类食物：菱角、榧子、龙眼、荷叶、燕麦、青粱米。

肥人（改善瘦人体质，强身壮体）类食物：小麦、酸枣、葡萄、山药、黑芝麻。

增智（益智、健脑等）类食物：荞麦、核桃、葡萄、菠萝、荔枝、龙眼、大枣、百合、山药、黑芝麻。

安神（使精神安静、利睡眠等）类食物：莲子、酸枣、百合、梅子、荔枝、龙眼、山药。

增神（增强精神，减少疲倦）类食物：茶、荞麦、核桃。

增力（健力，善走等）类食物：荞麦、大麦、桑葚、榛子。

强筋骨（强健体质，包括筋骨、肌肉以及体力）类食物：栗子、酸枣。

耐饥（使人耐受饥饿，推迟进食时间）类食物：荞麦、松子、菱角。

能食（增强食欲、消化等能力）类食物：葱、姜、蒜、韭菜、芫荽、胡椒、辣椒、胡萝卜、白萝卜。

壮肾阳（调整性功能，治疗阳痿、早泄等）类食物：核桃仁、栗子、刀豆、菠萝、樱桃、韭菜。

10.3　国内外药食同源植物资源的研究和利用

10.3.1　我国药食同源植物开发现状

我国药食同源食品虽然起源相对较早，而且种类也有很多，但是能够形成一定规模，正规走出国门的却寥寥无几。尽管国内以药食同源中药为原料的食品有很多，可销售额却很少，这在很大程度上影响了我国药食同源食品行业的发展。

我国药食同源食品行业的发展策略如下。

① 积极研发，实现规模化经营：在经济全球化的影响下，国内药食同源食品行业的现状十分不好，这就要求我国从事药食同源的食品企业不断更新理念，做到与时俱进，积极引进先进的科学技术，学习和借鉴国外的药食同源食品企业的成功经验，全面促进药食同源食品行业的发展。

② 发挥自身优势，开拓国外市场：充分发挥自身的优势，积极开拓国外市场，已经成为我国发展药食同源食品行业的重要途径。我国具有非常丰富的中医养生理论，已有上千年的历史。在人们追求健康生活的潮流冲击下，国外很多国家也逐渐接受我国的中医养生理论，开始利用这一原理为人们提供健康的生活产品。而作为中医养生理论发源地，我国更应该充分发挥传统药食同源思想的优势，加大开发药食同源食品的力度，生产性能高、质量好的产品，从而推动我国药食同源食品行业走向国际市场。

③ 树立品牌意识，打造品牌效应：伴随着人们物质生活水平的提升，消费者的身心健康理念也逐渐有所改善。尤其是近年来，食品安全事故时有发生，食品安全问题备受社会各界关注，成为了热门话题。而信誉不好、知名度又差的药食同源食品更是无法吸引消费者，甚至会遭到消费者的排斥。不论是食品还是其他产品，消费者都十分重视品牌的知名度和信誉、形象，认为只有信誉和形象好的品牌产品才能保证质量。

10.3.2　国外药食同源植物资源研究与利用情况

日本是目前世界中医药热的关键枢纽，担任了沟通东、西方天然药物开发利用的特殊角色，他们对人参、三七、杜仲、黄芪、甘草、酸枣仁、地黄、柴胡、升麻、当归、大枣等一批常用中药的有效成分进行了较为深入的研究。

美国对药用植物资源开发利用的重点是寻找抗癌、抗艾滋病的新药，对新药的使用以纯有效成分为主。

俄罗斯对药用植物资源开发利用也较重视。他们比较重视东方传统医药学的经验，对强壮药如人参、刺五加、红景天、五味子、鹿茸等进行了较为深入的研究。

印度的传统医药占统治地位。他们对植物性药物的应用有着悠久历史，对药用植物资源开发利用研究也非常重视。

巴基斯坦从300多种药用植物中筛选出抗癌活性成分，并开展了避孕药的筛选和研究工作。

泰国也是对药用植物开发和利用具有显著优势的国家。有许多药物出口，如砂仁、槟榔等。

墨西哥药用植物资源开发利用的研究中心是药用植物研究所，他们对南美及本国的药用植物进行了系统调查，其数据存于电子计算机中，并编印了《墨西哥药用植物的名称目录》和《墨西哥药用植物的效用》。

10.3.3 国内外对药食同源植物资源需求重点方向

① 调节机体免疫功能类药用植物资源；② 抗心脑血管系统疾病类药用植物资源；③ 抗风湿病与类风湿病类药用植物资源；④ 抗肿瘤类药用植物资源；⑤ 抗过敏类药用植物资源；⑥ 妇幼保健类药用植物资源；⑦ 防治性病与艾滋病类药用植物资源；⑧ 延缓衰老类药用植物资源；⑨ 防治肥胖和促进健美类药用植物资源；⑩ 美容和药膳类药用植物资源。

10.4 我国主要药食同源植物资源

10.4.1 党参

【植物名】

党参（*Codonopsis pilosula*）别称缠绕党参、素花党参、上党人参、防风党参、黄参、防党参、上党参、狮头参、中灵草。

【形态特征】

党参根长圆柱形，直径1～1.7厘米，顶端有一膨大的根头，具多数瘤状的茎痕，外皮乳黄色至淡灰棕色，有纵横皱纹。茎缠绕，长而多分枝，下部疏被白色粗糙硬毛；上部光滑或近光滑。叶互生或偶尔对生；叶柄长0.5～2.5厘米；叶片卵形或广卵形，长1～7厘米，宽0.8～5.5厘米，先端钝或尖，基部圆形或浅心形，全缘或微波状，上面绿色，被粗伏毛，下面粉绿色，被疏柔毛。

【分布习性】

党参喜温和凉爽气候，耐寒，忌高温；幼苗喜潮湿、荫蔽环境，怕强光，适宜在土层深厚、排水良好、土质疏松而富含腐殖质的砂壤土栽培，主要分布于中国华北、东北、西北部分地区；采用种子繁殖，有种子直播和育苗移栽两种繁殖方法，春秋两季均可播种；约在10月中下旬寒露与霜降之间，土壤封冻以前采挖。

【化学成分】

① 糖类：糖类是党参重要的组成部分，主要分为多糖和游离糖两种，其中游离糖主要包括葡萄糖、蔗糖、果糖等，多糖主要包括菊粉型果聚糖和其他杂多糖。党参多糖是党参的主要活性成分之一，目前对其研究较为广泛和充足，具有抗氧化、抗肿瘤、增强免疫功能、保护神经、改善呼吸、维持肠道微生态平衡、预防痴呆等多种功能。

② 生物碱类：党参中生物碱类成分包括胆碱、5-羟基-2-羟甲基吡啶、烟碱（nicotine）、党参碱、党参次碱等，党参总生物碱能通过放大有丝分裂原活化蛋白激酶的磷酸化，增强PC12细胞的神经突生长，从而发挥保护神经的作用。

③ 炔类：党参中的炔类化合物主要包括党参炔苷、党参炔苷宁等，其中炔苷是党参质量评价的指标性成分之一，但不同地域不同品种党参中炔类的含量差异大。研究表明，炔类通过增加前列腺素含量，增强机体抵抗胃酸的能力，从而发挥保护胃黏膜的作用。

④ 萜类：党参含有的萜类成分主要有蒲公英萜醇乙酸酯、蒲公英萜酮、*β*-香树脂醇乙酸酯等，具有良好的抗感染活性。

⑤ 黄酮类：党参中黄酮类成分主要为槲皮素、芹菜素、木犀草素、木犀草素-7-*O*-*β*-D-葡萄糖苷等。

【综合利用】

药用价值：党参作为独立药名始载于清代《本草从新》。党参其味甘，性平；归脾、肺经；具健脾益肺、养血生津之功效。现代药理研究表明，党参还具有增强机体免疫力、保护胃肠道黏膜及抗溃疡、促进造血机能、调节血糖、延缓衰老等多种药理作用；根（党参）具有补中益气、和胃生津的功效。可用于脾虚食少、便溏、四肢无力、心悸、气短、口干、自汗、脱肛等情况。

党参食用价值：党参是保健品，可入膳食。也可做茶制酒，与紫苏用开水冲泡便是党参紫苏茶；将党参放入白酒，便是党参酒。居民日常食用的方式主要为煲汤、泡酒、泡茶等。党参菊花茶，即利用党参的温性缓解菊花的寒性，具有补气养血的作用；党参酒可以缓解身体疲劳，提高缺氧耐受性。此外，新加坡、朝鲜、韩国、日本等国家也有食用党参以补中益气、健脾益肺的历史。

10.4.2 肉苁蓉

【植物名】

肉苁蓉（*Cistanche deserticola*）是肉质植物，药性从容和缓，故名肉苁蓉。肉苁蓉别名：大芸（淡大芸）、寸芸、地精。

【形态特征】

肉苁蓉大部分生长在地下，茎从下向上渐变细；叶片为宽卵形，茎部上部的较稀疏狭窄，一般为披针形；花序穗状，花瓣边缘常常外卷，淡黄白色或淡紫色，变干后常变棕褐色；果实卵球形；种子椭圆形或近卵形，外面网状，有光泽；花期5～6月；果期6～8月。

【分布习性】

肉苁蓉主要分布在中国内蒙古、宁夏、甘肃及新疆地区。肉苁蓉喜欢轻度盐渍化的松软沙地，一般生长在沙地或半固定沙丘、干涸老河床、湖盆低地等地，但生长区的气候干旱，降雨量少，蒸发量大，日照时数长，昼夜温差大，生境条件较差。肉苁蓉的繁殖方式是种子繁殖。

【化学成分】

① 苯乙醇苷类：研究采用多种色谱方法，从肉苁蓉干燥肉质茎70%乙醇提取物中鉴定出12个苯乙醇苷类化合物，分别为毛蕊花糖苷、2′-乙酰基毛蕊花糖苷、肉苁蓉苷C、肉苁蓉苷D、异毛蕊花糖苷、管花苷B、管花苷E、盐生肉苁蓉苷D、盐生肉苁蓉苷E、plantainoside C、osmanthuside B6（*Z*/*E*）和松果菊苷。

② 木脂素及其苷类：研究采用核磁共振波谱法（NMR）、质谱分析法（MS）等从肉苁蓉85%乙醇提取物中分离得到11个木脂素类化合物。

③ 糖类：研究采用毛细管电泳电化学检测法得到5种肉苁蓉单糖，分别为半乳糖、葡萄糖、鼠李糖、阿拉伯糖、果糖。

④ 挥发性成分：研究采用蒸馏-萃取法得到肉苁蓉挥发性物质，分别为二乙基二硫化物、2,3,4,5-四甲基-2-环戊烯-1-酮、苄醇、苯乙醛、薄荷醇、长叶薄荷酮、2-甲基-3-辛烯、丁香酚、石竹烯、*α*-石竹烯、石竹烯氧化物、喇叭茶醇、2-甲基-环戊醛、香橙烯氧化物等。

⑤ 其他：除上述成分外，肉苁蓉还含有8-表马钱子酸、京尼平苷、芒柄花苷、尿囊素、半乳糖醇；缬氨酸、赖氨酸、蛋氨酸、精氨酸等17种氨基酸；锰、铁、铜、锌、硒、钼、碘等必需微量元素。

【综合利用】

肉苁蓉含有极为丰富的化学成分，其主要成分不仅包括苯乙醇苷类、环烯醚萜及其苷类、糖类、挥发性成分，还包括氨基酸和微量元素等。肉苁蓉的药理作用广泛，在延缓衰老、抗痴呆、抗疲劳、润肠通便、免疫调节、保护肝脏、改善生殖作用等方面具有药理作用。近年来，学者们对肉苁蓉的研究较多，发现肉苁蓉中的活性成分在抑制菌群、护肝保肺等方面也有明显的促进作用。通过研究不难发现，在这些作用中较为核心的药理机制是抗氧化与抗炎机制，肉苁蓉中糖类成分的抗氧化作用较为突出，苷类成分的延缓衰老作用更为明确，苯乙醇苷类成分的缺血保护、护肝及改善生殖作用尤为显著。综上可见，肉苁蓉的药用价值开发前景可观。

10.4.3　铁皮石斛

【植物名】

铁皮石斛（*Dendrobium officinale*），是兰科石斛属植物。

【形态特征】

铁皮石斛茎直立，圆柱形，长9～35厘米，粗2～4毫米，不分枝，具多节；叶二列，纸质，长圆状披针形，边缘和中肋常带淡紫色。总状花序常从落了叶的老茎上部发出，具2～3朵花；花苞片干膜质，浅白色，卵形，长5～7毫米，萼片和花瓣黄绿色，近相似，长圆状披针形，唇瓣白色，基部具1个绿色或黄色的胼胝体，卵状披针形，比萼片稍短，中部反折。蕊柱黄绿色，长约3毫米，先端两侧各具1个紫点；药帽白色，长卵状三角形，长约2.3毫米，顶端近锐尖并且2裂。花期3～6月。

【分布习性】

铁皮石斛适宜在凉爽、湿润、空气畅通的环境生长。生于海拔达1600米的山地半阴湿的岩石上，喜温暖湿润气候和半阴半阳的环境，不耐寒。野外种植的铁皮石斛，在–4.5℃并不萎蔫，抗寒测试中，最低达到–9℃。这些还不是抗寒品种，但是长期生长在野外，也有了适应性。

【化学成分】

① 石斛多糖：有人对25种石斛属植物36个样品的多糖含量进行测定。结果发现，广西的加工品一级枫斗中多糖含量高达45.98%，比其原植物铁皮石斛中多糖含量（18.20%）高了一倍多，而产于贵州的细叶石斛中多糖含量仅为6.2%。可能与在边烘边扭的加工过程中，石斛表皮细胞外的一层不透水的角质层撕裂，多糖类成分容易溶出有关。对比人工栽培铁皮石斛和野生铁皮石斛加工的铁皮枫斗，总多糖含量分别为25.31%和29.8%，说明人工栽培铁皮石斛主要药用成分的质量与野生材料相近。可作为野生铁皮石斛的替代资源加以开发。铁皮石斛总多糖不同分布部位的含量：茎中＞茎上＞茎下＞根部。

② 生物碱：铁皮石斛总生物碱的含量较其他品种如金钗石斛及细茎石斛、霍山石斛等低，说明生物碱非铁皮石斛主要成分，生物碱含量分布呈现的规律是：叶＞茎（成熟期）≈根，故应考虑根、茎、叶的综合利用和开发。

③ 氨基酸：游离的氨基酸也是石斛中的主要有效成分之一。铁皮石斛的主要氨基酸是天冬氨酸、谷氨酸、甘氨酸、缬氨酸和亮氨酸。这5种氨基酸占总氨基酸的53%。

④ 必需元素：铁皮石斛含有多种必需元素，如钙、钾、钠、镁、锰、硒、铁、锌等。

【综合利用】

① 生津功效：铁皮石斛具有生津功效，主要表现为促进腺体分泌和脏器运作。

② 降血糖功效：铁皮石斛可降低链脲霉素引起的血糖升高。

③ 增强机体免疫力功效：铁皮石斛颗粒（TPSH）可促进荷瘤动物巨噬细胞的吞噬功能，增强T淋巴细胞的增殖和分化及NK细胞的活性，并能明显提高荷瘤动物的血清溶血素值，提示TPSH无论是对非特异性免疫功能，或是特异性细胞免疫以及体液免疫功能，均有一定的提高作用。

④ 延缓皮肤衰老功效：2022年12月，从中国科学院昆明植物研究所获悉，该所科研人员从铁皮石斛中首次获得一种高含量的α-甘露糖型低聚糖（DOMOS），该低聚糖可以作为外源性的补充在体外和体内产生延缓皮肤衰老作用。

10.4.4 西洋参

【植物名】

西洋参（*Panax quinquefolius*）别名有西洋人参、洋参、西参、花旗参、广东人参。西洋参因产地而得名，与人参同属而不同种。

【形态特征】

西洋参是五加科人参属的多年生草本植物。西洋参的根为圆柱形或纺锤形；叶片广卵形或倒卵形，边缘有粗锯齿；花序是伞形，萼绿色，钟状；花瓣绿白色，花药卵形或矩圆形；浆果扁球形，熟时为鲜红色，花期在7～8月，果期9月。

【分布习性】

西洋参原产于北美洲的加拿大南部和美国北部，现分布于吉林、北京、山东、陕西、山西，以及福建、云南等南方地区的高海拔山区。西洋参喜欢阴湿环境，忌强光和高温，宜选土层较厚、排水良好、土质疏松肥沃的微酸性至中性砂质壤土地栽种，主要以种子繁殖为主。

【化学成分】

① 皂苷类：根据苷元的结构，人参皂苷常分为达玛烷型（dammarane）、齐墩果烷型（OA）、奥克梯隆型（OT）、C_{17}-侧链变异型和其他类型。达玛烷型皂苷又分为原人参二醇型（PPD）和原人参三醇型（PPT）。人参皂苷苷元上常连有1～6个糖基，接糖多为阿拉伯糖（Ara）、木糖（Xyl）、鼠李糖（Rha）、葡萄糖（Glc）和葡萄糖醛酸（GlcA）等。糖基上又容易附着一些小分子，如乙酰基（acetyl）、丙二酰基（malonyl）、丁烯酰基（butenoyl）、辛烯酰基（octenoyl）等。西洋参中的皂苷主要为达玛烷型，且PPD型皂苷含量较高。

② 聚乙炔类：西洋参中含有一些具有生物活性的聚乙炔类化合物，含量约为0.08%，且其在主根中含量较低（0.06%），在须根中含量较高（0.26%）。从西洋参花蕾中分离出4个聚乙炔类化合物，分别为西洋参炔A（ginsenoyne A）、西洋参炔D（ginsenoyne D）、人参炔醇（panaxynol）和人参炔三醇（panaxytriol）。从西洋参中陆续分离出西洋参炔G（ginsenoyne G）、乙酰西洋参环氧炔醇（acetylpanaxydol）及

多个西洋参炔醇（panaquin-quecols，包括PQ-1～PQ-8）；还分离出人参环氧炔醇（panaxydol）、人参炔二醇（panaxydiol）等8种聚乙炔类化合物，其中包括一种新的具有毒性的聚乙炔3-oxo-PQ-1。

③ 黄酮类：西洋参中还含有少量的黄酮醇及其糖苷类化合物，其总黄酮含量约为0.17%。从西洋参叶中分离得到了山柰酚（kaempferol）和人参黄酮苷（panasenoside）。从西洋参花蕾中分离出了4个黄酮醇苷类化合物，分别为山柰酚、人参黄酮苷、人参黄酮苷Ⅱ（panasenoside Ⅱ）及三叶豆苷。

④ 木脂素类：从西洋参茎叶中分离出1个木脂素类化合物，命名为西洋参素L1。从西洋参花蕾中分离出了松脂素（pinoresinol）和荛花酚（nortrachelogenin）。

⑤ 有机酸类：西洋参中含有多种有机酸类化合物，包括氨基酸、脂肪酸和酚酸等。其中，含氨基酸16种以上，总氨基酸含量在7.37%左右，精氨酸含量占1%以上，还有一种具有止血活血作用的特殊氨基酸——三七素（dencichine）。从西洋参油脂中鉴定出12个脂肪酸，包括十五酸、十六酸、十八酸、十八烯酸等。从西洋参中分离检测到8个酚酸类化合物，分别为苯甲酸、对羟基苯甲酸、对香豆酸、香草酸、水杨酸、丁香酸、肉桂酸和阿魏酸。

⑥ 糖类：西洋参总糖含量为52.3%～65.0%。多糖含量在5%～10%之间，分为中性多糖和酸性多糖，是西洋参的主要活性成分之一。目前，从西洋参中分离出的相对均一的多糖约42种。中性多糖主要由葡萄糖、阿拉伯糖、木糖、半乳糖和甘露糖组成，西洋参中主要有葡聚半乳糖和阿拉伯半乳聚糖两种。从西洋参中分离出的葡聚半乳糖包括PPQ、PPQN等，阿拉伯半乳聚糖包括PPQⅠ和PPQ5-2等。酸性多糖又称果胶，是一种富含半乳糖醛酸的多糖类化合物，主要由阿拉伯糖、半乳糖、葡萄糖、葡萄糖醛酸和半乳糖醛酸组成。植物中的果胶分为聚半乳糖醛酸（HG）、Ⅰ型聚鼠李半乳糖醛酸（RG-Ⅰ）、Ⅱ型聚鼠李半乳糖醛酸（RG-Ⅱ）、木聚半乳糖醛酸（XGA）和芹糖半乳糖醛酸（AGA）。从西洋参中提取得到的西洋参果胶主要为HG型和AG型两种，包括PPQⅠ-1～4、PPPQA2、PPPQA4和PPPQA5等。

⑦ 甾醇类：从西洋参种子油中检测到15个甾醇类成分。从西洋参种子中检测出豆甾醇和β-谷甾醇。

⑧ 挥发油类：挥发油是西洋参特殊香气的来源，含量占0.04%～0.09%。西洋参中的挥发性成分以倍半萜类为主，其中β-金合欢烯含量最高，占总挥发性成分的29.79%～44.50%。对不同产地、不同年限的西洋参挥发性成分进行测定，共鉴定了151个化合物，包括99个烃类、21个酚醇类、15个醛酮类以及16个其他成分。对国内外不同年限的西洋参中的挥发性成分进行分析，共鉴定147个化合物，包括92个烃类、17个醇类、16个醛酮类以及22个其他类化合物。

⑨ 其他：西洋参中还含有香草醛、角鲨烯、多种维生素（如维生素A、维生素B、

维生素B_2、维生素B_6）等，多种微量元素如铁、锰、镁、钙、铜、锌等，以及肽类和蛋白质类化合物。

【综合利用】

现有研究表明，西洋参的茎、叶、花蕾和须根都含有丰富的皂苷类成分，有的含量甚至高于主根，因此仿照人参的综合开发利用，合理开发利用西洋参的其他部位值得深入研究。2019年国家卫生健康委颁布了《关于对党参等9种物质开展按照传统既是食品又是中药材的物质管理试点工作的通知》，为西洋参作为食品的研发提供了新的契机，相信在不远的将来，关于西洋参的健康产品开发将更加丰富。另外，关于西洋参与人参、三七等药性功效的差异仍有待进一步阐明，构建成分和功效之间更清晰的网络关系对于临床的合理用药将会有重要的指导作用。关于西洋参的连作障碍也是一个不容忽视的问题，如何避免产量降低和品质退化都值得关注。因此，进一步加强优质品种的选育，提高种植技术的规范化和标准化，对于保障和提升西洋参的品质都将起着重要的作用。

10.4.5 黄芪

【植物名】

黄芪（*Astragalus membranaceus*）又名绵芪、黄参、血参等，是中药材的一种，属豆科，是蒙古黄芪、膜荚黄芪的根。

【形态特征】

黄芪为多年生草本，高50～100厘米。主根肥厚，木质，常分枝，灰白色。茎直立，上部多分枝，有细棱，被白色柔毛。羽状复叶有13～27片小叶，长5～10厘米；叶柄长0.5～1厘米；总状花序稍密，有10～20朵花；总花梗与叶近等长或较长，至果期显著伸长；子房有柄，被细柔毛。荚果薄膜质，稍膨胀，半椭圆形，长20～30毫米，宽8～12毫米，顶端具刺尖，两面被白色或黑色细短柔毛，果颈超出萼外；种子3～8颗。花期6～8月，果期7～9月。

【分布习性】

生长于中温带和暖温带地区，喜欢日照、凉爽气候，耐旱，不耐涝，耐寒能力较强，多生长在山坡中、下部的向阳坡及林缘、灌丛、林间草地、疏林下等处。地上部不耐寒，霜降时节大部分叶子已脱落，冬季地上部枯死，逢春重新由宿根发出新苗。种子萌发温度比较低，平均气温约8℃时满足黄芪播种的温度要求。多分布于俄罗斯和中国等地；在中国主要分布于东北、华北及西北（甘肃、四川和西藏等）。

【化学成分】

① 多糖类：黄芪多糖在黄芪中活性非常强，为棕黄色粉末状。多糖主要是葡聚糖和杂多糖，葡聚糖又分为水溶性葡聚糖和水不溶性葡聚糖两种。黄芪中的杂多糖大部分为鼠李糖、葡萄糖、半乳糖和阿拉伯糖组成的水溶性酸性杂多糖，少量为小分子醛酸组成

的糖醛酸，还有一小部分杂多糖成分相对单一。由于目前实验技术相对有限，很多细致深入的研究尚且达不到预期，对黄芪多糖的探讨还处在较低的水平，且目前已知作用的黄芪多糖成果转化率也相对较低。

② 皂苷类：黄芪皂苷是黄芪中主要的有效成分。目前，黄芪皂苷类成分主要有黄芪皂苷Ⅰ～Ⅷ，异黄芪皂苷Ⅰ、Ⅱ、Ⅳ，乙酰黄芪皂苷，环黄芪苷E、F、G，黄芪甲苷Ⅰ～Ⅳ和大豆皂苷Ⅰ等。蒙古黄芪中的皂苷含量远超其他种类的黄芪，经检测其纯度可高达98.22%。

③ 黄酮类：研究发现，从黄芪的根、茎、叶和花中可提取分离到50余种黄酮类化合物，主要为黄酮、异黄酮、异黄烷和紫檀素型黄酮，其中异黄酮的种类最多。

④ 氨基酸类：黄芪中共含有25种氨基酸，包括人体所需的各种必需氨基酸，如天冬酰胺、天冬氨酸、苏氨酸等。研究采用高效液相色谱仪从黄芪的地上部分（茎、叶）中发现18种氨基酸，其中以天冬氨酸含量最高，其次为脯氨酸、赖氨酸、精氨酸、缬氨酸。

⑤ 生物碱类：目前从蒙古黄芪中分离鉴定出6种黄芪碱类生物碱化合物。

【综合利用】

黄芪包含多糖类、皂苷类、黄酮类、氨基酸类等多种化学成分，这些化学成分使得黄芪具有广阔的应用前景。此外，黄芪具有提高免疫功能、保护肺功能、保护肾组织等药理作用。但就目前的研究现状来看，如果未来想更加充分地利用黄芪，需进一步对黄芪中的活性物质进行深入研究，并加快对黄芪制剂的临床应用进度，提高成果转化率。

10.4.6　山茱萸

【植物名】

山茱萸（*Cornus officinalis*）是山茱萸科山茱萸属落叶灌木或小乔木。

【形态特征】

山茱萸高4～10米；树皮灰褐色；小枝细圆柱形，无毛或稀被贴生短柔毛，冬芽顶生及腋生，卵形至披针形，被黄褐色短柔毛。叶对生，纸质，卵状披针形或卵状椭圆形，长5.5～10厘米，宽2.5～4.5厘米，先端渐尖，基部宽楔形或近于圆形，全缘，上面绿色，无毛，下面浅绿色，稀被白色贴生短柔毛，脉腋密生淡褐色丛毛，中脉在上面明显，下面凸起，近于无毛，侧脉6～7对，弓形内弯；叶柄细圆柱形，长0.6～1.2厘米，上面有浅沟，下面圆形，稍被贴生疏柔毛。山茱萸伞形花序生于枝侧，有总苞片4，卵形，厚纸质至革质，长约8毫米，带紫色，两侧略被短柔毛，开花后脱落；总花梗粗壮，长约2毫米，微被灰色短柔毛；花小，两性，先叶开放；花萼裂片4，阔三角形，与花盘等长或稍长，长约0.6毫米，无毛；花瓣4，舌状披针形，长3.3毫米，黄色，向外反卷；雄蕊4，与花瓣互生，长1.8毫米，花丝钻形，花药椭圆形，2室；花盘垫状，无毛；子房下位，花托倒卵形，长约1毫米，密被贴生疏柔毛，花柱圆柱形，长1.5毫米，柱头截形；花梗纤细，长0.5～1厘米，密被疏柔毛。山茱萸核果长椭圆形，长1.2～1.7厘米，直径5～7毫米，红色至紫红色；核骨质，狭椭圆形，长约12毫米，有几条不整齐的肋纹。花期3～4月；果期9～10月。

【分布习性】

山茱萸产于我国山西、陕西、甘肃、山东、江苏、浙江、安徽、江西、河南、湖南等地，朝鲜等也有分布。生于海拔400～1500米。在四川有引种栽培。山茱萸为暖温带阳性树种，生长适温为20～30℃，超过35℃则生长不良。抗寒性强，可耐短暂的–18℃低温，生长良好，山茱萸较耐阴但又喜充足的光照，通常在山坡中下部地段，阴坡、阳坡、谷地以及河两岸等地均生长良好，一般分布在海拔400～1800米的区域，其中600～1300米比较适宜。山茱萸宜栽于排水良好、富含有机质、肥沃的砂壤土中。黏土要混入适量河沙，增加排水及透气性能。

【化学成分】

① 苷类及鞣质：山茱萸中最主要的成分是环烯醚萜类，该类物质绝大部分与糖基相互作用形成苷类。山茱萸中分离鉴别出的环烯醚萜类化合物大致可以分为三种，分别为环戊烷型环烯醚萜、环烯醚萜二聚体、裂环环烯醚萜。山茱萸中的苷类成分一共有9种，除了山茱萸苷外，马钱苷和莫诺苷为其中含量最高的两种物质。除此之外还含有獐牙菜苷、7-脱氢马钱素，其中微量7-*O*-甲基莫诺苷和山茱萸新苷可能为提取过程中产生出来的副产物。山茱萸是一种富含多种鞣质的植物，其中包括可水解鞣质、缩合鞣质以及新型鞣质3种。可水解鞣质以葡萄糖或多元醇为主，其中大多数成分都具有没食子酰基。研究表明，山茱萸鞣质1、2和3（分别为异诃子素；新喷呐草素Ⅰ；新喷呐草素Ⅱ）是山茱萸中三种最常见的鞣质；还有木鞣质A、B、C、G，路边青鞣质D，丁子香鞣质以及多种没食子酰葡萄糖等。

② 黄酮类：山茱萸中含有的黄酮类化合物绝大部分都具有生物学活性，黄酮醇类、二氢黄酮类和花色苷类等是山茱萸中黄酮类的主要化学成分。这些化合物中主要的成分有矢车菊素-3-*O*-*β*-半乳糖苷等多种花色苷，除此之外，山柰酚、葡萄糖苷、柚皮素、槲皮素等也是重要组成部分。

③ 糖类：近年来，人们越来越关注山茱萸中的多糖类化合物。该类多糖化合物具有较良好的生物活性。山茱萸中的多糖成分有水溶性多糖Co-4（该多糖由葡萄糖、木糖、半乳糖和岩藻糖组成）；多糖组分SZYP-2（由鼠李糖、阿拉伯糖、半乳糖和葡萄糖组成糖基）；多糖PFCC-Ⅰ和PFCAⅢ等。

【综合利用】

山茱萸为我国使用量最大的40种主要中药材之一，同时也是中国、日本、朝鲜三国近几年来使用频率最高的25种药用植物之一，富含三萜类、环烯醚萜苷类、有机酸类、鞣质类、黄酮类等化合物。除此之外还含有挥发油、糖类、氨基酸、维生素、矿物质类物质，具有抑制细菌生长，调节免疫系统，降低血糖、血脂含量，预防细菌氧化衰老，保护肝脏等重要的药用价值。目前在食品、保健药品及化妆药品等方面也有较多应用与创新。应对山茱萸化学成分及其药理作用进行深入研究，使这一种古老的名贵药材焕发新的生机。

10.4.7　天麻

【植物名】

天麻（*Gastrodia elata*）为兰科天麻属多年生草本植物。

【形态特征】

天麻为腐生草本。植株高30～100厘米，有时可达2米；根状茎肥厚，块茎状，椭圆形至近哑铃形，肉质，长8～12厘米，直径3～5厘米，有时更大，具较密的节，节上被许多三角状宽卵形的鞘。茎直立，橙黄色、黄色、灰棕色或蓝绿色，无绿叶，下部被数枚膜质鞘。总状花序长5～30厘米，通常具30～50朵花；花苞片长圆状披针形，长1～1.5厘米，膜质；花梗和子房长7～12毫米，略短于花苞片；花扭转，橙黄、淡黄、蓝绿或黄白色，近直立；萼片和花瓣合生成的花被筒长约1厘米，直径5～7毫米，近斜卵状圆筒形，顶端具5枚裂片，但前方亦即两枚侧萼片合生处的裂口深达5毫米，筒的基部向前方凸出；外轮裂片（萼片离生部分）卵状三角形，先端钝；内轮裂片（花瓣离生部分）近长圆形，较小；唇瓣长圆状卵圆形，长6～7毫米，宽3～4毫米，3裂，基部贴生于蕊柱足末端与花被筒内壁上并有一对肉质胼胝体，上部离生，上面具乳突，边缘有不规则短流苏；蕊柱长5～7毫米，有短的蕊柱足。蒴果倒卵状椭圆形，长1.4～1.8厘米，宽8～9毫米。花果期5～7月。

【分布习性】

天麻分布于中国吉林、辽宁、内蒙古、河北、山西、陕西、甘肃、江苏、安徽、浙江、江西、台湾、河南、湖北、湖南、四川、贵州、云南和西藏。生于疏林下，林中空地、林缘，灌丛边缘，海拔400～3200米。尼泊尔、不丹、印度、日本、朝鲜半岛至西伯利亚也有分布。天麻无根无叶，不能进行光合作用，是依靠蜜环菌供应营养生长繁衍。天麻生长的适宜温度10～30℃，最适温度20～25℃，空气相对湿度80%左右，土壤含水量50%～55%，pH值5～6，即偏酸性的生态环境。

【化学成分】

① 单苄基类：单苄基类化合物的分子中含有1个苄基母核，大多含酚羟基，常与单糖或双糖形成苷。研究发现香荚兰醛和香荚兰醇以来，从天麻中陆续发现了多种单苄基类化合物。随着化学分析技术的发展，天麻中更多单苄基类化合物被分离出来。单苄基类化合物大都具有良好的小肠上皮吸收透过性。

② Parishin类：Parishin类化合物是柠檬酸中的1～3个羧基与4-羟基苄醇及其衍

生物的醇羟基形成的酯类化合物。Parishin在国内被译为“派立辛”或“巴利森苷”，但该类物质并不全为糖苷类，将其皆译为“巴利森苷”不够准确。自Taguchi首次从天麻中发现Parishin A后，又从天麻中陆续分离、鉴定了12种结构确定的Parishin类化合物，另有5对Parishin类同分异构体的结构通过液相色谱-质谱联用系统（LC-MS/MS）表征鉴定，包括Parishin H与Parishin M、Parishin N与Parishin O、Parishin P与Parishin Q、Parishin R与Parishin S、Parishin T与Parishin U。

③ 多芳香取代糖苷类：这类化合物为单糖中2个以上的羟基被芳香基团取代，且与芳香基团的羟基形成苷键的结构特殊的化合物。这类化合物不同于天麻中其他糖苷类，故将其命名为多芳香取代糖苷类化合物。有研究从天麻中首次鉴定了4种此类化合物，分别为1-*O*-（4-羟甲基苯氧基）-2-*O*-反式肉桂酰-*β*-D-葡萄糖苷、1-*O*-（4-羟甲基苯氧基）-3-*O*-反式肉桂酰-*β*-D-葡萄糖苷、1-*O*-（4-羟甲基苯氧基）-4-*O*-反式肉桂酰-*β*-D-葡萄糖苷、1-*O*-（4-羟甲基苯氧基）-6-*O*-反式肉桂酰-*β*-D-葡萄糖苷。还有研究从天麻中分离出5种此类化合物，分别为2′-*O*-（4″-羟苄基）天麻素、3′-*O*-（4″-羟苄基）天麻素、4′-*O*-（4″-羟苄基）天麻素、6′-*O*-（4″-羟苄基）天麻素和2′,6′-双-*O*-（4″羟苄基）天麻素。

④ 多苄醚类：多苄醚类化合物为2个或多个苄基单位通过氧原子首尾相连或相向连接形成的芳香醚化合物。从天麻中发现了4,4′-二羟基二苄醚、天麻醚苷及4-甲氧甲基苯基-4′-羟苄基醚。这是天麻中多苄醚类化合物的最早报道。随后，从天麻中发现了多种新的多苄醚类化合物。这类化合物的药理研究报道较为匮乏。

⑤ 聚苄基类：聚苄基类化合物的结构中至少有2个通过碳-碳单键直接相连或共用1个亚甲基的苄基，是一类特殊的联苯类化合物。首次从天麻块茎中发现聚苄基化合物4,4′-亚甲基联苯酚。随后又陆续从天麻中分离得到化合物2，4-双（4-羟基苄基）苯酚、2,2′-亚甲基-二（6-叔丁基-4-甲基苯酚）、2-[4-羟基-3-（4-羟基苄基）苄基]-4-甲氧甲基苯酚、2-[4-羟基-3-（4-羟基苄基）苄基]-4-（4-羟基苄基）苯酚等。

⑥ 杂原子芳香族类：近年来，不少学者从天麻中发现了30余种含氮、硫等杂原子的微量酚类化合物。从生源途径看，大部分为氨基酸及小分子肽的衍生物。

⑦ 呋喃芳香族类：天麻中含有一些呋喃芳香族类化合物，其苯环通过碳链或氧原子与呋喃环相连。

⑧ 有机酸及酯类：天麻含有一些小分子有机酸，包括柠檬酸、棕榈酸、琥珀酸。此外，还有一些小分子酯类，如6-柠檬酸单甲酯、1-柠檬酸单乙酯、1,5-柠檬酸双甲酯、丙三醇-1-软脂酸酯。研究通过气相-质谱联用法，快速鉴定出了其他高级脂肪酸及其酯，包括亚油酸、十七烷酸、9-十六碳烯酸、硬脂酸以及棕榈酸乙酯和亚油酸乙酯。

⑨ 糖类及苷类：多糖是由多个单糖通过糖苷键相连的聚合性高分子化合物。天麻多糖常具有苄基串联形成的侧链，是天麻的主要活性成分之一。从天麻中分离出2种葡聚糖即AGEW和WGEW，研究还发现了一种具有改善肠道菌群作用的多糖GEP-1。除多

糖外，天麻中还含有蔗糖、天麻双糖等小分子糖类。

⑩ 氨基酸类：天麻中的氨基酸种类丰富。有研究从陕西、云南、湖北、广东4个地区的天麻中检测出16种氨基酸，包括7种必需氨基酸（苏氨酸、缬氨酸、蛋氨酸、亮氨酸、苯丙氨酸、赖氨酸和异亮氨酸）和9种非必需氨基酸（天冬氨酸、丝氨酸、谷氨酸、脯氨酸、甘氨酸、丙氨酸、酪氨酸、组氨酸、精氨酸）。还有研究在黔产天麻中发现了焦谷氨酸。

【综合利用】

天麻药用和食用历史悠久，含有多种结构类型的化学成分。人们对天麻化学成分进行了深入研究，发现了许多结构不同的新成分。天麻除了传统药效外，还具有抗疲劳等潜力，对于改善现代社会中人们的亚健康状态具有良好的开发应用价值。但是天麻中有许多成分的药理作用及其作用机制尚未明确，不利于进一步研究和开发产品，应对天麻的化学成分、药理作用及其构效关系进行深入研究，阐明药效物质基础。现代药理及临床研究表明，天麻对于高血压、偏头痛和失眠等具有一定干预作用。

10.4.8　杜仲叶

【植物名】

杜仲（*Eucommia ulmoides*）已有2000多年的药用历史，传统用杜仲树皮入药。杜仲叶活性成分和药理作用与杜仲皮相似。

【形态特征】

杜仲叶为椭圆形、卵形或矩圆形，薄革质，长6～15厘米，宽3.5～6.5厘米；基部圆形或阔楔形，先端渐尖；上面暗绿色，初时有褐色柔毛，不久变秃净，老叶略有皱纹，下面淡绿，初时有褐毛，以后仅在脉上有毛；侧脉6～9对，与网脉在上面下陷，在下面稍突起；边缘有锯齿；叶柄长1～2厘米，上面有槽，被散生长毛。杜仲叶面呈椭圆形或卵形，长7～15厘米，宽3.5～7厘米。表面黄绿色或黄褐色，微有光泽。先端渐尖，基部圆形或广楔形，边缘有锯齿，具短叶柄。质脆，搓之易碎，折断面有少量银白色橡胶丝相连。味微苦。

【分布习性】

在自然状态下，杜仲叶生长于海拔300～500米的低山、谷地或低坡的疏林里，对土壤的选择并不严格，在瘠薄的红土或岩石峭壁均能生长。分布于陕西、甘肃、河南、湖北、四川、云南、贵州、湖南及浙江等地区，现各地广泛栽种。

【化学成分】

① 木脂素类成分：木脂素类（lignans）化合物是由双分子的苯丙素单位（C_6-C_3）聚合而成的一类化合物。主要以苷元和苷方式存在。研究发现杜仲叶中的木脂素类成分主要为双环氧木脂素类、单环氧木脂素类，还有新木脂素类等。

② 苯丙素类成分：苯丙素是木脂素类化合物的基本组成单元，广泛分布于植物体内，具有广泛的药理活性。从杜仲叶中分离得到17个苯丙素类化合物及一个香豆素。

③ 环烯醚萜类化合物：环烯醚萜是单萜衍生物，由植物臭蚁二醛转变而来，包括取代环戊烷环烯醚萜和环戊烷开裂的裂环环烯醚萜两种基本骨架。含有半缩醛结构的环烯醚萜性质活泼，羟基吡喃环极不稳定，其苷容易被酸水解。最早对杜仲叶进行分离工作主要得到环烯醚萜及其苷类成分。迄今为止，已经从杜仲叶中分离得到25个环烯醚萜类化合物及其衍生物若干。

④ 黄酮类化合物：黄酮是植物体内广泛分布的一种成分。目前从杜仲叶中分离得到的黄酮化合物主要是以槲皮素和山柰素为苷元的黄酮苷成分及其他一些成分。

⑤ 三萜类化合物：杜仲叶的三萜类成分报道较少，目前为止主要分离得到的都是五环三萜类型，有乌苏烷型和齐墩果烷型两类化合物。

⑥ 大柱香波龙烷类化合物：大柱香波龙烷（megastigmane）是类胡萝卜素衍生物（carotenoid-derived compounds）的母核结构，属于降倍半萜类（norsesquitterpenoid），该类型的化合物包括紫罗兰酮（ionone）、突厥烯酮（damascenone）等，它们的主要区别在于氧化位置的不同。大柱香波龙烷类化合物本身多作为重要的香料添加剂，是花香型香料的代表。其广泛分布于植物界中，尤其在茶叶、花朵、水果和各类植物的叶甚至蜂蜜中，多作为质量评价检测的指标物质。

⑦ 其他类成分：杜仲叶中还含有部分的酚酸、甾体、脂肪酸、单糖及其衍生物、多糖类及苯乙醇苷和核苷类等化合物。

【综合利用】

杜仲叶具有辅助降压效果，有研究人员对杜仲叶的化学成分进行系统研究，将所得化合物通过分子对接针对降压靶点进行虚拟筛选，得到匹配结果较好的化合物。研究人员对筛选得到的化合物进行体外实验测试，发现了具有良好降压效果的化学成分，明确了杜仲叶发挥降压作用的药效物质，同时为发现具有良好降压作用的先导化合物奠定了基础。

讨论题

探讨现代科技（基因编辑、纳米技术）如何促进药食同源植物的开发与利用。

参考文献

[1] 王振宇.植物资源学[M].北京：中国科学技术出版社，2007.

[2] 赵建成，吴跃峰.生物资源学[M].北京：科学出版社，2002.

[3] 杨利民.植物资源学[M].北京：中国农业出版社，2018.

[4] 樊梓鸾.植物资源学实验教程及资源食品精深加工[M].哈尔滨：东北林业大学出版社，2015.

[5] 王振宇.野生植物资源开发与利用[M].北京：中国林业出版社，2018.

[6] 董世林.植物资源学[M].哈尔滨：东北林业大学出版社，1994.

[7] 何明勋.资源植物学[M].上海：华东师范大学出版社，1996.

[8] 姜彦成，党荣理.植物资源学[M].乌鲁木齐：新疆人民出版社，2002.

[9] 徐世义.药用植物学[M].北京：化学工业出版社，2004.

[10] 胡建忠.全国食用类高效水土保持植物资源的开发利用[J].中国水土保持，2019（09）：37-40.

[11] 易雪平，段鹏飞，何守峰，等.木本食用油料植物资源及其籽油的研究现状[J].中国野生植物资源，2017，36（03）：62-69，73.

[12] 安云全.辽东山区野生食用植物资源保护与利用[J].辽宁林业科技，2017（03）：38-39，59.

[13] 张东东，孙金金.胡椒属植物资源应用研究进展[J].现代农业科技，2016（10）：74-76.

[14] 和承尧.丽江功能性食用油脂资源植物的开发利用[C]//云南省老科技工作者协会.农村农业改革创新与农业现代化论文选编（上册）.2014：5.

[15] 张世姣.太白山地区药食同源植物的民族植物学研究[D].咸阳：西北农林科技大学，2014.

[16] 雷火根.丽水莲都区山地食用植物资源及分类研究[J].安徽农学通报（下半月刊），2012，18（22）：101-102.

[17] 吴卫.黑龙江省林区山野菜植物资源简介[J].林业勘查设计，2012（03）：97-98.

[18] 王忠福，丁崇一，吕伟，等.我国食用野生植物资源开发利用现状简述[J].内蒙古林业调查设计，2012，35（03）：85-86.

[19] 康利平.内蒙古地区野生蔬菜资源现状、开发及存在的问题[J].吉林农业，2012（02）：214，197.

[20] 杨秀玲.浅谈青海省茶藨子植物分布现状及开发利用[J].青海农林科技，2011（04）：68-70.

[21] 赵志国，石云平，黄宁珍，等.中国凉粉草属植物研究进展[J].南方农业学报，2011，42（06）：657-660.

[22] 王年锁.森林蔬菜的分类和开发利用[J].农业科技通讯，2011（03）：205-207.

[23] 赵晖.内蒙古野生食用植物资源信息检索数据库的建立与应用[D].呼和浩特：内蒙古师范大学，2010.

[24] 马玉心，崔大练.东北四大观果植物种质资源及其研究进展[J].北方园艺，2008（11）：129-130.

[25] 王玉，张印红.甘肃地区几种特色食用保健植物资源[C]//中国食品科学技术学会营养支持专业委员会，中国环境诱变剂学会膳食与疾病专业委员会.营养与食品——健康中国高级论坛Ⅱ论文集.2008：1.

[26] 纪宝玉，董诚明. 连翘植物资源综合开发利用研究进展[C]// 中国植物学会药用植物和植物药专业委员会. 第六届全国药用植物和植物药学术研讨会论文集.2006：3.

[27] 谭国进，蒋林斌，黄润均，等. 植物食用色素的研究现状与展望[J]. 化工技术与开发，2005（06）：25-29.

[28] 孙秀云. 黑龙江省食用药用蕨类植物资源[J]. 中国林副特产，2005（04）：51-52.

[29] 杨敏杰，张丽琴，李锡香，等. 云南野生食用香料植物资源[J]. 中国蔬菜，2005（04）：32-33.

[30] 马成亮. 野生食用植物资源的开发利用[J]. 林业科技，2004（06）：49-50.

[31] 张俊艳，文连奎，石海英. 长白山区食用红色素植物资源的开发利用[J]. 吉林农业大学学报，2003（05）：586-590.

[32] 陈卓，赵云龙，王嘉婧，等. 长白山特色野生果蔬植物资源开发利用潜力研究[J]. 种子科技，2019，37（09）：88-90，92.

[33] 陈锋，于翠翠. 野生食用植物资源的开发利用现状及前景分析[J]. 现代食品，2018（19）：32-34.

[34] 王英伟. 我国野生食用植物资源利用现状及问题[J]. 林业勘查设计，2017（03）：67-70.

[35] 哈斯巴根. 内蒙古蒙古族民间饮食用野生植物资源的研究[Z]. 呼和浩特：内蒙古师范大学，2002-12-16.

[36] 哈斯巴根. 内蒙古野生植物资源分类及开发途径的研究[J]. 内蒙古师范大学学报（自然科学汉文版），2002（03）：262-268.

[37] 李忠海，钟海雁，王存荣，等. 野生食用植物资源的开发利用现状及前景[J]. 湖南林业科技，2001（04）：93-94，98.

[38] 天然食用色素业迎来发展机遇[J]. 保鲜与加工，2001（04）：16.

[39] 刘红岩，裴会明，马保蓉. 天水植物资源调查及开发利用研究——野生蔬菜资源[J]. 天水师范学院学报，2001（02）：53-55.

[40] 金则新，张建平. 天台山果树植物资源[J]. 台州师专学报，2000（06）：53-59.

[41] 吕重阳，李金航，其其格，等. 长白山北坡不同海拔笃斯越橘种群年龄结构、动态特征及保育建议[J]. 北华大学学报（自然科学版），2024，25（04）：433-441.

[42] 李自刚，黄纪念，尹明彩. 野生可食性植物资源的加工工艺[J]. 农牧产品开发，1999（11）：19.

[43] 侯传伟，李自刚，黄纪念. 野生食用植物资源开发利用中的问题与建议[J]. 河南农业科学，1999（08）：19-20.

[44] 阳辛凤，利美莲. 益智成分、药理和毒理的研究进展[J]. 热带农业科学，1999（03）：66-68.

[45] 张向忠. 塞罕坝绿色食品植物资源[J]. 河北林业科技，1996（04）：30-32.

[46] 哈斯巴根，音扎布. 内蒙古藜科野生可食植物资源的研究[J]. 内蒙古师范大学学报（自然科学汉文版），1995（03）：59-63.

[47] 李景琳，李淑芬，潘世全. 辽宁省食用天然色素植物资源的开发与利用[J]. 辽宁农业科学，1995（03）：33-35.

[48] 许茹，唐雪东，刘晓嘉，等. 越橘叶片碳素代谢与果实糖含量积累的关系[J]. 东北农业科学，2024，49（02）：70-74.

[49] 李镇，李俊，安若凡，等. 基于标准提取物的欧洲越橘提取物质量控制方法及药效活性关联研究[J]. 中草药，2024，55（08）：2561-2570.

[50] 段昊，松伟，王峰，等.类胡萝卜素类原料在缓解视觉疲劳保健食品中的应用研究进展[J].食品科学，2024，45（06）：317-325.

[51] 刘沛垚，张彩彩.大理白族食用香料植物资源多样性研究[J].中国野生植物资源，2023，42（07）：103-106，112.

[52] 熊欢欢，姜治国，金胶胶，等.神农架野生食用植物资源调查与保护利用[J].林业科技，2023，48（02）：36-41.

[53] 洪秋菊，刘仲彪，赵慧军，等.党参属药食用植物资源应用形式和加工方法研究[J].现代食品，2023，29（03）：6-15，28.

[54] 龙金兰，姜晓琪，周世梅，等.贵州省仁怀市野生药食兼用植物资源调查[J].中国野生植物资源，2023，42（02）：11-16.

[55] 王欢.天津食用野生植物资源研究[J].绿色科技，2021，23（19）：140-142.

[56] 杨冠松，杨创凤，刘昕然，等.野生食用种子植物资源及多样性研究[J].种子，2021，40（03）：59-63.

[57] 齐会娟，李中宾，张春英，等.大兴安岭地区野生红豆越橘主要品质特性的测定及分析[J].特种经济动植物，2019，22（09）：10-12.

[58] 田美玲，陈沁雯，刘斌雄，等.玫瑰茄花青素纯化，鉴定及抗氧化活性评价[J].现代食品科技，2024，40（7）：155-165.

[59] 孙京格，王孟阳，李思诺，等.玫瑰茄中增甜香气成分分析及含量测定[J].食品研究与开发，2023，44（22）：134-140.

[60] 项思琦.肉苁蓉的营养成分分析及抗氧化活性研究[J].食品安全导刊，2024，（12）：96-98.

[61] 蔡柱山，孙敏.肉苁蓉中化学成分提取工艺及含量测定研究进展[J].江西化工，2024，40（02）：9-12.

[62] 王婷婷，贾娟，王煜，等.杜仲枸杞复合保健饮料的研制及体外抗氧化性研究[J].美食研究，2023，40（04）：79-87.